U0062529

治愈人心的
美学密码

朱光潜

著

哈尔滨出版社
HARBIN PUBLISHING HOUSE

图书在版编目（CIP）数据

治愈人心的美学密码 / 朱光潜著. — 哈尔滨：哈
尔滨出版社, 2023.4
ISBN 978-7-5484-6459-4

Ⅰ.①治… Ⅱ.①朱… Ⅲ.①美学—文集 Ⅳ.
①B83-53

中国版本图书馆CIP数据核字（2022）第242320号

书　　名：治愈人心的美学密码
ZHIYU RENXIN DE MEIXUE MIMA

作　　者：朱光潜　著
责任编辑：赵宏佳　尉晓敏
封面设计：今亮後聲 HOPESOUND 2580590616@qq.com · 赵晓冉

出版发行：哈尔滨出版社（Harbin Publishing House）
社　　址：哈尔滨市香坊区泰山路82-9号　　邮编：150090
经　　销：全国新华书店
印　　刷：唐山才智印刷有限公司
网　　址：www.hrbcbs.com　　www.mifengniao.com
E-mail：hrbcbs@yeah.net
编辑版权热线：（0451）87900271　87900272
销售热线：（0451）87900202　87900203

开　　本：880mm×1230mm　　1/32　　印张：12　　字数：228千字
版　　次：2023年4月第1版
印　　次：2023年4月第1次印刷
书　　号：ISBN 978-7-5484-6459-4
定　　价：38.00元

凡购本社图书发现印装错误，请与本社印制部联系调换。
服务热线：（0451）87900279

目 录
CONTENTS

第一讲　文艺的内涵

资禀与修养　　　　　　　　　002

谈趣味　　　　　　　　　　　011

谈价值意识　　　　　　　　　016

谈动　　　　　　　　　　　　024

谈静　　　　　　　　　　　　028

谈冷静　　　　　　　　　　　033

谈情与理　　　　　　　　　　043

谈美感教育　　　　　　　　　053

第二讲　理想与社会

谈理想与事实　　　　　　　　066

谈青年的心理病态　　　　　　073

谈处群　　　　　　　　　　　082

谈交友　　　　　　　　　　　104

谈多元宇宙   111

谈消遣   117

谈体育   124

第三讲   艺术与生活

当局者迷，旁观者清
——艺术和实际人生的距离   132

论艺术   140

看戏与演戏
——两种人生理想   158

自由主义与文艺   176

朝抵抗力最大的路径走   181

慢慢走，欣赏啊!
——人生的艺术化   191

第四讲   文学与人生

无言之美   202

谈读书   215

流行文学三弊   228

理想的文艺刊物   236

读书破万卷，下笔如有神
——天才与灵感   245

第五讲   谈诗

怎样学习中国古典诗词   254

诗的意象与情趣   259

诗的隐与显
——关于王静安的《人间词话》的几点意见   267

诗的主观与客观   279

从生理学观点谈诗的"气势"与"神韵"   283

第六讲   品画

谈在卢浮宫所得的一个感想   292

歌德评《最后的晚餐》   298

我在《春天》里所见到的
——鲍蒂切利杰作《春天》之欣赏   305

丰子恺先生的人品与画品   309

论自然画与人物画
——凌叔华作《小哥儿俩》序   313

第七讲 谈美学

什么叫作美   320

从生理学观点谈美与美感   337

希腊女神的雕像与血色鲜丽的英国姑娘
——美感与快感   349

"记得绿罗裙，处处怜芳草"
——美感与联想   355

"情人眼底出西施"
——美与自然   361

我们对于一棵古松的三种态度
——实用的、科学的、美感的   368

第一讲　文艺的内涵

资禀与修养

拉丁文中有一句名言："诗人是天生的不是造作的。"这句话中本有不可磨灭的真理，但是往往被不努力者援为口实。迟钝的人说，文学必须靠天才，我既没有天才，就生来与文学无缘，纵然努力，也是无济于事。聪明的人说，我有天才，这就够了，努力不但是多余的，而且显得天才还有缺陷，天才之所以为天才，正在他不费力而有过人的成就。这两种心理都很普遍，误人也很不浅。文学的门本是大开的。迟钝者误认为它关得很严密不敢去问津；聪明者误认为自己生来就在门里，用不着摸索。他们都同样地懈怠下来，也同样地被关在门外。

从前有许多迷信和神秘色彩附丽在"天才"这个名词上面，一般人以为天才是神灵的凭借，与人力全无关系。近代学者有人说它是一种精神病，也有人说它是"长久的耐苦"。这个名词似颇不宜用科学解释。我以为与其说"天才"，不如说"资禀"。资禀是与生俱来的良知良能，只有程度上的等差，没有绝对的分别，有人多得一点，有人少得一点。所谓"天才"不过是在资禀方面得天独厚，并没有什么神奇。莎士比亚和你我相去虽不可以道里计，他所有的资禀你和我并非完全没有，只是他有的多，我们有的少。若不然，他和我们在智能上就没有共同点，我们也就无从了解他、欣赏他了。除白痴以外，人人都多少可以了解欣赏文学，也就多少具有文学所必需的资禀。不单是了解欣赏，创作也是一样。文学是用语言文字表现思想情感的艺术，一个人只要有思想情感，只要能运用语言文字，也就具有创作文学所必需的资禀。

就资禀说，人人本都可以致力文学；不过资禀有高有低，每个人成为文学家的可能性和在文学上的成就也就有大有小。我们不能对于每件事都要求登峰造极，有几分欣赏和创作文学的能力，总比完全没有好。要每个人都成为第一流文学家，这不但是不可能，而且也大可不必；要每个人都能欣赏文学，都能运用语言文字表现思想情感，这不但是很好的理想，而且是可以实现和应该实现的理想。一个人所应该考虑的，不是我究竟应否在文学上下一番功夫（这不成为问题，一个人不能欣赏文学，不能发表思想情感，无疑地算不得一个受教育的人），而是我究竟还是专门做文学家，还是只要一个受教育的人所应有的欣赏文学和表现思想情感的能力？

这第二个问题确值得考虑。如果只要有一个受教育的人所应有的欣赏文学和表现思想情感的能力，每个人只须经过相当的努力，都可以达到，不能拿没有天才做借口；如果要专门做文学家，他就要自问对文学是否有特优的资禀。近代心理学家研究资禀，常把普遍智力和特殊智力分开。普遍智力是施诸一切对象而都灵验的，像一把同时可以打开许多种锁的钥匙；特殊智力是施诸某一种特殊对象才灵验的，像一把只能打开一种锁的钥匙。比如说，一个人的普遍智力高，无论读书、处事或作战、经商，都比低能人要强；可是读书、处事、作战、经商各需要一种特殊智力。尽管一个人件件都行，如果他的特殊智力在经商，他在经商方面的成就必比做其他事业都强。对于某一项有特殊智力，我们通常说那一项为"性之所近"。一个人如果要专门做文学家就非性近于文学不可。如果性不相近而勉强去做文学家，成功的固然并非绝对没有，究竟是有违其才；不成功的却居多数，那就是精力的浪费了。世间有许多人走错门路，性不近于文学而强做文学家，耽误了他们在别方面可以有为的才力，实在很可惜。"诗人是天生的不是造作的"这句话，对于这种人确是一个很好的当头棒。

但是这句话终有语病。天生的资禀只是潜能，要潜能成为事实，不能不借人力造作。好比花果的种子，天生就有一种资禀可以发芽成树、开花结实，但是种子有很多不发芽成树、开花结实的，因为缺乏人工的培养。种子能发芽成树、开花结实，有一大半要靠人力，尽管它天资如何优良。人的资禀能否实现于学问事功的成就，也是如此。一个人纵然生来就有文学的特优资禀，如果他不下功夫修养，他必定是苗而不秀，华而不实。天才愈卓越，修养愈深厚，成就也就愈伟大。比如说李白、杜甫对于诗不能说是无天才，可是读过他们诗集的人都知道这两位大诗人所下的功夫。李白在人生哲学方面有道家的底子，在文学方面从《诗经》《楚辞》直到齐梁体诗，他没有不费苦心地模拟过。杜诗无一字无来历为世所共知。他自述经验说，"读书破万卷，下笔如有神"。西方大诗人像但丁、莎士比亚、歌德诸人，也没有一个不是修养出来的。莎士比亚是一般人公评为天才多于学问的，但是谁能测量他的学问的深浅？医生说，只有医生才能写出他的某一幕；律师说，只有学过法律的人才能了解他的某一剧的术语。你说他没有下功夫研究过医学、法学等？我们都惊讶他的成熟作品的伟大，却忘记他的大半生精力都费在改编前人的剧本，在其中讨诀窍。这只是随便举几个例。完全是"天生"的而不经"造作"的诗人，在历史上却无先例。

孔子有一段论学问的话最为人所称道："或生而知之，或学而知之，或困而知之，及其知之一也。"这话确有至理，但亦看"知"的对象为何。如果所知的是文学，我相信"生而知之"者没有，"困而知之"者也没有，大部分文学家是有"生知"的资禀，再加上"困学"的功夫，"生知"的资禀多一点，"困学"的功夫也许可以少一点。牛顿说："天才是长久的耐苦。"这话也须用逻辑眼光去看，长久的耐苦不一定造成天才，天才却有赖于长久的耐苦。一切的成就都如此，文学只是一例。

天生的是资禀，造作的是修养；资禀是潜能，是种子；修养使潜能实现，使种子发芽成树、开花结实。资禀不是我们自己力量所能控制的，修养却全靠自家的努力。在文学方面，修养包含极广，举其大要，约有三端：

第一是人品的修养。人品与文品的关系是美学家争辩最烈的问题，我们在这里只能说一个梗概。从一方面说，人品与文品似无必然的关系。魏文帝早已说过："古今文人类不护细行。"刘彦和在《文心雕龙·程器》篇里一口气就数了一二十个没有品行的文人，齐梁以后有许多更显著的例，像冯延巳、严嵩、阮大铖之流还不在内。在克罗齐派美学家看，这也并不足为奇。艺术的活动出于直觉，道德的活动出于意志；一为超实用的，一为实用的，二者实不相谋。因此，一个人在道德上的成就不能裨益也不能妨害他在艺术上的成就，批评家也不应从他的生平事迹推论他的艺术的人格。

但是从另一方面说，言为心声，文如其人。思想情感为文艺的渊源，性情品格又为思想情感的型范，思想情感真纯则文艺华实相称，性情品格深厚则思想情感亦自真纯。"仁者之言蔼如""诐辞知其所蔽"。屈原的忠贞耿介，陶潜的冲虚高远，李白的徜徉自恣，杜甫的每饭不忘君国，都表现在他们的作品里面。他们之所以伟大，就因为他们的一篇一什都不仅为某一时即景生情偶然兴到的成就，而是整个人格的表现。不了解他们的人格，就绝不能彻底了解他们的文艺。从这个观点看，培养文品在基础上下功夫就必须培养人品。这是中国先儒的一致主张，"文以载道"说也就是从这个看法出来的。

人是有机体，直觉与意志，艺术的活动与道德的活动恐怕都不能像克罗齐分得那样清楚。古今尽管有人品很卑鄙而文艺却很优越的，究竟是占少数，我们可以用心理学上的"双重人格"去解释。在甲重人格（日常的）中一个人尽管不矜细行，在乙重人格（文艺的）中他却谨严真诚。这种双重人格究竟是一种变态，如论常例，文品表现人品是千真万确的事实。所以一个人如果想在文艺上有真正伟大的成就，他必须有道德的修养。我们并非鼓励他去做狭隘的古板的道学家，我们也并不主张一切文学家在品格上都走一条路。文品需要努力创造，各有独到，人品亦如此，一个文学家必须有真挚的性情和高远的胸襟，但是每个人的性情中可以特有一种天地，每个人的胸襟中可以特有一副丘壑，不必强同而且也绝不能强同。

第二是一般学识经验的修养。文艺不单是作者人格的表现，也是一般人生世相的返照。培养人格是一套功夫，对于一般人生世相积蓄丰富而正确的学识经验又另是一套功夫。这可以分两层说。首先是读书。从前中国文人以能熔经铸史为贵，韩愈在《进学解》里发挥这个意思，最为详尽。读书的功用在储知蓄理，扩充眼界，改变气质。读的范围愈广，知识愈丰富，审辨愈精当，胸襟也愈恢阔。在近代，一个文人不但要博习本国古典，还要涉猎近代各科学问，否则见解难免偏蔽。这事固然很难。我们第一要精选，不浪费精力于无用之书；第二要持恒，日积月累，涓涓终可成江河；第三要有哲学的高瞻远瞩，科学的客观剖析，否则食而不化，学问反足以梏没性灵。

其次是实地观察体验。这对于文艺创作或比读书还更重要。从前中国文人喜游名山大川，一则增长阅历，一则吸纳自然界瑰奇壮丽之气与幽深玄渺之趣。其实这种"气"与"趣"不只在自然中可以见出，在一般人生世相中也可得到。许多著名的悲喜剧与近代小说所表现的精神气魄正不让于名山大川。观察体验的最大的功用还不仅在此，尤其在洞达人情物理。文学超现实却不能离现实，它所创造的世界尽管有时是理想的，却不能不有现实世界的真实性。近代写实主义者主张文学须有"凭证"，就因为这个道理。你想写某一种社会或某一种人物，你必须对于那种社会那种人物的外在生活与内心生活都有彻底的了解，这非多观察多体验不可。要观察得正确，体验得深刻，你最好投身他们中间，和他们过同样的生活。你过的生活愈丰富，对于人性的了解愈深广，你的作品自然愈有真实性，不致如雾里看花。

第三是文学本身的修养。"工欲善其事，必先利其器。"文学的器具是语言文字，我们首先须认识语言文字，其次须有运用语言文字的技巧。这事看来似很容易，因为一般人日常都在运用语言文字；但是实在极难，因为文学要用平常的语言文字产生不平常的效果。文学家对于语言文字的了解必须比一般人都较精确，然后可以运用自如。他必须懂得字的形声义，字的组织以及音义与组织对于读者所生的影响。这要包含语文学、逻辑学、文法、美学和心理学各科知识。从前人做文言文很重视"小学"（即语文学），就已看出工具的重要。我们现在做语体文比做文言文更难。一则语言文字有它的历史渊源，我们不能因为做语体文而不研究文言文所用的语文，同时又要特别研究流行的语文；一则文言文所需要的语文知识有许多专书可供给，流行的语文的研究还在草创，大半还靠作者自己努力去摸索。在现代中国，一个人想做出第一流的文学作品，别的条件不用说，单说语文研究一项，他必须有深厚的修养，他必须达到有话都可说出而且说得好的程度。

运用语言文字的技巧一半根据对于语言文字的认识，一半也要靠虚心模仿前人的范作。文艺必止于创造，却必始于模仿，模仿就是学习。最简捷的办法是精选范文百篇左右（能多固好；不能多，百篇就很够），细心研究每篇的命意布局分段造句和用字，务求透懂，不放过一字一句，然后把它熟读成诵，玩味其中声音节奏与神理气韵，使它不但沉到心灵里去，还须沉到筋肉里去。这一步做到了，再拿这些模范来模仿（从前人所谓"拟"），模仿可以由有意的渐变为无意的。习惯就成了自然。入手不妨尝试各种不同的风格，再在最合宜于自己的风格上多下功夫，然后融合各家风格的长处，成就一种自己独创的风格。从前做古文的人大半经过这种训练，依我想，做语体文也不能有一个更好的学习方法。

以上谈文学修养，仅就其大者略举几端，并非说这就尽了文学修养的能事。我们只要想一想这几点所需要的功夫，就知道文学并非易事，不是全靠天才所能成功的。

谈趣味

拉丁文中有一句谚语："谈到趣味无争辩。""文章千古事，得失寸心知。"不但作者对于自己的作品是如此，就是读者对于作者恐怕也没有旁的说法。如果一个人相信地球是方的或是泰山比一切的山都高，你可以和他争辩，可以用很精确的论证去说服他，但是如果他说《花月痕》比《浮生六记》高明，或是两汉以后无文章，你心里尽管不以他为然，口里最好不说，说也无从说起；遇到"自家人"，彼此相看一眼，心领神会就行了。

这番话显然带有一些印象派批评家的牙慧。事实上我们天天谈文学，在批评谁的作品好，谁的作品坏，文学上自然也有是非好丑，你喜欢坏的作品而不喜欢好的作品，这就显得你的趣味低下，还有什么话可说？这话谁也承认，但是难问题不在此，难问题在你以为丑他以为美，或者你以为美而他以为丑时，你如何能使他相信你而不相信他自己呢？或者进一步说，你如何能相信你自己一定是对呢？你说文艺上自然有一个好丑的标准，这个标准又如何可以定出来呢？从前文学批评家们有些人以为要取决于多数。以为经过长久时间淘汰而仍巍然独存，为多数人所欣赏的作品总是好的。相信这话的人太多，我不敢公开地怀疑，但是在我们至好的朋友中，我不妨说句良心话：我们至多能活到一百岁，到什么时候才能知道 Marcel Proust 或 D. H. Lawrance 值不值得读一读呢？从前批评家们也有人，例如阿诺德，以为最稳当的办法是拿古典名著做"试金石"，遇到新作品时，把它拿来在这块"试金石"上面擦一擦，硬度如果相仿佛，它一定是好的；如果擦了要脱皮，你就不用去理会它。但是这种办法究竟是把问题推远而并没有解决它，文学作品究竟不是石头，两篇相擦时，谁看见哪一篇"脱皮"呢？

"天下之口有同嗜"，但是也有例外。文学批评之难就难在此。如果依正统派，我们便要抹杀例外；如果依印象派，我们便要抹杀"天下之口有同嗜"。关于文学的嗜好，"例外"也并不可一笔勾销。在 Keats 未死以前，嗜好他的诗的人是例外，在印象主义闹得很轰烈时，真正嗜好 Malarme 的诗人还是例外，我相信现在真正欢喜 T. S. Eliot 的人恐怕也得列在例外。这些"例外"的人常自居 elite 之列，而实际上他们也往往真是 elite。所谓"经过长久时间淘汰而仍巍然独存的"作品往往是先由这班"例外"的先生们捧出来的。

在正统派看，"天下之口有同嗜"一个公式之不可抹杀当更甚于"例外"之不可抹杀。他们总是喊要"标准",喊要"普遍性"。他们自然也有正当道理。反正这场官司打不清,各个时代都有喊要标准的人,同时也都有信任主观嗜好的人。他们各有各的功劳,大家正用不着彼此瞧不起彼此。

文艺不一定只有一条路可走。东边的景致只有面朝东走的人可以看见,西边的景致也只有面朝西走的人可以看见。向东走者听到向西走者称赞西边景致时觉其夸张,同时怜惜他没有看到东边景致美。向西走者看待向东走者也是如此。这都是常有的事,我们不必大惊小怪。理想的游览风景者是向东边走过之后能再回头向西走一走,把东西两边的风味都领略到。这种人才配估定东西两边的优劣。也许他以为日落的景致和日出的景致各有胜境,根本不同,用不着去强分优劣。

一个人不能同时走两条路,出发时只有一条路可走。从事文艺的人入手不能不偏,不能不依傍门户,不能不先培养一种偏狭的趣味。初喝酒的人对于白酒红酒种种酒都同样地爱喝,他一定不识酒味。到了识酒味时他的嗜好一定偏狭,非是某一家某一年的酒不能使他喝得畅快。学文艺也是如此,没有尝过某一种 clique 的训练和滋味的人总不免有些江湖气。我不知道会喝酒的人是否可以从非某一家某一年的酒不喝,进到只要是好酒都可以识出味道;但是我相信学文艺者应该能从非某家某派诗不读,做到只要是好诗都可以领略到滋味的地步。这就是说,学文艺的人入手虽不能不偏,后来却要能不偏,能凭空俯视一切门户派别，看出偏的弊病。

文学本来一国有一国的特殊的趣味，一时有一时的特殊的风尚。就西方诗说，拉丁民族的诗有为日耳曼民族所不能欣赏的境界，日耳曼民族的诗也有为非拉丁民族所能欣赏的境界。寝馈于古典派作品既久者对于浪漫派作品往往格格不入；寝馈于象征派既久者亦觉其他作品都索然无味。中国诗的风尚也是随时代变迁。汉魏六朝唐宋各有各的派别，各有各的信徒。明人尊唐，清人尊宋，好高古者祖汉魏，喜妍艳者推重六朝和西昆。门户之见也往往很严。

但是门户之见可以范围初学而不足以羁縻大雅。读诗较广泛者常觉得自己的趣味时时在变迁中，久而久之，有如江湖游客，寻幽览胜，风雨晦明，川原海岳，各有妙境，吾人正不必以此所长，量彼所短，各派都有长短，取长弃短，才无偏蔽。古今的优劣实在不易下定评，古有古的趣味，今也有今的趣味。后人做不到"蒹葭苍苍"和"涉江采芙蓉"诸诗的境界，古人也做不到"空梁落燕泥"和"山山尽落晖"诸诗的境界。浑朴精妍原来是两种不同的趣味，我们不必强其同。

文艺上一时的风尚向来是靠不住的。在法国17世纪新古典主义盛行时，16世纪的诗被人指摘，体无完肤，到浪漫时代大家又觉得"七星派诗人"亦自有独到境界。在英国浪漫主义盛行时，学者都鄙视17世纪、18世纪的诗；现在浪漫的潮流平息了，大家又觉得从前被人鄙视的作品，亦自有不可磨灭处。个人的趣味演进亦往往如此。涉猎愈广博，偏见愈减少，趣味亦愈纯正。从浪漫派脱胎者到能见出古典派的妙处时，专在唐宋做功夫者到能欣赏六朝人作品时，笃好苏辛词者到能领略温李的情韵时，才算打通了诗的一关。好浪漫派而止于浪漫派者，或是好苏辛而止于苏辛者，终不免坐井观天，诬天渺小。

趣味无可争辩，但是可以修养。文艺批评不可漠视主观的私人的趣味，但是始终拘执一家之言者的趣味不足为凭。文艺自有是非标准，但是这个标准不是古典，不是"耐久"和"普及"（"耐久"不是可靠的标准，Richards 说得很透辟，参 *Principles of Criticism* Chapter XXIX。如果读者愿看一段诙谐的文章，可以翻阅 Voltaire 的 *Canide* Chap. XXX，Procurante 谈荷马、维吉尔和弥尔顿一班"耐久"作者的话，都是我们心里所想说的，不过我们怕人讥笑，或是要自居能欣赏一般人所公认的伟大作品，不敢或不肯把老实话说出罢了），而是从极偏走到极不偏，能凭空俯视一切门户派别者的趣味；换句话说，文艺标准是修养出来的纯正的趣味。

谈价值意识

"物有本末，事有终始，知所先后，则近道矣。"

我初到英国读书时，一位很爱护我的教师——辛博森先生——写了一封很恳切的长信，给我讲为人治学的道理，其中有一句话说："大学教育在使人有正确的价值意识，知道权衡轻重。"于今事隔二十余年，我还很清楚地记得这句看来颇似寻常的话。在当时，我看到了有几分诧异，心里想：大学教育的功用就不过如此吗？这二三十年的人生经验才逐渐使我明白这句话的分量。我有时虚心检点过去，发现了我每次的过错或失败都恰是当人生歧路，没有能权衡轻重，以致去取失当。比如说，我花去许多工夫读了一些于今看来是值不得读的书，做了一些于今看来是值不得做的文章，尝试了一些于今看来是值不得尝试的事，这样地就把正经事业耽误了。好比行军，没有侦出要塞，或是侦出要塞而不尽力去击破，只在无战争重要性的角落徘徊摸索，到精力消耗完了还没碰着敌人，这岂不是愚蠢？

我自己对于这种愚蠢有切身之痛，每衡量当世人物，也欢喜审察他们是否犯同样的毛病。有许多在学问思想方面极为我所敬佩的人，希望本来很大，他们如果死心塌地做他们的学问，成就必有可观。但是因为他们在社会上名望很高，每个学校都要请他们演讲，每个机关都要请他们担任职务，每个刊物都要请他们做文章，这样一来，他们不能集中力量去做一件事，用非其长，长处不能发展，不久也就荒废了。名位是中国学者的大患。没有名位去挣扎求名位，旁驰博骛，用心不专，是一种浪费；既得名位而社会视为万能，事事都来打搅，惹得人心花意乱，是一种更大的浪费。"古之学者为己，今之学者为人。"在"为人""为己"的冲突中，"为人"是很大的诱惑。学者遇到这种诱惑，必须知所轻重，毅然有所取舍，否则随波逐流，不旋踵就有没落之祸。认定方向，立定脚跟，都需要很深厚的修养。

"正其谊不谋其利，明其道不计其功"，是儒家在人生理想上所表现的价值意识。"学也，禄在其中"，既学而获禄，原亦未尝不可；为干禄而求学，或得禄而忘学便是颠倒本末。我国历来学子正坐此弊。记得从前有一个学生刚在中学毕业，他的父亲就要他做事谋生，有友人劝阻他说："这等于吃稻种。"这句聪明话可表现一般家长视教育子弟为投资的心理。近来一般社会重视功利，青年学子便以功利自期，入学校只图混资格作敲门砖，对学问没有浓厚的兴趣，至于立身处世的道理更视为迂阔。这是价值意识的混乱。教育的根基不坚实，影响到整个社会风气以至于整个文化。轻重倒置，急其所应缓，缓其所应急，这种毛病在每个人的生活上，在政治上，在整个文化动向上都可以看见。近来我看了英人贝尔的《文化论》（Clive Bell：*Civilization*），其中有一章专论价值意识为文化要素，颇引起我的一些感触。贝尔专从文化观点立论，我联想到"价值意识"在人生许多方面的意义。这问题值得仔细一谈。

自然界事物纷纭错杂，人能不为之迷惑，赖有两种发现：一是条理，一是分寸。条理是联系线索，分寸是本末轻重。有了条理，事物才能分别类居，不相杂乱；有了分寸，事物才能尊卑定位，各适其宜。条理是横面上的秩序，分寸是纵面上的等差。条理在大体上是纯理活动的产品，是偏于客观的；分寸的鉴别则有赖于实用智慧，常为情感、意志所左右，带有主观的成分。别条理，审分寸，是人类心灵的两种最大的功能。一般自然科学在大体上都是别条理的事，一般含有规范性的学术如文艺、伦理、政治之类都是审分寸的事。这两种活动有时相依为用，但是别条理易，审分寸难。一个稍有逻辑修养的人大半能别条理，审分寸则有待于一般修养。它不仅是分析，而且是衡量；不仅是知解，而且是抉择。"厩焚。子退朝，曰：'伤人乎？'不问马。"这件事本很琐细，但足见孔子心中所存的分寸，这种分寸是他整个人格的表现。

所谓审分寸，就是辨别紧要的与琐屑的，也就是有正确的价值意识。"价值"是一个哲学上的术语，有些哲学家相信世间有绝对价值，永驻常在，不随时空及人事环境为转移，如康德所说的道德责任，黑格尔所说的永恒公理。但是就一般知解说，价值都有对待，高下相形，美丑相彰，而且事物自身本无价值可言，其有价值，是对于人生有效用，效用有大小，价值就有高低。这所谓"效用"自然是指极广义的，包含一切物质的和精神的实益，不单指狭义功利主义所推崇的安富尊荣之类。作为这样的解释，价值意识对于人生委实是重要的。人生一切活动，都各追求一个目的，我们必须先估定这目的有无追求的价值。如果根本没有价值而我们去追求，只追求较低的价值，我们就打错了算盘，没有尽量地享受人生最大的好处。有正确的价值意识，我们对于可用的力量才能做最经济的分配，对于人生的丰富意味才能尽量榨取。人投生在这个世界里如入珠宝市，有任意采取的自由，但是货色无穷，担负的力量不过百斤。有人挑去瓦砾，有人挑去钢铁，也有人挑去珠玉，这就看他们的价值意识如何。

价值意识的应用范围极广。凡是出于意志的行为都有所抉择，有所排弃。在各种可能的途径之中择其一而弃其余，都须经过价值意识的审核。小到衣食行止，大到道德、学问、事功，无一能为例外。

价值通常分为真、善、美三种。先说真，它是科学的对象。科学的思考在大体上虽偏于别条理，却也须审分寸。它分析事物的属性，必须辨别主要的与次要的；推求事物的成因，必须辨别自然的与偶然的；归纳事例为原则，必须辨别貌似有关的与实际有关的。苹果落地是常事，只有牛顿抓住它的重要性而发现引力定律；蒸汽上腾是常事，只有瓦特抓住它的重要性而发明蒸汽机。就一般学术研究方法说，提纲挈领是一套紧要的功夫，囫囵吞枣必定是食而不化。提纲挈领需要很锐敏的价值意识。

　　次说美，它是艺术的对象。艺术活动通常分欣赏与创造。欣赏全是价值意识的鉴别，艺术趣味的高低全靠价值意识的强弱。趣味低，不是好坏无鉴别，就是欢喜坏的而不了解好的。趣味高，只有真正好的作品才够味，低劣作品可以使人作呕。艺术方面的爱憎有时更甚于道德方面的爱憎，行为的失检可以原谅，趣味的低劣则无可容恕。至于艺术创造更步步需要谨严的价值意识。在作品酝酿中，许多意象纷呈，许多情致泉涌，当兴高采烈时，它们好像八宝楼台，件件惊心夺目，可是实际上它们不尽经得起推敲，艺术家必能知道割爱，知道剪裁洗练，才可披沙拣金。这是第一步。已选定的材料需要分配安排，每部分的分量有讲究，各部分的先后位置也有讲究。凡是艺术作品必有头尾和身材，必有浓淡虚实，必有着重点与陪衬点。"譬如北辰，居其所，而众星共之。"艺术作品的意思安排也是如此。这是第二步。选择安排可以完全是胸中成竹，要把它描绘出来，传达给别人看，必借特殊媒介，如图画用形色，文学用语言。一个意思常有几种说法，都可以说得大致不差，但是只有一种说法，可以说得最恰当妥帖。艺术家对于所用媒介必有特殊敏感，觉得大致不差的说法实在是差以毫厘，谬以千里，并且在没有碰着最恰当的说法以前，心里就安顿不下去，他必肯呕出心肝去推敲，这是第三步。在实际创造时，这三个步骤虽不必分得如此清楚，可是都不可少，而且每步都必有价值意识在鉴别审核。每个大艺术家必同时是他自己的严厉的批评者。一个人在道德方面需要良心，在艺术方面尤其需要良心。良心使艺术家不苟且敷衍，不甘落下乘。艺术上的良心就是谨严的价值意识。

再次说善，它是道德行为的对象。人性本可与为善，可与为恶，世间善人少而不善人多，可知为恶易而为善难。为善所以难者，道德行为虽根于良心，当与私欲相冲突，胜私欲需要极大的意志力。私欲引人朝抵抗力最低的路径走，而道德行为往往朝抵抗力最大的路径走。这本有几分不自然。但是世间终有人为履行道德信条而不惜牺牲一切者，即深切地感觉到善的价值。"朝闻道，夕死可矣。"孔子醇儒，向少作这样侠士气的口吻，而竟说得如此斩截者，即本于道重于生命这一个价值意识。古今许多忠臣烈士宁杀身以成仁，也是有见于此。从短见的功利观点看，这种行为有些傻气。但是人之所以为人，就贵在这点傻气。说浅一点，善是一种实益，行善社会才可安宁，人生才有幸福。说深一点，善就是一种美，我们不容行为有瑕疵，犹如不容一件艺术作品有缺陷。求行为的善，即所以维持人格的完美与人性的尊严。善的本身也有价值的等差。"礼，与其奢也，宁俭；丧，与其易也，宁戚。"重在内心不在外表。"男女授受不亲，嫂溺援之以手"，重在权变不在拘守条文。"人尽夫也，父一而已"，重在孝不在爱。忠孝不能两全时，先忠而后孝。以德报怨，即无以报德，所以圣人主以直报怨。"其父攘羊，其子证之"，为国法而伤天伦，所以圣人不取。子夏丧子失明而丧亲民无所闻，所以为曾子所呵责。孔子自己的儿子死只有棺，所以不肯卖车为颜渊买椁。齐人拒嗟来之食，义本可嘉，施者谢罪仍坚持饿死，则为太过。有无相济是正当道理，微生高乞醯以应邻人之求，不得为直。战所以杀敌制胜，宋襄公不鼓不成列，不得为仁。这些事例有极重大的，有极寻常的，都可以说明权衡轻重是道德行为中的紧要功夫。道德行为和艺术一样，都要做得恰到好处。这就是孔子所谓"中"，孟子所谓"义"。中者无过无不及，义者事之宜。要事事得其宜而无过无不及，必须有很正确的价值意识。

真、善、美三种价值既说明了，我们可以进一步谈人生理想。每个人都不免有一个理想，或为温饱，或为名位，或为学问，或为德行，或为事功，或为醇酒妇人，或为斗鸡走狗，所谓"从其大体者为大人，从其小体者为小人"。这种分别究竟以什么为标准呢？哲学家们都承认：人生最高目的是幸福。什么才是真正的幸福？对于这问题也各有各的见解。积学修德可被看成幸福，饱食暖衣也可被看成幸福。究竟谁是谁非呢？我们从人的观点来说，须认清人的高贵处在哪一点。很显然地，在肉体方面，人比不上许多动物，人之所以高于禽兽者在他的心灵。人如果要充分地表现他的人性，必须充实他的心灵生活。幸福是一种享受。享受者或为肉体，或为心灵。人既有肉体，即不能没有肉体的享受。我们不必如持禁欲主义的清教徒之不近人情，但是我们也须明白：肉体的享受不是人类最上的享受，而是人类与鸡豚狗彘所共有的。人类最上的享受是心灵的享受。哪些才是心灵的享受呢？就是上文所述的真、善、美三种价值。学问、艺术、道德几无一不是心灵的活动，人如果在这三方面达到最高的境界，同时也就达到最幸福的境界。一个人的生活是否丰富，这就是说，有无价值，就看他对于心灵或精神生活的努力和成就的大小。如果只顾衣食饱暖而对于真、善、美漫不感觉兴趣，他就成为一种行尸走肉了。这番道理本无深文奥义，但是说起来好像很迂阔。灵与肉的冲突本来是一个古老而不易化除的冲突。许多人因顾到肉遂忘记灵，相习成风，心灵生活便被视为怪诞无稽的事。尤其是近代人被"物质的舒适"一个观念所迷惑，大家争着去拜财神，财神也就笼罩了一切。"哀莫大于心死"，而心死则由于价值意识的错乱。我们如想改正风气，必须改正教育，想改正教育，必须改正一般人的价值意识。

谈动

朋友：

从屡次来信看，你的心境近来似乎很不宁静。烦恼是一种暮气，是一种病态，你还是一个十八九岁的青年，就这样颓唐沮丧，我实在替你担忧。

一般人欢喜谈玄，你说烦恼，他便从"哲学辞典"里拖出"厌世主义""悲观哲学"等等堂哉皇哉的字样来叙你的病由。我不知道你感觉如何，我自己从前仿佛也尝过烦恼的况味，我只觉得忧来无方，不但人莫之知，连我自己也莫名其妙，哪里有所谓哲学与人生观！我也些微领过哲学家的教训：在心气平和时，我景仰希腊廊下派哲学者，相信人生当皈依自然，不当存有嗔喜贪恋；我景仰托尔斯泰，相信人生之美在宥与爱；我景仰布朗宁，相信世间有丑才能有美，不完全乃真完全，然而外感偶来，心波立涌，拿天大的哲学，也抵挡不住。这固然是由于缺乏修养，但是青年们有几个修养到"不动心"的地步呢？从前长辈们往往拿"应该不应该"的大道理向我说法。他们说，像我这样一个青年应该活泼泼的，不应该暮气沉沉的，应该努力做学问，不应该把自己的忧乐放在心头。谢谢吧，请留着这服"应该"的方剂，将来患烦恼的人还多呢！

朋友，我们都不过是自然的奴隶，要征服自然，只得服从自然。违反自然，烦恼才乘虚而入，要排解烦闷，也须得使你的自然冲动有机会发泄。人生来好动，好发展，好创造。能动，能发展，能创造，便是顺从自然，便能享受快乐；不动，不发展，不创造，便是摧残生机，便不免感觉烦恼。这种事实在流行语中就可以见出，我们感觉快乐时说"舒畅"，感觉不快乐时说"抑郁"。这两个字样可以用作形容词，也可以用作动词。用作形容词时，它们描写快或不快的状态；用作动词时，我们可以说它们说明快或不快的原因。你感觉烦恼，因为你的生机被抑郁；你要想快乐，须得使你的生机能舒畅，能宣泄。流行语中又有"闲愁"的字样，闲人大半易于发愁，就因为闲时生机静止而不舒畅。青年人比老年人易于发愁些，因为青年人的生机比较强旺。小孩子们的生机也很强旺，然而不知道愁苦，因为他们时时刻刻地游戏，所以他们的生机不至于被抑郁。小孩子们偶尔不很乐意，便放声大哭，哭过了气就消去。成人们感觉烦恼时也还要拘礼节，哪能由你放声大哭呢？黄连苦在心头，所以愈觉其苦。歌德少时因失恋而想自杀，幸而他的文机动了，埋头两礼拜著成一部《少年维特之烦恼》，书成了，他的气也泄了，自杀的念头也打消了。你发愁时并不一定要著书，你就读几篇哀歌，听一幕悲剧，借酒浇愁，也可以大畅胸怀。从前我很疑惑何以剧情愈悲而读之愈觉其快意，近来才悟得这个泄与郁的道理。

总之，愁生于郁，解愁的方法在泄；郁由于静止，求泄的方法在动。从前儒家讲心性的话，从近代心理学眼光看，都很粗疏，只有孟子的"尽性"一个主张，含义非常深广。一切道德学说都不免肤浅，如果不从"尽性"的基点出发。如果把"尽性"两字懂得透彻，我以为生活目的在此，生活方法也就在此。人性固然是复杂的，可是人是动物，基本性不外乎动。从动的中间我们可以寻出无限快感。这个道理我可以拿两种小事来印证：从前我住在家里，自己的书房总欢喜自己打扫。每看到书籍零乱，灰尘满地，你亲自去洒扫一遍，霎时间混浊的世界变成明窗净几，此时悠然就座，游目骋怀，乃觉有不可言喻的快慰；再比方你自己是欢喜打网球的，当你起劲打球时，你还记得天地间有所谓烦恼吗？

你大约记得晋人陶侃的故事。他老来罢官闲居，找不得事做，便去搬砖。晨间把一百块砖由斋里搬到斋外，暮间把一百块砖由斋外搬到斋里。人问其故，他说："吾方致力中原，过尔优逸，恐不堪事。"他又尝对人说："大禹圣者，乃惜寸阴，至于众人，当惜分阴。"其实惜阴何必定要搬砖，不过他老先生还很苗壮，借这个玩意儿多活动活动，免得抑郁无聊罢了。

朋友，闲愁最苦！愁来愁去，人生还是那么样一个人生，世界也还是那么样一个世界。假如把自己看得伟大，你对于烦恼，当有"不屑"的看待；假如把自己看得渺小，你对于烦恼当有"不值得"的看待。我劝你多打网球，多弹钢琴，多栽花木，多搬砖弄瓦。假如你不喜欢这些玩意儿，你就谈谈笑笑，跑跑跳跳，也是好的。就在此祝你

谈谈笑笑，

跑跑跳跳！

你的朋友　光潜

谈静

朋友：

　　前信谈动，只说出一面真理。人生乐趣一半得之于活动，也还有一半得之于感受。所谓"感受"是被动的，是容许自然界事物感动我的感官和心灵。这两个字含义极广。眼见颜色，耳闻声音，是感受；见颜色而知其美，闻声音而知其和，也是感受。同一美颜，同一和声，而各个人所见到的美与和的程度又随天资境遇而不同。比方路边有一棵苍松，你看见它只觉得可以砍来造船；我见到它可以让人纳凉；旁人也许说它很宜于入画，或者说它是高风亮节的象征。再比方街上有一个乞丐，我只能见到他的蓬头垢面，觉得他很讨厌；你见他便发慈悲心，给他一个铜子；旁人见到他也许立刻发下宏愿，要打翻社会制度。这几个人反应不同，都由于感受力有强有弱。

　　世间天才之所以为天才，固然由于具有伟大的创造力，而他的感受力也比一般人分外强烈。比方说诗人和美术家，你见不到的东西他能见到，你闻不到的东西他能闻到。麻木不仁的人就不然，你就请伯牙向他弹琴，他也只联想到棉匠弹棉花。感受也可以说是"领略"，不过领略只是感受的一方面。世界上最快活的人不仅是最活动的人，也是最能领略的人。所谓领略，就是能在生活中寻出趣味。好比喝茶，渴汉只管满口吞咽，会喝茶的人却一口一口地细啜，能领略其中风味。

能处处领略到趣味的人绝不至于岑寂，也绝不至于烦闷。朱子有一首诗说："半亩方塘一鉴开，天光云影共徘徊。问渠哪得清如许？为有源头活水来。"这是一种绝美的境界。你姑且闭目一思索，把这幅图画印在脑里，然后假想这半亩方塘便是你自己的心，你看这首诗比拟人生苦乐多么恰当！一般人的生活干燥，只是因为他们的"半亩方塘"中没有天光云影，没有源头活水来，这源头活水便是领略得的趣味。

领略趣味的能力固然一半由于天资，一半也由于修养。大约静中比较容易见出趣味。物理上有一条定律说：两物不能同时并存于同一空间。这个定律在心理方面也可以说得通。一般人不能感受趣味，大半因为心地太忙，不空所以不灵。我所谓"静"，便是指心界的空灵，不是指物界的沉寂，物界永远不沉寂的。你的心境愈空灵，你愈不觉得物界沉寂，或者我还可以进一步说，你的心界愈空灵，你也愈不觉得物界喧嘈。所以习静并不必定要进空谷，也不必定学佛家静坐参禅。静与闲也不同。许多闲人不必都能领略静中趣味，而能领略静中趣味的人，也不必定要闲。在百忙中，在尘世喧嚷中，你偶然丢开一切，悠然遐想，你心中便蓦然似有一道灵光闪烁，无穷妙悟便源源而来。这就是忙中静趣。

我这番话都是替两句人人知道的诗下注脚。这两句诗就是"万物静观皆自得，四时佳兴与人同"。大约诗人的领略力比一般人都要大。近来看周启孟的《雨天的书》引日本人小林一茶的一首俳句："不要打哪，苍蝇搓他的手，搓他的脚呢。"觉得这种情境真是幽美。你懂得这一句诗就懂得我所谓静趣。中国诗人到这种境界的也很多。现在姑且就一时所想到的写几句给你看：

"鱼戏莲叶东，鱼戏莲叶西，鱼戏莲叶南，鱼戏莲叶北。"

——古诗，作者姓名佚

"山涤余霭，宇暖微霄。有风自南，翼彼新苗。"

——陶渊明《时运》

"采菊东篱下，悠然见南山。山气日夕佳，飞鸟相与还。"

——陶渊明《饮酒》

"目送归鸿，手挥五弦。俯仰自得，游心太玄。"

——嵇叔夜《赠秀才从军》

"倚杖柴门外，临风听暮蝉。渡头余落日，墟里上孤烟。"

——王摩诘《辋川闲居赠裴秀才迪》

像这一类描写静趣的诗，唐人五言绝句中最多。你只要仔细玩味，便可以见到这个宇宙又有一种景象，为你平时所未见到的。梁任公的《饮冰室文集》里有一篇谈"烟士披里纯"，詹姆斯的《与教员学生谈话》（James: *Talks To Teachers and Students*）里面有三篇谈人生观，关于静趣都说得很透辟。可惜此时这两部书都不在手边，不能录几段出来给你看。你最好自己到图书馆里去查阅。詹姆斯的《与教员学生谈话》那三篇文章（最后三篇）尤其值得一读，记得我从前读这三篇文章，很受它感动。

静的修养不仅可以使你领略趣味，对于求学处世都有极大帮助。释迦牟尼在菩提树荫静坐而证道的故事，你是知道的。古今许多伟大人物常能在仓皇扰乱中雍容应付事变，丝毫不觉张皇，就因为能镇静。现代生活忙碌，而青年人又多浮躁。你站在这潮流里，自然也难免跟着旁人乱嚷。不过忙里偶然偷闲，闹中偶然觅静，于身于心，都有极大裨益。你多在静中领略些趣味，不特你自己受用，就是你的朋友们看着你也快慰些。我生平不怕呆人，也不怕聪明过度的人，只是对着没有趣味的人，要勉强同他说应酬话，真是觉得苦也。你对着有趣味的人，你并不必多谈话，只是默然相对，心领神会，便可觉得朋友中间的无上至乐。你有时大概也发生同样感想吧？

　　眠食诸希珍重！

　　　　　　　　　　　　　　　　　　你的朋友　　光潜

谈冷静

德国哲学家尼采把人类精神分为两种，一是阿波罗的，一是狄俄尼索斯的。这两个名称起源于希腊神话。阿波罗是日神，是光的来源，世间一切事物得照光才显现形相。希腊人想象阿波罗莅临奥林匹斯高峰，雍容肃穆，转运他的熠熠生辉的巨眼，普照世间一切，妍丑悲欢，可供玩赏，风帆自动而此心不为之动，他永远是一个冷静的旁观者；狄俄尼索斯是酒神，是生命的来源，生命无常幻变，狄俄尼索斯要在生命幻变中忘却生命幻变所生的痛苦，纵饮狂歌，争取刹那间尽量的欢乐，时时随着生命的狂澜流转，如醉如痴，曾不停止一息来反观自然或是玩味事物的形相，他永远是生命剧场中一个热烈的扮演者。尼采以为人类精神原有这两种分别，一静一动，一冷一热，一旁观一表演。艺术是精神的表现，也有这两种分别，例如图画、雕刻等造型艺术是代表阿波罗精神的，音乐、跳舞等非造型艺术是代表狄俄尼索斯精神的。依尼采看，古代希腊人本最富于狄俄尼索斯精神，体验生命的痛苦最深切，所以内心最悲苦，然而没有走上绝望自杀的路，就好在有阿波罗精神来营救，使他们由表演者的地位跳到旁观者的地位，由热烈而冷静，于是人生一切灾祸罪孽便变成庄严灿烂的意象，产生了希腊人的最高艺术——悲剧。

尼采的这番话乍看来未免离奇，实在含有至理。近代心理学区分性格的话和它暗合的很多，我们在这里不必繁引。尼采专就希腊艺术着眼，以为它的长处在以阿波罗精神化狄俄尼索斯精神。希腊艺术的作风在后来被称为"古典的"，和"浪漫的"相对立。所谓"古典的"作风特点就在冷静、有节制、有含蓄，全体必须和谐完美；所谓"浪漫的"作风特点就在热烈、自由流露、尽量表现、想象丰富、情感深至，而全体形式则偶不免有瑕疵。从此可知古典主义是偏于阿波罗精神的，浪漫主义是偏于狄俄尼索斯精神的。

"古典的"与"浪漫的"原只适用于文艺，后来常有人借用这两个形容词来谈人的性格，说冷静的、纯正的、情理调和的人是"古典的"，热烈的、好奇特的、偏重情感与幻想的人是"浪漫的"。人禀赋不同，生来各有偏向，教育与环境也常容易使人习染于某一方面，但就大体来说，青年人的性格常偏于"浪漫的"，老年人的性格常偏于"古典的"，一个民族也往往如此。这两种性格各有特长，在理论上我们似难作左右祖。不过我们可以说，无论在艺术或在为人方面，"浪漫的"都多少带着些稚气，而"古典的"则是成熟的境界。如果读者容许我说一点个人的经验，我的青年期已过去了，现在快走完中年的阶段，我曾经热烈地爱好过"浪漫的"文艺与性格，现在已开始逐渐发现"古典的"更可爱。我觉得一个人在任何方面想有真正伟大的成就，"古典的""阿波罗的"冷静都绝不可少。

要明白冷静，先要明白我们通常所以不能冷静的原因。说浅一点，不能冷静是任情感、逞意气、易受欲望的冲动，处处显得粗心浮气；说深一点，不能冷静是整个性格修养上的欠缺，心境不够冲和豁达，头脑不够清醒，风度不够镇定安详。说到性格修养，困难在调和情与理。人是有生气的动物，不能无情感；人为万物之灵，不能无理智。情热而理冷，所以常相冲突。有一部分宗教家和哲学家见到任情纵欲的危险，主张抑情以存理。这未免是剥夺一部分人类天性，可以使人生了无生气，不能算是健康的人生观。中外大哲人如孔子、柏拉图诸人都主张以理智节制情欲，使情欲得其正而能与理智相调和。不过这不是一件易事。孔子自道经验说："七十而从心所欲，不逾矩。"这才算是情理融合的境界，以孔子那样圣哲，到七十岁才能做到，可见其难能可贵。大抵修养入手的功夫在多读书明理，自己时时检点自己，要使理智常是清醒的，不让情感与欲望恣意孤行，久而久之，自然胸襟澄然，矜平躁释，遇事都能保持冷静的态度。

学问是理智的事，所以没有冷静的态度不能做学问。在做学问方面，冷静的态度就是科学的态度。科学（一切求真理的活动都包含在内）的任务在根据事实推求原理，在紊乱中建立秩序，在繁复中寻求条理。要达到这种任务，科学必须尊重所有的事实，无论它是正面的或反面的，不能挟丝毫成见去抹杀事实或是歪曲事实；它根据人力所能发现的事实去推求结论，必须步步虚心谨慎，把所有的可能的解说都加以缜密考虑，仔细权衡得失，然后选定一个比较圆满的解说，留待未来事实的参证。所以科学的态度必须冷静，冷静才能客观、缜密、谨严。尝见学者立说，胸中先有一成见，把反面的事实抹杀，把相反的意见丢开，矜一曲之见为伟大发明，旁人稍加批评，便以怒目相加，横肆诋骂，批评者也以诋骂相报，此来彼去，如泼妇骂街，把原来的论点完全忘去。我们通常说这是动情感，凭意气，一个人愈易动情感，凭意气，在学问上愈难有成就。一个有学问的人必定是"清明在躬，志气如神"，换句话说，必定能冷静。

　　一般人欢喜拿文艺和科学对比，以为科学重理智而文艺重情感。其实文艺正因为表现情感的缘故，需要理智的控制反比科学更甚。英国诗人华兹华斯曾自道经验说："诗起于沉静中所回味得来的情绪。"人人都能感受情绪，感受情绪而能在沉静中回味，才是文艺家的特殊修养。感受是能入，回味是能出。能入是主观的、热烈的；回味是客观的、冷静的。前者是尼采所谓狄俄尼索斯精神的表现，而后者则是阿波罗精神的表现，许多人以为生糙情感便是文艺材料，怪自己没有能力去表现，其实文艺须在这生糙情感之上加以冷静的回味、思索、安排，才能豁然贯通，见出形式。语言与情思都必经过洗刷炼裁，才能恰到好处。许多人在兴高采烈时完成一件作品，便自矜为绝作，过些时候自己再看一遍，就会发现许多毛病。罗马批评家贺拉斯劝人在完成作品之后，放上几年才发表，也是有见于文艺创作与修改，须要冷静，过于信任一时热烈兴头是最易误事的。我们在前面已经说过，成熟的"古典的"文艺作品特色就在冷静。近代写实派不满意于浪漫派，原因在也主张文艺要冷静。一个人多在文艺方面下功夫，常容易养成冷静的态度。关于这一点，我在几年前写过一段自白，希望读者容许我引来参证：

"我应该感谢文艺的地方很多，尤其它教我学会一种观世法。一般人常以为只有科学的训练才可以养成冷静的客观的头脑。……我也学过科学，但是我的冷静的客观的头脑不是从科学而是从文艺得来的。凡是不能持冷静的客观的态度的人，毛病都在把'我'看得太大。他从'我'这一副着色的望远镜里看世界，一切事物于是都失去它们的本来面目。所谓冷静的客观的态度就是丢开这副望远镜，让'我'跳到圈子以外，不当作世界里有'我'而去看世界，还是把'我'与类似'我'的一切东西同样看待。这是文艺的观世法，也是我所学得的观世法。"

　　我引这段话，一方面说明文艺的活动是冷静，一方面也趁便引出做人也要冷静的道理。我刚才提到丢开"我"去看世界，我们也应该丢开"我"去看"我"。"我"是一个最可宝贵也是最难对付的东西。一个人不能无"我"，无"我"便是无主见，无人格。一个人也不能执"我"，执"我"便是持成见，逞意气，做学问不易精进，做事业也不易成功。佛家主张"无我相"，老子劝告孔子"去子之骄气与多欲"，都是有见于执"我"的错误。"我"既不能无，又不能执，如何才可以调剂安排，恰到好处呢？这需要知识。我们必须彻底认清"我"，才会妥帖地处理"我"。

　　"知道你自己"，这句名言为一般哲学家公认为希腊人的最高智慧的结晶。世间事物最不容易知道的是你自己，因为要知道你自己，你必须能丢开"我"去看"我"，而事实上有了"我"就不易丢开"我"，许多人都时时为我见所蒙蔽而不自知，人不易自知，犹如有眼不能自见，有力不能自举。你本是一个凡人，你却容易把自己看成一个英雄；你的某一个念头、某一句话、某一种行为本是错误的，因为是你自己所想的、说的、做的，你的主观成见总使你自信它是对的。执迷不悟是人所常犯的过失。中国儒家要除去这个毛病，提倡"自省"的功夫。"自省"就是自己来问自己，丢开"我"去看"我"。一般人眼睛常是朝外看，自省就是把眼光转向里面看。一般能自省的人才能自知。自省所凭借的是理智，是冷静的客观的科学的头脑。能冷静自省，品格上许多亏缺都可以免除。比如你发怒时，经过一番冷静的自省，你的怒气自然消释；你起了一个不正当的欲念时，经过一番冷静的自省，那个欲念也就冷淡下去；你和人因持异见争执，盛气相凌，你如果能冷静地把所有的论证衡量一下，你自然会发现谁是谁非，如果你自己不对，你须自认错误，如果你自己对，你有理由可以说服人。

从这些例子看，"自省"含有"自制"的功夫在内。一个能自制的人才能自强。能自制便有极大的意志力，有极大的意志力才能认定目标，看清事物条理，征服一切环境的困难，百折不挠以抵于成功。古今英雄豪杰过人的地方都在于坚强的意志力，而他们的坚强的意志力的表现往往在自制方面。哲学家如苏格拉底，宗教家如耶稣、释迦牟尼，政治家如诸葛亮、谢安、李泌，都是显著的实例。许多人动辄发火生气，或放僻邪侈，横无忌惮，或暴戾刚愎，恣意孤行，这种人看来像是强悍勇猛，实在是软弱，他们做情感的奴隶，或是卑劣欲望的奴隶，自己尚且不能控制，怎能控制旁人或控制环境呢？这种人大半缺乏冷静，遇事鲁莽灭裂，终必至于偾事。如果军国大政落在这种人的手里，则国家民族变成野心或私欲的孤注，在一喜一怒之间轻轻被断送。今日的德意志和日本不惜涂炭千百万生灵，置全民族命脉于险境，实由于少数掌政权者缺乏冷静的头脑，逞一时的意气与狂妄的野心，如悬崖纵马，一放而不可收拾。这是最好的殷鉴。人类许多不必要的灾祸罪孽都是这种人惹出来的。如果我们从这些事例上想一想，就可以见出一个人或一个民族在失去冷静的理智的态度时所冒的危险。

　　一个理想的人须是有德有学有才。德与学需要冷静，如上所述，才也不是例外。才是处事的能力。一件事常有许多错综复杂的关系，头脑不冷静的人处之，便如置身五里雾中，觉得需要处理的是一团乱丝，处处是纠纷困难。他不是束手无策，就是考虑不周到，布置不缜密，一个困难未解决，又横生枝节，把事情弄得更糟；冷静的人便能运用科学的眼光，把目前复杂情形全盘一看，看出其中关系条理与轻重要害，在种种可能的办法之中选择一个最合理的，于是一切纠纷困难便如庖丁解牛，迎刃而解。治个人私事如此，治军国大事也是如此，能冷静的人必能谋定后动，动无不成。

　　一个冷静的人常是立定脚跟，胸有成竹，所以临难遇险，能好整以暇，雍容部署，不致张皇失措。我们中国人对于这种风格向来当作一种美德来欣赏赞叹。孔子在陈过匡，视险若夷，汉高伤胸扪足，史传都传为美谈，后来《世说新语》所载的"雅量"事例尤多，现提举数条来说明本文所谈的冷静：

　　桓公伏甲设馔，广延朝士，因此欲诛谢安、王坦之。王甚遽，问谢曰："当作何计？"谢神意不变，谓文度曰："晋阼存亡，在此一行。"相与俱前。王之恐状，转见于色。谢之宽容，愈表于貌，望阶趋席，方作洛生咏，讽"浩浩洪流"。桓惮其旷远，乃趣解兵。王、谢旧齐名，于此始判优劣。

谢太傅盘桓东山时，与孙兴公诸人泛海戏。风起浪涌，孙、王诸人色并遽，便唱使还。太傅神情方王，吟啸不言。舟人以公貌闲意说，犹去不止。既风转急，浪猛，诸人皆喧动不坐。公徐云："如此，将无归！"众人即承响而回。于是审其量，足以镇安朝野。

王子猷、子敬曾俱坐一室，上忽发火，子猷遽走避，不惶取屐，子敬神色恬然，徐唤左右，扶凭而出，不异平常。世以此定二王神宇。

这些都是冷静态度的最好实例。这种"雅量"所以难能可贵，因为它是整个人格的表现，需要深厚的修养，有这种雅量的人才能担当大事，因为他豁达、清醒、沉着，不易受困难摇动，在危急中仍可想出办法。

冷静并不如庄子所说的"形如槁木，心如死灰"，但是像他所说的游鱼从容自乐。禅家最好做冷静的功夫，他们的胜境却不在坐禅而在禅机。这"机"字最妙。宇宙间许多至理妙谛，寄寓于极平常微细的事物中，往往被粗心浮气的人们忽略过，陈同甫所以有"恨芳菲世界，游人未赏，都付与、莺和燕"的嗟叹。冷静的人才能静观，才能发现"万物皆自得"。

孔子引《诗经》"鸢飞戾天，鱼跃于渊"二句而加评释说："言其上下察也。"这"察"字下得极好，能"察"便能处处发现生机，吸收生机，觉得人生有无穷乐趣。世间人的毛病只是习焉不察，所以生活枯燥，流于卑鄙污浊。"察"就是"静观"，美学家所说的"观照"，它的唯一条件是冷静超脱。哲学家和科学家所做的功夫在这"察"字上，诗人和艺术家所做的功夫也还在这"察"字上。尼采所说的日神阿波罗也是时常在"察"。人在冷静时静观默察，处处触机生悟，便是"地行仙"。有这种修养的人才有极丰富的生机和极厚实的力量！

谈情与理

朋友：

　　去年张东荪先生在《东方杂志》发表过两篇论文，讨论兽性问题，并提出理智救国的主张。今年李石岑先生和杜亚泉先生也为着同样问题，在《一般》上起过一番辩论。一言以蔽之，他们争点是：我们的生活应该受理智支配呢，还是应该受感情支配呢？张、杜两先生都是理智的辩护者，而李先生则私淑尼采，对于理智颇肆抨击。我自己在生活方面，尝感着情与理的冲突。近来稍涉猎文学、哲学，又发现现代思潮的激变，也由这个冲突发轫。屡次手痒，想做一篇长文，推论情与理在生活与文化上的位置，因为牵涉过广，终于搁笔。在私人通信中大题不妨小做，而且这个问题也是青年急宜了解的，所以趁这次机会，粗陈鄙见。

　　科学家讨论事理，对于规范与事实，辨别极严。规范是应然，是以人的意志定出一种法则来支配人类生活的。事实是实然的，是受自然法则支配的。比方伦理、教育、政治、法律、经济各种学问都侧重规范，数、理、化各种学问都侧重事实。规范虽和事实不同，而却不能不根据事实。比方在教育学中，"自由发展个性"是一种规范，而根据的是儿童心理学中的事实；在马克思派经济学中，"阶级斗争"和"劳工专政"都是规范，而"剩余价值"律和"人口过剩"律是他所根据的事实。但是一般人制订规范，往往不根据事实而根据自己的希望。不知人的希望和自然界的事实常不相侔，而规范是应该限于事实的。规范倘若不根据事实，则不但不能实现，而且漫无意义。比方在事实上二加二等于四，而人的希望往往超过事实，硬想二加二等于五。既以为二加二等于五是很好的，便硬定"二加二应该等于五"的规范，这岂不是梦语？

我所以不满意张东荪、杜亚泉诸先生的学说者，就因为他们既没有把规范和事实分别清楚，而又想离开事实，只凭自家理想去订规范。他们想把理智抬举到万能的地位，而不问在事实上理智是否万能；他们只主张理智应该支配一切生活，而不考究生活是否完全可以理智支配。我很奇怪张先生以柏格森的翻译者而抬举理智，我尤其奇怪杜先生想从哲学和心理学的观点去抨击李先生，而不知李先生的学说得自尼采，也不知他自己所根据的心理学早已陈死。

只论事实，世界文化和个人生活果能顺着理智所指的路径前进吗？现代哲学和心理学对于这个问题所给的答案是否定的。

哲学家怎么说呢？现代哲学的主要潮流可以说是18世纪理智主义的反动。自尼采、叔本华以至于柏格森，没有人不看透理智的威权是不实在的。依现代哲学家看，宇宙的生命、社会的生命和个体的生命都只有目的而无先见（purposive without foresight）。所谓有目的，是说生命是有归宿的，是向某固定方向前进的。所谓无先见，是说在某归宿之先，生命不能自己预知归宿何所。比方母鸡孵卵，其目的在产小鸡，而这个目的却不必预存于母鸡的意识中。理智就是先见，生命不受先见支配，所以不受理智支配。这是现代哲学上一种主要思潮，而这个思潮在政治思想上演出两个相反的结论。其一为英国保守派政治哲学。他们说，理智既不能左右社会生命，所以我们应该让一切现行制度依旧存在，它们自己会变好，不用人费力去筹划改革。其一为法国行会主义（syndicalism）。这派激烈分子说，现行制度已经够坏了，把它们打破以后，任它们自己变去，纵然没有理智产生的建设方略，也绝不会有比现在更坏的制度发现出来。无论你相信哪一说，理智都不是万能的。

在心理学方面，理智主义的反动尤其剧烈。这种反动有两个大的倾向。第一个倾向是由边沁的享乐主义（hedonism）转到麦独孤的动原主义（homic theory）。享乐派心理学者以为一切行为都不外寻求快感与避免痛感。快感与痛感就是行为的动机。吾人心中预存何者发生快感、何者发生痛感的计算，而后才有寻求与避免的行为。换句话说，行为是理智的产品，而理智所去取，则以感觉之快与不快为标准。这种学说在18、19两世纪颇盛行，到了现代，因为受麦独孤心理学者的攻击，已成体无完肤。依麦独孤派学者看，享乐主义误在倒果为因。快感与痛感是行为的结果，不是行为的动机，动作顺利，于是生快感，动作受阻碍，于是生痛感；在动作未发生之前，吾人心中实未曾运用理智，预期快感如何寻求，痛感如何避免。行为的原动力是本能与情绪，不是理智。这个道理麦独孤在他的《社会心理学》里说得很警辟。

　　心理学上第二个反理智的倾向是弗洛伊德派的隐意识心理学。依这派学者看，心好比大海，意识好比海面浮着的冰山，其余汪洋深湛的统是隐意识。意识在心理中所占位置甚小，而理智在意识中所占位置又甚小，所以理智的能力是极微末的，通常所谓理智，大半是理性化（rationalization）的结果。理智之来，常不在行为未发生之前，而在行为已发生之后。行为之发生，大半由隐意识中的情意综（complexes）主持。吾人于事后须得解释辩护，于是才找出种种理由来。这便是理性化。比方一个人钟爱一个女子，天天不由自主地走到她的寓所左右，而他自己所能举出的理由只不外"去看报纸""去访她哥哥""去看那棵柳树今天生了几片新叶"一类的话。照这样说，理智不易驾驭感情，而理智自身也不过是感情的变相。维护理智的人喜用弗洛伊德的升华说（sublimation）做护身符，不知所谓升华大半还是隐意识作用，其中情的成分比理的成分更加重要。

总观以上各点，我们可以知道在事实上理智支配生活的能力是极微末、极薄弱的，尊理智抑感情的人在思想上是开倒车，是想由现世纪回到18世纪。开倒车固然不一定就是坏，可是要开倒车的人应该先证明现代哲学和心理学是错误的。不然，我们绝难悦服。

更进一步，我们姑且丢开理智是否确能支配情感的问题，而衡量理智的生活是否确比情感的生活价值来得高。迷信理智的人不特假定理智能支配生活，而且假定理智的生活是尽善尽美的。第一个假定，我们已经知道，是与现代哲学和心理学相矛盾的。现在我们来研究第二个假定。

第一，我们应该知道理智的生活是很狭隘的。如果纯任理智，则美术对于生活无意义，因为离开情感，音乐只是空气的震动，图画只是涂着颜色的纸，文学只是联串起来的字。如果纯任理智，则宗教对于生活无意义，因为离开情感，自然没有神奇，而冥感灵通全是迷信。如果纯任理智，则爱对于人生也无意义，因为离开情感，男女的结合只是为着生殖。我们试想生活中无美术，无宗教（我是指宗教的狂热的情感与坚决信仰），无爱情，还有什么意义？记得几年前有一位学生物学的朋友在《学灯》上发表一篇文章，说穷到究竟，人生只不过是吃饭与交媾。他的题目我一时记不起，仿佛是"悲""哀"一类的字。专从理智着想，他的话是千真万确的，但是他忘记了人是有感情的动物。有了感情，这个世界便另是一个世界，而这个人生便另是一个人生，绝不是吃饭、交媾就可以了事的。

第二，我们应该知道理智的生活是很冷酷的，很刻薄寡恩的。理智指示我们应该做的事甚多，而我们实在做到的还不及百分之一。所做到的那百分之一大半全是由于有情感在后面驱遣。比方我天天看见很可怜的乞丐，理智也天天提醒我赈济困穷的道理，可是除非我心中怜悯的情感触动时，我百回就有九十九回不肯掏腰包。前几天听见一位国学家投河的消息，和朋友们谈，大家都觉得他太傻。他固然是傻，可是世间有许多事得有几分傻气的人才能去做。纯信理智的人天天都打计算，有许多不利于己的事他绝不肯去做的。历史上许多侠烈的事迹都是情感的，而不是理智的。

人类如要完全信任理智，则不特人生趣味剥削无余，而道德亦必流为下品。严密说起，纯任理智的世界中只能有法律而不能有道德。纯任理智的人纵然也说道德，可是他们的道德是问理的道德（morality according to principle），而不是问心的道德（morality according to heart）。问理的道德迫于外力，问心的道德激于衷情，问理而不问心的道德，只能给人类以束缚而不能给人类以幸福。

比方中国人所认为百善之首的"孝"，就可以当作问理的道德，也可以当作问心的道德。如果单讲理智，父母对于子女不能居功，而子女对于父母便不必言孝。这个道理胡适之先生在《答汪长禄书》里说得很透辟。他说：

> "父母于子无恩"的话，从王充、孔融以来，也很久了。……今年我自己生了一个儿子，我才想到这个问题上去。我想这个孩子自己并不曾自由主张要生在我家，我们做父母的也不曾得他的同意，就糊里糊涂地给他一条生命，况且我们也并不曾有意送给他这条生命。我们既无意，如何能居功？……我们生一个儿子，就好比替他种了祸根，又替社会种了祸根。……所以我们教他养他，只是我们减轻罪过的法子。……这可以说是恩典吗？

因此，胡先生不赞成把"儿子孝顺父母"列为一种"信条"。

胡先生所以得此结论，是假定孝只是一种报酬，只是一种问理的道德。把孝作这样的解释，我也不赞成把它"列为一种信条"。但是我们要知道真孝并不是一种报酬，并不是借债还息。孝只是一种爱，而凡爱都是以心感心，以情动情，绝不像做生意买卖，时时抓住算盘子，计算你给我二五，我应该报酬你一十。换句话说，孝是情感的，不是理智的。世间有许多慈母，不惜牺牲一切，以养护她的婴儿；世间也有许多婴儿，无论到了怎样困穷忧戚的境遇，总可以把头埋在母亲的怀里，得那不能在别处得到的保护与安慰。这就是孝的起源，这也就是一切爱的起源。这种孝全是激于至诚的，是我所谓问心的道德。

孝不是一种报酬，所以不是一种义务，把孝看成一种义务，于是"孝"就由问心的道德降而为问理的道德了。许多人"孝顺"父母，并不是因为激于情感，只因为他想凡是儿子都须得孝顺父母，才成体统。礼至而情不至，孝的意义本已丧失。儒家想因存礼以存情，于是孝变成一种虚文。像胡先生所说，"无论怎样不孝的人，一穿上麻衣，戴上高粱冠，拿着哭丧棒，人家就赞他做'孝子'了"。近人非孝，也是从理智着眼，把孝看作一种债息。其实与儒家末流犯同一毛病。问理的孝可非，而问心的孝是不可非的。

孝不过是许多事例中之一种。其他一切道德也都可以有问心的和问理的分别。问理的道德虽亦不可少，而衡其价值，则在问心的道德之下。孔子讲道德注重"仁"字，孟子讲道德注重"义"字，"仁"比"义"更有价值，是孔门学者所公认的。"仁"就是问心的道德，"义"就是问理的道德。宋儒注"仁义"两个字说："仁者心之德，义者事之宜。"这是很精确的。

我说了这许多话，可以一言以蔽之，"仁"胜于"义"，问心的道德胜于问理的道德，所以情感的生活胜于理智的生活。生活是多方面的，我们不但要能够知（know），我们更要能够感（feel）。理智的生活只是片面的生活。理智没有多大能力去支配情感，纵使理智能支配情感，而理胜于情的生活和文化都不是理想的。

我对于这个问题还有许多的话，在这封信里只能言不尽意，待将来再说。

你的朋友 光潜

附注：

此文发表后曾蒙杜亚泉先生给了一个批评（见《一般》三卷三号），当时课忙，所以没有奉复。我此文结论中明明说过："问理的道德虽亦不可少，而衡其价值，则在问心的道德之下。"我并没有说把理智完全勾销。杜先生也说："我也主张主情的道德。"然则我们的意见根本并无二致。我不能不羡慕杜先生真有闲工夫。

杜先生一方面既然承认"朱先生说，'真孝并不是一种报酬'，这句话很精到的"，而另一方面又加上一句"但是'孝不是一种义务'这句话却错了"。我以为他可以说出一番大道理来，而下文不过是如此："至于父母就是社会上担负教育子女义务的人……这种人在衰老的时候，社会也应该辅养他。"说明白一点咧，在子女幼时，父母曾为社会辅养子女，所以到父母老时，子女也应该为社会辅养父母。

请问杜先生，这是不是所谓报酬？承认我的"孝不是一种报酬"一语为"精到",而说明"孝是一种义务"时,又回到报酬的原理,这似犯了维护理智的人们所谓"矛盾律"。

"今之孝者,是谓能养",杜先生大约还记得下文吧?我承认"养老""养小"都确是一种义务,我否认能尽这种义务就是孝慈。因为我主张于能尽养老的义务之外,还要有出于衷诚的敬爱,才能谓孝,所以我主张孝不是一种报酬。因为我主张孝不是一种报酬,所以我否认孝只是一种义务。杜先生同意于"孝不是一种报酬",而质疑于"孝不是一种义务",这也是矛盾。

维护理智的人,推理一再陷于矛盾,世间还有更好的凭据证明理智不可尽信吗?

十七年二月　光潜附注

谈美感教育

世间事物有真、善、美三种不同的价值，人类心理有知、情、意三种不同的活动。这三种心理活动恰和三种事物价值相当：真关于知，善关于意，美关于情。人能知，就有好奇心，就要求知，就要辨别真伪，寻求真理。人能发意志，就要想好，就要趋善避恶，造就人生幸福。人能动情感，就爱美，就喜欢创造艺术，欣赏人生自然中的美妙境界。求知、想好、爱美，三者都是人类天性；人生来就有真、善、美的需要，真、善、美具备，人生才完美。

教育的功用就在顺应人类求知、想好、爱美的天性，使一个人在这三方面得到最大限度的调和的发展，以达到完美的生活。"教育"一词在西文为 education，是从拉丁动词 educate 来的，原义是"抽出"，所谓"抽出"就是"启发"。教育的目的在"启发"人性中所固有的求知、想好、爱美的本能，使它们尽量生展。中国儒家的最高的人生理想是"尽性"。他们说："能尽人之性则能尽物之性，能尽物之性则可以赞天地之化育。"教育的目的可以说就是使人"尽性"，"发挥性之所固有"。

物有真、善、美三面，心有知、情、意三面，教育求在这三方面同时发展，于是有智育、德育、美育三节目。智育叫人研究学问，求知识，寻真理；德育叫人培养良善品格，学做人处世的方法和道理；美育叫人创造艺术，欣赏艺术与自然，在人生世相中寻出丰富的兴趣。三育对于人生本有同等的重要，但是在流行教育中，只有智育被人看重，德育在理论上的重要性也还没有人否认，至于美育则在实施与理论方面都很少有人顾及。

二十年前蔡孑民先生一度提倡过"美育代宗教"，他的主张似没有发生多大的影响。还有一派人不但忽略美育，而且根本仇视美育。他们仿佛觉得艺术有几分不道德，美育对于德育有妨碍。希腊大哲学家柏拉图就以为诗和艺术是说谎的，逢迎人类卑劣情感的，多受诗和艺术的熏染，人就会失去理智的控制而变成情感的奴隶，所以他对诗人和艺术家说了一番客气话之后，就把他们逐出"理想国"的境外。中世纪耶稣教徒的态度很类似。他们以倡苦行主义求来世的解脱，文艺是现世中一种快乐，所以被看成一种罪孽。近代哲学家中卢梭是平等自由说的倡导者，照理应该能看得宽远一点，但是他仍是怀疑文艺，因为他把文艺和文化都看成朴素天真的腐化剂。托尔斯泰对近代西方艺术的攻击更丝毫不留情面，他以为文艺常传染不道德的情感，对于世道人心影响极坏。他在《艺术论》里说：
"每个有理性有道德的人应该跟着柏拉图，把这问题重新这样
决定：宁可不要艺术，也莫再让现在流行的腐化的虚伪的艺术
继续下去。"

这些哲学家和宗教家的根本错误在认定情感是恶的，理性
是善的，人要能以理性镇压感情，才达到至善。这种观念何以
是错误的呢？人是一种有机体，情感和理性既都是天性固有
的，就不容易拆开。造物不浪费，给我们一份家当就有一份的
用处。无论情感是否可以用理性压抑下去，纵是压抑下去，也
是一种损耗，一种残废。人好比一棵花草，要根茎枝叶花实都
得到平均的和谐的发展，才长得繁茂有生气。有些园丁不知道
尽草木之性，用人工去歪曲自然，使某一部分发达到超出常
态，另一部分则受压抑摧残。这种畸形发展是不健康的状态，
在草木如此，在人也是如此。理想的教育不是摧残一部分天性
而去培养另一部分天性，以致造成畸形的发展；理想的教育实
让天性中所有的潜蓄力量都得尽量发挥，所有的本能都得平均
调和发展，以造成一个全人。所谓"全人"除体格强壮以外，
心理方面真、善、美的需要必都得到满足。只顾求知而不顾其
他的人是书虫，只讲道德而不顾其他的人是枯燥迂腐的清教
徒，只顾爱美而不顾其他的人是颓废的享乐主义者。这三种人
都不是"全人"而是"畸形人"，精神方面的驼子、跛子。养
成精神方面的驼子、跛子的教育是无可辩护的。

美感教育是一种情感教育。它的重要性我们的古代儒家是知道的。儒家教育特重诗，以为它可以兴观群怨；又特重礼乐，以为"礼以制其宜，乐以导其和"。《论语》有一段话总述儒家教育宗旨说："兴于诗，立于礼，成于乐。"诗、礼、乐三项可以说都属于美感教育。诗与乐相关，目的在怡情养性，养成内心的和谐（harmony）；礼重仪节，目的在使行为仪表就规范，养成生活上的秩序（order）。蕴于中的是性情，受诗与乐的陶冶而达到和谐；发于外的是行为仪表，受礼的调节而进到秩序。内具和谐而外具秩序的生活，从伦理观点看，是最善的；从美感观点看，也是最美的。儒家教育出来的人要在伦理和美感观点都可以看得过去。

这是儒家教育思想中最值得注意的一点。他们的着重点无疑地是在道德方面，德育是他们的最后鹄的，这是他们与西方哲学家、宗教家柏拉图和托尔斯泰诸人相同的。不过他们高于柏拉图和托尔斯泰诸人，因为柏拉图和托尔斯泰诸人误认美育可以妨碍德育，而儒家则认定美育为德育的必由之径。道德并非陈腐条文的遵守，而是至性真情的流露。所以德育从根本做起，必须怡情养性。美感教育的功用就在怡情养性，所以是德育的基础功夫。严格地说，善与美不但不相冲突，而且到最高境界，根本是一回事，它们的必有条件同是和谐与秩序，从伦理观点看，美是一种善；从美感观点看，善也是一种美，所以在古希腊文与近代德文中，美、善只有一个字，在中文和其他

近代语文中，"善"与"美"二字虽分开，仍可互相替用。真
正的善人对于生活不苟且，犹如艺术家对于作品不苟且一样。
过一世生活好比作一篇文章，文章求惬心贵当，生活也须求惬
心贵当。我们嫌恶行为上的卑鄙龌龊，不仅因其不善，也因其
丑，我们赞赏行为上的光明磊落，不仅因其善，也因其美，一
个真正有美感修养的人必定同时也有道德修养。

美育为德育的基础，英国诗人雪莱在《诗的辩护》里也说
得透辟。他说：

> 道德的大原在仁爱，在脱离小我，去体验我以外的思想行
> 为和体态的美妙。一个人如果真正做善人，必须能深广地想象，
> 必须能设身处地替旁人想，人类的忧喜苦乐变成他的忧喜苦乐。
> 要达到道德上的善，最大的途径是想象；诗从这根本上做功夫，
> 所以能发生道德的影响。

换句话说，道德起于仁爱，仁爱就是同情，同情起于想
象。比如你哀怜一个乞丐，你必定先能设身处地地想象他的
痛苦。诗和艺术对于主观的情境必能"出乎其外"，对于客
观的情境必能"入乎其中"，在想象中领略它、玩索它，所以
能扩大想象，培养同情。这种看法也与儒家学说暗合。儒家在
诸德中特重"仁"，"仁"近于耶稣教的"爱"、佛教的"慈
悲"，是一种天性，也是一种修养。仁的修养就在诗。儒家有

一句很简赅深刻的话："温柔敦厚，诗教也。"诗教就是美育，温柔敦厚就是仁的表现。

美育不但不妨害德育而且是德育的基础，如上所述。不过美育的价值还不仅在此。西方人有一句恒言说："艺术是解放的，给人自由的。"（Art is liberative）这句话最能见出艺术的功用，也最能见出美育的功用。现在我们就在这句话的意义上发挥。从哪几方面看，艺术和美育是"解放的，给人自由的"呢？

第一，是本能冲动和情感的解放。人类生来有许多本能冲动和附带的情感，如性欲、生存欲、占有欲、爱、恶、怜、惧之类。本自然倾向，它们都需要活动，需要发泄。但是在实际生活中，它们不但常彼此互相冲突，而且与文明社会的种种约束如道德、宗教、法律、习俗之类不相容。我们每个人都知道，本能冲动和欲望是无穷的，而实际上有机会实现的却寥寥有数。我们有时察觉到本能冲动和欲望不大体面，不免起羞恶之心，硬把它们压抑下去；有时自己对它们虽不羞恶而社会的压力过大，不容它们赤裸裸地暴露，也还是将它们压抑下去。性欲是一个最显著的例。

从前哲学家、宗教家大半以为这些本能冲动和情感都是卑劣的、不道德的、危险的，承认压抑是最好的处置。他们的整部道德信条有时只在理智镇压情欲。我们在上文指出这种看法的不合理，说它违背平均发展的原则，容易造成畸形发展。其实它的祸害还不仅此，弗洛伊德派心理学告诉我们，本能冲动和附带的情感仅可暂时压抑而不可永远消灭，它们理应有自由活动的机会，如果勉强被压抑下去，表面上像是消灭了，实际上在隐意识里凝聚成精神上的疮疖，为种种变态心理和精神病的根源。依弗洛伊德看，我们现代文明社会中人因受道德、宗教、法律、习俗的裁制，本能冲动和情感常难得正常的发泄，大半都有些"被压抑的欲望"所凝成的"情意综"（complexes）。这些情意综潜蓄着极强烈的捣乱力，一旦爆发，就成精神上种种病态。

但是这种潜力可以借文艺而发泄，因为文艺所给的是想象世界，不受现实世界的束缚和冲突，在这想象世界中，欲望可以用"望梅止渴"的办法得到满足。文艺还把带有野蛮性的本能冲动和情感提到一个较高尚较纯洁的境界去活动，所以有升华作用（sublimation）。有了文艺，本能冲动和情感才得自由发泄，不致凝成疮疖，酿成精神病，它的功用有如机器方面的"安全瓣"（safety valve）。弗洛伊德的心理学有时近于怪诞，但实含有一部分真理。

文艺和其他美感活动给本能冲动和情感以自由发泄的机会，在日常经验中也可以得到证明。我们每当愁苦无聊时，费一点工夫来欣赏艺术作品或自然风景，满腹的牢骚就马上烟消云散了。读古人痛快淋漓的文章，我们常有"先得我心"的感觉。看过一部戏或是读过一部小说之后，我们觉得曾经紧张了一阵是一件痛快事。这些快感都起于本能冲动和情感在想象世界中得解放。最好的例子是歌德著《少年维特之烦恼》的经过。他少时爱过一个已经许人的女子，心里痛苦已极，想自杀以了一切。有一天他听到一位朋友失恋自杀的消息，想到这事和他自己的境遇相似，可以写成一部小说。他埋头两礼拜，写成《少年维特之烦恼》，把自己心中怨慕愁苦的情绪一齐倾泻到书里，书成了，他的烦恼便去了，自杀的念头也消了。从这实例看，文艺确有解放情感的功用，而解放情感对于心理健康也确有极大的裨益，我们通常说一个人情感要有所寄托，才不致苦恼烦闷，文艺是大家公认为寄托情感的最好的处所。所谓"情感有所寄托"还是说它要有地方可以活动，可得解放。

其次，是眼界的解放。宇宙生命时时刻刻在变动进展中，希腊哲人有"濯足急流，抽足再入，已非前水"的譬喻。所以在这种变动进展的过程中每一时每一境都是个别的、新鲜的、有趣的。美感经验并无深文奥义，它只在人生世相中见出某一时某一境特别新鲜有趣而加以流连玩味，或者把它描写出来。这句话中"见"字最紧要。我们一般人对于本来在那里的新鲜有趣的东西不容易"见"着。这是什么缘故呢？不能"见"必有所蔽。我们通常把自己围在习惯所画成的狭小圈套里，让它把眼界"蔽"着，使我们对它以外的世界都视而不见、听而不闻。比如我们如果围于饮食男女，饮食男女以外的事物就见不着；围于奔走钻营，奔走以外的事就见不着。有人向海边农夫称赞他的门前海景美，他很羞涩地指着屋后菜园说："海没有什么，屋后的一园菜倒还不差。"一园菜圈住了他，使他不能见到海景美。我们每个人都有所囿，有所蔽，许多东西都不能见，所见到的天地是非常狭小的、陈腐的、枯燥的。诗人和艺术家所以超过我们一般人者就在情感比较真挚、感觉比较锐敏、观察比较深刻、想象比较丰富。我们本来"见"不着的他们"见"得着，并且他们"见"得到就说得出，我们本来"见"不着的他们"见"着说出来了，就使我们也可以"见"着。像一位英国诗人所说的，他们"借他们的眼睛给我们看"（They lend their eyes for us to see）。

中国人爱好自然风景的趣味是陶、谢、王、韦诸诗人所传染的。在 Turner 和 Whistler 以前，英国人就没有注意到泰晤士河上有雾。Byron 以前，欧洲人很少赞美威尼斯。19世纪的人崇拜自然，常咒骂城市生活和工商业文化，但是现代美国、俄国的文学家有时把城市生活和工商业文化写得也很有趣。人生的罪孽灾害通常只引起愤恨，悲剧却教我们于罪孽灾祸中见出伟大庄严；丑陋乖讹通常只引起嫌恶，喜剧却教我们在丑陋乖讹中见出新鲜的趣味。Rembrandt 画过一些疲癃残疾的老人以后，我们见出丑中也还有美。象征诗人出来以后，许多一纵即逝的情调使我们觉得精细微妙，特别值得留恋。

文艺逐渐向前伸展，我们的眼界也逐渐放大，人生世相越显得丰富华严。这种眼界的解放给我们不少的生命力量，我们觉得人生有意义，有价值，值得活下去。许多人嫌生活干燥，烦闷无聊，原因就在缺乏美感修养，见不着人生世相的新鲜有趣。这种人最容易堕落颓废，因为生命对于他们失去意义与价值。"哀莫大于心死"，所谓"心死"就是对于人生世相失去解悟与留恋，就是不能以美感态度去观照事物。美感教育不是替有闲阶级增加一件奢侈，而是使人在丰富华严的世界中随处吸收支持生命和推展生命的活力。朱子有一首诗说："半亩方塘一鉴开，天光云影共徘徊。问渠哪得清如许，为有源头活水来。"这诗所写的是一种修养的胜境。美感教育给我们的就是"源头活水"。

第三，是自然限制的解放。这是德国唯心派哲学家康德、席勒、叔本华、尼采诸人所最看重的一点，现在我们用浅近语来说明它。自然世界是有限的，受因果律支配的，其中毫末细故都有它的必然性，因果线索命定它如此，它就丝毫移动不得。社会由历史铸就，人由遗传和环境造成。人的活动寸步离不开物质生存条件的支配，没有翅膀就不能飞，绝饮食就会饿死。由此类推，人在自然中是极不自由的。动植物和非生物一味顺从自然，接受它的限制，没有过分希冀，也就没有失望和痛苦。人却不同，他有心灵，有不可餍足的欲望，对于无翅不飞、绝食饿死之类事实总觉得有些歉然。人可以说是两重奴隶，首先服从自然的限制，其次要受自己的欲望驱使。以无穷欲望处有限自然，人便觉得处处不如意、不自由，烦闷苦恼都由此起。

专就物质说，人在自然面前是很渺小的，它的力量抵不住自然的力量，无论你有如何大的成就，到头终不免一死，而且科学告诉我们，人类一切成就到最后都要和诸星球同归于毁灭，在自然圈套中求征服自然是不可能的，好比孙悟空跳来跳去，终跳不出如来佛的掌心。但是在精神方面，人可以跳开自然的圈套而征服自然，他可以在自然世界之外另在想象中造出较能合理慰情的世界。这就是艺术的创造。在艺术创造中可以把自然拿在手里来玩弄，剪裁它，锤炼它，重新给以生命与形式。每一部文艺杰作以至于每人在人生自然中所欣赏到的美妙境界都是这样创造出来的。美感活动是人在有限中所挣扎得来的无限，在奴属中所挣扎得来的自由。在服从自然限制而汲汲于饮食男女的寻求时，人是自然的奴隶；在超脱自然限制而创造欣赏艺术境界时，人是自然的主宰，换句话说，就是上帝。多受些美感教育，就是多学会如何从自然限制中解放出来，由奴隶变成上帝，充分地感觉人的尊严。

爱美是人类天性，凡是天性中所固有的必须趁适当时机去培养，否则像花草不及时下种及时培植一样，就会凋残萎谢。达尔文在自传里懊悔他一生专在科学上做功夫，没有把年轻时对于诗和音乐的兴趣保持住，到老来他想用诗和音乐来调剂生活的枯燥，就抓不回年轻时那种兴趣，觉得从前所爱好的诗和音乐都索然无味。他自己说这是一部分天性的麻木。这是一个很好的前车之鉴。美育必须从年轻时就下手，年纪愈大，外务愈纷繁，习惯的牢笼愈坚固，感觉愈迟钝，心里愈复杂，欣赏艺术力也就愈薄弱。

我时常想，无论学哪一科专门学问，干哪一行职业，每个人都应该会听音乐，不断地读文学作品，偶尔有欣赏图画、雕刻的机会。在西方社会中这些美感活动是每个受教育者的日常生活中的重要节目。我们中国人除专习文学艺术者以外，一般人对于艺术都漠不关心。这是最可惋惜的事。它多少表示民族生命力的低降与精神的颓靡。

从历史看，一个民族在最兴旺的时候，艺术成就必伟大，美育必发达。史诗悲剧时代的希腊、文艺复兴时代的意大利、莎士比亚时代的英国、歌德和贝多芬时代的德国都可以为证。我们中国人古代对于诗乐舞的嗜好也极普遍。《诗经》《礼记》《左传》诸书所记载的歌乐舞的盛况常使人觉得仿佛是置身近代欧洲社会。孔子处周衰之际，特置慨于诗亡乐坏，也是见到美育与民族兴衰的关系密切。现在我们要想复兴民族，必须恢复周以前歌乐舞的盛况，这就是说，必须提倡普及的美感教育。

第二讲　**理想与社会**

谈理想与事实

朋友：

前几天有一位师范大学的朱君来访，闲谈中他向我提出一个很严重的问题："现代社会恶浊，青年人所见到的事实和他自己所抱的理想常相冲突，比如毕业后做事就是一个大难关。……我自己也很想将来替社会做一点事，但是又不愿同流合污，想到这一层，心里就万分烦恼。先生以为我们青年人处在这种两难的地位，究竟应该持一种什么态度呢？"

朱君所提出的只是理想与事实的冲突的一端。其实现在中国社会各方面，从家庭、婚姻、教育、内政、外交，以至于整个的社会组织，都处处使人感到事实与理想的冲突。每一个稍有良心的人从少到老都不免在这种冲突中挣扎奋斗，尤其是青年有志之士对于这种冲突特别感到苦恼。大半每个人在年轻时代都是理想主义者，喜欢闭着眼睛，在想象中造成一座堂皇美丽的空中楼阁。后来入世渐深，理想到处碰事实的钉子，便不免逐渐牺牲理想而迁就事实。一到老年，事实就变成万能，理想就全置之度外。聪敏者唯唯诺诺，圆滑不露棱角；奸猾者则钻营竞逐，窃禄取宠，行为肮脏而话却说得堂皇漂亮。我们略放眼一看，就可以见出许多"优秀分子"的生命都形成这么一种三部曲的悲剧。

我常想，老年人难得的美德是尊重理想，青年人难得的美德是尊重事实。老年人我们姑且不去管他们，死在等待他们，他们纵然是改进社会的一个大累，不久也就要完事了。"既往不咎，来者可追。"我们这个时代的中国青年所负的责任特别繁重，中国事有救与无救，就全要看这一代人的成功与失败。一发千钧，稍纵即逝。这个时代的中国青年应该认清他们的责任，认清目前的特殊事实，以冷静而沉着的态度去解决事实所给的困难。最误事的是不顾事实而空谈理想。

我还记得那一次我回答朱君的话。我说：什么叫作"理想"？它不外有两种意义：一种是"可望而不可攀，可幻想而不可实现的完美"。比如说，在许多宗教中，理解的幸福是长生不老，它成为理想，就因为实际上没有人能长生不老。另一种是"一个问题的最完美的答案"或是"可能范围以内的最圆满的办法"。比如说，长生不老虽非人力所能达到，强健却是人力所能达到的。就人所能谋的幸福说，强健是一个合理的理想。这两种理想的分别在一个蔑视事实条件，一个顾到事实条件；一个渺茫空洞，一个有方法步骤可循。第一种理想是心理学家所谓想象中的欲望的满足，在宗教与文艺中自有它的重要，可是绝不能适用于实际人生。在实际人生中，理想都应该是解决事实困难的最合理的答案。一个理想如果不能解决事实困难，永远与事实困难相冲突，那就可以证明那个理想本身有毛病，或者可以说，它简直不成其为理想。现代青年每遇心里怀着一个"理想"时，应该自己反省一遍，看它是属于我们所说的两种理想中的哪一种。如果它属于前一种，而他要实现它，那么，他就是迂诞、狂妄、浮躁、糊涂，没有别的话。如果它属于后一种，他就应该有决心毅力，有方法层次，按部就班地去使它实现。他就不应该因为理想与事实冲突而生苦恼或怨天尤人。

比如就青年说，有两个问题最切要：第一是怎样去学一点切实的学问；第二是学成之后，怎样找机会去做事。一般青年对于求学问题所感到的困难不外两种。一种是经济困难。在现在经济破产的状况之下，十个人就有九个人觉到由小学而中学、由中学而大学这一笔费用不易筹措。天灾人祸，常出意外。多数青年学生都时时有被逼辍学的可能。另一种是学力问题。学校少而应试者多。比如几个稍好的大学每年都有四五千人应试。而录取额最多只有四五百名。十人之中就有九人势须向隅。这两种事实都是与青年学生理想相冲突的。一般青年似乎都以为读书必进大学，甚至于必进某某大学，如果因为经济或学力的欠缺，不能如自己所愿，便以为学问之途对于自己是断绝了。

我以为读书而悬进大学或出洋为最高标准，根本还是深中科举资格观念的余毒。做学问的机会甚多，如果一个人真是一个做学问的材料，他终究总可以打出一条路来。如果不是这种材料，天下事可做的甚多，又何必贪读书的虚荣？就是读书，一个人也只能在自己的特殊经济情形和资禀学力范围之内，选择最适宜的路径。种田、做匠人、当兵、做买卖，以至于更卑微的职业也都要有人去干，干哪一行职业，也都可以得到若干经验学问。哲学家斯宾诺莎不肯当大学教授而宁愿操磨镜的微业以谋生活，这种精神是最值得佩服的。现在中国青年大半仍鄙视普通职业，都希望进大学、出洋、当学者、做官，过舒适的生活。这种风气显然仍是旧日科举时代所流传下来的。学者和官僚愈多，物质消耗愈大，权力竞争愈烈，平民受剥削愈盛，社会也就愈不安宁。我们试平心而论，这是不是目前中国的实在情形？

如果一般青年能了解这番道理，对于择校选科，只求在自己的特殊情形之下，如何学得一副当有用的公民的本领，不一定要勉强预备做学者或官僚。我相信上文所说的第二个问题——做事问题——就不至于像现时那么严重。在中国现在百废待举，一个中学生或大学生何至没有事可做？一个不识字的人还可以种田做买卖，难道一个受教育的人反不如乡下愚夫愚妇？事是很多的，只是受过教育的人不屑于做小事。事没有人做，结果才闹成人没有事做。

我劝青年们多去俯就有益社会的小事，并非劝他们一定不要插足于政治教育以及其他较被优待的职业。这些事也要有人去做，而且应该有纯洁而能干的人去做。现在各种优遇位置大半被一般有势力而无能力的人们把持，新进者不易插足进去，这确是事实，但不是不可变动的事实。恶势力之所以成为势力，大半是靠团结，要打破一种恶势力，一个人孤掌难鸣，也一定要有团结才行。中国青年的毛病在洁身自好者不能团结，能团结者又不免同流合污，所以结果龌龊者胜而纯洁者败。谈到究竟，恶势力在一个社会里能够存在，还要归咎于纯洁分子的惰性太深，抵抗力太小。要挽救目前中国社会种种积弊，有志的纯洁青年们应该团结起来，努力和恶势力奋斗。比如说一乡一县的事业被土豪劣绅把持，当地的优秀青年如果真正能团结奋斗，绝不难把事权夺过来。推之一省一国，也是如此。结党、造势力、争权位都不是坏事，坏事是结党而营私，争权位而分赃失职。只要势力造成权位争得以后，自己能光明正大地为社会谋福利，终久总可以博得社会的同情，打倒坏人所造成的恶势力。社会的同情总是站在善人方面，"人之好善，谁不如我？"现在许多人都见到社会上种种积弊和补救的方法，只是每个人都觉得自己力量孤单，见到而做不到。其实这里问题很简单，大家团结起来就行了。在任何社会，有一分能力总可以做一分事，做不出事来，那是自己没有能力，用不着怨天尤人。

理想不应与事实冲突，不但在求学、谋事两方面是如此，其他一切也莫不然。比如说政治，现在一般青年都仿佛以为一经"革命"，地狱就可以立刻变成天国。被"革命"的是什么？革命后拿什么来代替？怎样去革命？第一步怎样做？第二步怎样做？遇到难关又怎样去克服？这些问题他们似乎都不曾仔细想过，只是天天在摇旗呐喊。我们天天都听到"革命"的新口号，却没有看见一件真正"革了命"的事迹。关于这一点，目前知识界的"领袖"们似乎说不清他们的罪过，他们教一般青年误认喊革命口号为做革命工作，误认革命为一件无须学识与技能的事业。"革命"两个字在青年心理中已变成一种最空洞不过的"理想"。像道家所说的"太极"，有神秘的面貌而无内容，它和事实毫不接头，自然更谈不到冲突。

政治理想是随时代环境变迁的。我们不要古人为我们打算盘，也大可不必去替后人打算盘。每一个国家的最好的政治理想应该是当时当境的最圆满的应付事实的方法。目前中国所有的是什么样的事实？民穷国敝，外患纷呈，稍不振作，即归毁灭。这种事实应该使每个有头脑的中国人觉悟到：在今日谈中国政治，"图存"是第一要义。中国是一个久病之夫，一切摧残元气的举动，一切聊快一时的毁坏，都与"图存"这个基本要义不相容。"社会革命""打倒帝国主义""永久平等""大同平等"种种方剂都要牵涉到全世界的制度组织。在加入这个全世界的大战线以前，中国人首先需要把自己训练到能荷枪执戟，才可以有资格。

　　这番话对于现代青年是很苦辣不适口的。我只能向他们说：高调谁都会唱，但是我的良心不容许我唱高调，因为我亲眼看见，调愈唱得高，事愈做得坏，小百姓受苦愈大，而青年也愈感彷徨怅惘。

谈青年的心理病态

这题目是一位青年读者提议要我谈的。他的这个提议似显示青年们自己感觉到他们在心理上有毛病。这毛病究竟何在，是怎样酝酿成的，最好由青年们自己作一个虚心的检讨。我是一个中年人，和青年人已隔着一层，现时代和我当青年的时代也迥然有别，不能全据私人追忆到的经验，刻舟求剑似的去臆测目前的事实。我现在所谈的大半根据在教书任职时的观察，观察有时不尽可据，而且我的观察范围限于大学生。我希望青年读者们拿这旁观者的分析和他们自己的自我检讨比较，并让我知道比较的结果。这于他们自己有益，于我更有益。

一个人的性格形成，大半固靠自己的努力，环境的影响也不可一笔抹杀。"豪杰之士虽无文王犹兴"，但是多数人并非豪杰之士，就不能不有所凭借。很显然地，现时一般青年所可凭借的实太薄弱。他们所走的并非玫瑰之路。

先说家庭。多数青年一入学校，便与家庭隔绝，尤其是来自沦陷区域的。在情感上他们得不到家庭的温慰。抗战期中一般人都感受经济的压迫，衣食且成问题，何况资遣子弟受教育。在经济上他们得不到家庭的援助。父兄既远隔，又各各为生计所迫，终日奔波劳碌，既送子弟入学校，就把一切委托给学校，自己全不去管。在学业品行上他们得不到家庭的督导。这些还只是消极的，有些人能受到家庭影响的，所受的往往是恶影响。父兄把教育子弟当作一种投资，让他们混资格去谋衣食，子弟有时顺承这个意旨，只把学校当作晋身之阶，此其一；父兄有时是贪官污吏或土豪劣绅，自己有许多恶习，让子弟也染着这些恶习，此其二；中国家庭向来是多纠纷，而这种纠纷对于青年人常是隐痛，易形成心理的变态，此其三。

次说社会国家。中国社会正当新旧交替之际，过去封建时代的许多积弊恶习还没有涤除净尽，贪污腐败、欺诈凌虐的事情处处都有。青年人心理单纯，对于复杂的社会不能了解。他们凭自己的单纯心理，建造一种难于立即实现的社会理想，而事实却往往与这理想背驰，他们处处感觉到碰壁，于是失望、惊疑、悲观等情绪源源而来。其次，青年人富于感性，少定见，好言是非而却不真能辨别是非，常随流俗转移，有如素丝，染于青则青，染于黄则黄。社会既腐浊，他们就不知不觉地跟着它腐浊。

总之，目前环境对于纯洁的青年是一种恶性刺激，对于意志薄弱的青年是一种恶性引诱。加以国家处在危难的局面，青年人心里抱着极大的希望，也怀着极深的忧惧。他们缺乏冷静的自信，任一股热情鼓荡，容易提升到高天，也容易降落到深渊。一个人迭次经过这种疟疾式的暖冷夹攻，自然容易变得虚弱，在身体方面如此，在精神方面也如此。

再次说学校。教育必以发展全人为宗旨，德育、智育、美育、群育、体育五项应同时注重。就目前实际状况说，德育在一般学校等于具文，师生的精力都集中于上课，专图授受知识，对于做人的道理全不讲究。优秀青年感觉到这方面的缺乏而彷徨，顽劣青年则放纵恣肆，毫无拘束。

即退一步言智育，途径亦多错误，灌输多于启发，浅尝多于深入，模仿多于创造，揣摩风气多于效忠学术。在抗战期中，师资与设备多因陋就简，研究的空气尤不易提高。向学心切者感觉饥荒，凡庸者敷衍混资格。

美育的重要不但在事实上被忽略，即在理论上亦未被充分了解。我国先民在文艺上早就本极优越，而子孙数典忘祖，有极珍贵的文艺作品而不知欣赏，从事艺术创作者更寥寥。大家都迷于浅狭的功利主义，对文艺不下功夫，结果乃有情操驳杂、趣味卑劣、生活干枯、心灵无寄托等种种现象。

群育是吾国人向来缺乏的，现代学校教育对此亦毫无补救。一般学校都没有社会生活，教师与学生相视如路人，同学彼此也相视如路人。世间大概没有比中国大学教授与学生更孤僻更寂寞的一群动物了。

体育的忽略也不自今日始，有些学生还在鄙视运动，黄皮刮瘦几乎是知识阶级的标志。抗战中忽略运动之外又添上缺乏营养。我常去参观学生吃饭，七八人一席只有一两碗无油的蔬菜，有时甚至只有白饭。吃苦本是好事，亏损虚弱却不是好事。青年人正当发育时期，日复一日年复一年地缺乏最低限度的营养，结果只有亏损虚弱，甚至于疾病死亡。心理的毛病往往起于生理的毛病，生理的损耗必酿成心理的损耗。这问题有关于民族的生命力，凡是有远见的教育家、政治家都不应忽视。

家庭、社会、国家和学校对于青年人的影响如上所述。在这种情形之下，青年人在心理方面发生下列几种不健康的感觉。

第一是压迫感觉。青年人当生气旺盛的时候，有如春日的草木萌芽，需要伸展与生长，而伸展与生长需要自由的园地与丰富的滋养。如果他们像墙角生出来的草木，上面有沉重的砖石压着，得不着阳光与空气，他们只得黄瘦萎谢，纵然偶尔能费力支撑，破石罅而出，也必变成臃肿拳曲，不中绳墨。不幸得很，现代许多青年都恰在这种状况之下出死力支撑层层重压。家庭对于子弟上进的企图有时作不合理的阻挠，社会对于勤劳的报酬不尽有保障，国家为着政策有时须限制思想与言论的自由，学校不能使天赋的聪明与精力得充分发展，国家前途与世界政局常纠缠不清，强权常歪曲公理。这一切对于青年人都是沉重的压迫。此外又加上经济的艰窘、课程的繁重、营养的缺乏所酿成的体质羸弱，真所谓"双肩上公仇私仇，满腔儿家忧国忧"。一个人究竟有几多力量，能支撑这层层重压呢？撑不起，却也推不翻，于是都积成一个重载，压在心头。

第二是寂寞感觉。人是富于情感的动物，人也是群居的动物，所以人需要同类的同情心最为剧烈。哲学家和宗教家抓住这一点，所以都以仁爱立教。他们知道人类只有在仁爱中才能得到真正幸福。青年人血气方刚，同情的需要比中年人与老年人更为迫切。我们已经说过，现代中国青年不常能得到家庭的温慰，在学校里又缺乏社会生活，他们终日独行踽踽，举目无亲，人生最强烈的要求不能得到最低限度的满足，他们心里如何快乐得起来呢？这里所谓"同情心"包含异性的爱在内。男女中间除着人类同情心的普遍需要之外，又加上性爱的成分，所以情谊一日投合，便特别坚强。这是一个极自然的现象，不容教育家们闭着眼睛否认或推翻。我们所应该留意的是施以适当教育，因势利导，纳于正轨，不使其泛滥横流。这些年来我们都在采男女同学制，而对于男女同学所有的问题未加精密研究，更未予以正确指导。结果男女中间不是毫无来往，便是偷偷摸摸地来往。毫无来往的似居多数，彼此摆在面前，徒增一种刺激。许多青年人的寂寞感觉，细经分析起来，大半起于异性中缺乏合理而又合体的交际。

第三是空虚感觉。"自然厌恶空虚"，这个古老的自然律可应用于物质，也可应用于心灵。空虚的反面是充实，是丰富。人生要充实丰富，必须有多方的兴趣与多方的活动。一个在道德、学问、艺术或事业方面有浓厚兴趣的人，自然能在其中发现至乐，绝不会感觉到人生的空虚。宋儒教人心地常有"源头活水"，此心须常是"活泼泼的"。又教人玩味颜子在箪食瓢饮的情况之下"所乐何事"，用意都在使内心生活充实丰富。据近代一般心理学家的见解，艺术对于充实内心生活的功用尤大，因为它帮助人在事事物物中都可发现乐趣。观照就是欣赏，而欣赏就是快乐。

现在一般青年人对学术既无浓厚兴趣，对艺术及其他活动更漠不置意，生活异常干枯贫乏，所以常感到人生空虚。此外又加上述的压迫与寂寞，使他们追问到人生究竟，而他们的单纯头脑所能想出的回答就是"空虚"。他们由自己个人的生活空虚推论到一般人生的空虚，犯着逻辑学家所谓"以偏概全"的错误。个人生活的空虚往往是事实，至于一般人生是否空虚则大有问题，至少历史上许多伟大人物不是这么想。

以上所说的三种不健康的感觉都有几分是心病，但是它们所产生的后果更为严重。在感觉压迫、寂寞和空虚中，青年人始而彷徨，身临难关而找不着出路，踌躇不知所措；继而烦闷，仿佛以为家庭、社会、国家、学校以至于造物主，都有意在和他们为难，不让他们有一件顺心事，于是对一切生厌恶，动辄忧郁、烦躁、苦闷；继而颓唐麻木，经不起一再挫折，逐渐失去辨别是非的敏感与向上的意志，随世俗苟且敷衍，以

"世故"为智慧，视腐浊为人之常情。彷徨犹可抉择正路，烦闷犹可力求正路，到了颓唐麻木，就势必至于堕落，无可救药了。我不敢说现在多数青年都已到了颓唐麻木的阶段，但是我相信他们都在彷徨烦闷，如果不及早振作，离颓唐麻木也就不远了。

总之，我感觉到现在青年人大半缺乏青年人所应有的朝气，对一切缺乏真正的兴趣和浓厚的热情。他们的志向大半很小，在学校只求敷衍毕业，以后找一个比较优裕的差缺，姑求饱暖舒适，就混过这一生。自然也偶尔遇着少数的例外，但少数例外优秀的青年势孤力薄，不能造成一种风气。现时代的青年，就他们所表现的精神而论，绝不能担当起现时代的艰巨任务。这是有心人不能不为之忧惧的。

这种现状究竟如何救济呢？照以上的分析，病的成因远在家庭、社会、国家与学校所给的不良的影响，近在青年人自己承受这影响而起的几种不健康的感觉。治本的办法当然是改良环境的影响，尤其是学校教育。这要牵涉到许多问题，非本文所能详谈。这里我只向青年人说话，说的话限于在我想是他们可以受用的，就是他们如何医治自己，拯救自己。

第一，青年人对于自己应有勇气负起责任。我们旁观者分析青年人的心理性格，把环境影响当作一个重要的成因，是科学家所应有的平正态度。但是我们也必须补充一句，环境影响并非唯一的决定因素，世间有许多人所受的环境影响几乎完全相同而成就却有天渊之别，这就是证明个人的努力可以胜过环境的影响。

青年们自己不应该把自己的失败完全推诿到环境影响，如果这样办，那就是对自己不负责任，为自己不努力去找借口。我们旁观者固不能以豪杰之士期待一切青年，但是每一个青年自己却不应只以庸碌人自期待。旁人在同样环境之下所能达到的成就，他如果达不到，他就应自引以为耻。对自己没有勇气负责的人在任何优越环境之下，都不会有大成就。对自己负责任，是一切向上心的出发点。

第二，青年人应知实事求是，接受当前事实而谋应付，不假想在另一环境中自己如何可以显大本领，也不把自己现在不能显本领的过失推诿到现实环境。

自己所处的是甲境，应付不好，聊自宽解说："如果在乙境，我必能应付好。"这是"文不对题"，仍是变态心理的表现。举个具体的例：问一位青年人为什么不努力做学问，他回答说："教员不好，图书不够，饭没有吃饱。"这样一来，他就把责任推诿得干干净净了。他应该知道，教员不好，图书不够，饭没有吃饱，这些都是事实，他须接受这些事实去应付。如果能设法把教员换好，图书买够，饭吃饱，那固然再好没有；如果这些一时为事实所不允许，他就得在教员不好、图书不够、饭没有吃饱的现实条件之下，研究一个办法，看如何仍可读书做学问。他如果以为这样的事实条件不让他能读书做学问，那就是承认自己的失败；如果只假想在另一套事实条件之下才读书做学问，那就是逃避事实而又逃避责任。

第三，青年人应明了自己的心病须靠自己努力去医治。法国有一位心理学家——库维——发明一种自治疗术，叫作"自我暗示"。依这个方法，一个人如果有什么毛病，只要自己常专心存着自己必定好的念头，天天只朝好处想，绝不能朝坏处想，不久他自会痊愈。他实验过许多病人，无论所患的是生理方面的或是心理方面的病，都特著奇效。他的实验可证明自信对于一个人的心理影响非常之大。

自信是一个不幸的人，就随时随地碰着不幸事；自信是一个勇敢的人，世间便无不可征服的困难。许多青年人所缺乏的正在自信心。没有自信心就没有勇气，困难还没有临头就自认失败。

比如上文所说的三种不健康的感觉，都并非绝对不可避免的。如果能接受事实，有勇气对自己负责任，尽其在我，不计成败，则压迫感觉不致发生。每个人都需要同情，如果每个人都肯拿一点同情出来对付四周的人，则大家互有群居之乐，寂寞感觉不致发生。人生来需要多方活动，精力可发泄，心灵有寄托，兴趣到处泉涌，则生活自丰富，空虚感觉不致发生。这些事都不难做到，一般青年人所以不能做到者，原因就在没有自信，缺乏勇气，不肯努力。

谈处群

我们不善处群的病征

我们民族性的优点很多，只是不善处群。"一个和尚挑水吃，两个和尚抬水吃，三个和尚没水吃"，这个流行的谚语把我们民族性的弱点表现得最深刻。在私人企业方面，我们的聪明、耐性、刚毅力并不让人，一遇到公众事业，我们便处处暴露自私、孤僻、散漫和推诿责任。这是我们的致命伤，要民族复兴，政治家和教育家首先应锐意改革的就在此点。因为民治就是群治，以不善处群的民族采行民治，必定是有躯壳而无生命，不会成功的。本文拟先分析不善处群的病征，次探病源，然后再求对症下药。

我们不善处群，可于以下数点见出：

一、社会组织力的薄弱。乌合之众不能成群，群必为有机体，其中部分与部分，部分与全体，都必有密切联络，息息相关，牵其一即动其余。社会成为有机体，有时由自然演变，也有时由人力造作。如果纯任自然，一个一盘散沙的民众可以永远保持散漫的状态。要他团结，不能不借人力。用人力来使一个群众团结，便是组织。群众全体同时自动地把自己团结起来，也是一件不易想象的事。大众尽管同时都感觉到组织团体的必要，而使组织团体成为事实，首先须先有少数人为首领导，其次须有多数人协力赞助。我们缺乏组织力，分析起来，就不外这两种条件的缺乏。

社会上有许多应兴之利与应革之弊，为多数人所迫切地感觉到，可是尽管天天听到表示不满的呼声，却从没有一个人挺身而出，领导同表示不满的人们做建设或破坏的工作。比如公路上有一个缺口，许多人在那里跌过跤，翻过车，虽只需一块石头或一挑土可以填起，而走路行车的人们终不肯费一举手之劳。社会上许多事业不能举办，原因一例如此简单。"是非只因多开口，烦恼皆由强出头"，这是我们的传统的处世哲学。事实也确是如此。尽管是大家共同希望的事，你如果先出头去做，旁人对你加以种种猜疑、非难和阻碍。你显然顾到大众利益，却没有顾到某一部分人的自私心或自尊心，他们自己不能或不肯做领袖，却也不甘心让你做领袖。因此聪明人"不为物先"，只袖手旁观，说说风凉话，而许多应做的事也就搁起。

二、社会德操的堕落。德原无分公私，是德行就必须影响到社会福利，这里所谓社会德操是指社会组织所赖以维持的德操。社会德操不能枚举，最重要的有三种：第一是公私分明。一个受公众信托的人有他的职权，他的责任在行使公众所付与的职权，为公众谋利益。他自然也还可以谋私人的特殊利益，可是不能利用公众所付与的职权。在我国常例，一个人做了官，就可以用公家的职位安插自己的亲戚朋友，拿公家的财产做私人的人情，营私人的生意，填私人的欲壑。这样假公济私，贪污作弊，便是公私不分。此外一个人的私人地位与社会地位应该有分别。比如父亲属政府党，儿子属反对党，在政治上尽管是对立，而在家庭骨肉的分际上仍可父慈子孝。古人大义灭亲，举贤不避亲，同是看清公私界限。现在许多人把私人的恩怨和政治上的是非夹杂不清。是我的朋友我就赞助他在政治上的主张和行动，是我的仇敌我就攻击他在政治上的主张和行动，至于那主张和行动本身为好为坏则漠不置问。我们的政治上许多"人事"的困难都由此而起，这也还是犯公私不分的毛病。

第二个重要的社会德操是守法执礼的精神。许多人聚集成为一个团体，就有许多繁复的关系和繁复的活动。繁复就容易凌乱，凌乱就容易冲突。要在繁复之中见出秩序，必定有纪律，使易于凌乱者有条理，易于冲突者各守分相安。无纪律则社会不能存在，无尊重纪律的精神则社会不能维持。所谓纪律就是团体生活的合理的规范，它包含两大因素：一是国家（或其他集团）所制定的法，一是传统习惯所逐渐形成而经验证为适宜的礼。普通所谓"文化"在西文为 civilization，照字源说，就是"公民化"或"群化"。"群化"其实就是"法化"与"礼化"。一个民族能守法执礼，才能算是"开化的民族"，否则尽管它的物质条件如何优厚，仍不脱"未开化"的状态。目前我们大多数人似太缺乏守法知礼的精神。比如到车站买票，依先来后到的次序，事本轻而易举，可是一般买票者踊跃争先，十分钟可了的事往往要弄到几点钟才了，三言两语可了的事往往要弄到摩拳擦掌、头破血流才了，结果仍是不公平，并且十人坐的车要挤上三四十人，不管车子出事不出事。这虽是小事，但是这种不守秩序的精神处处可以看见，许多事之糟，就糟于此。

第三个重要的社会德操是勇于表示意见，而且乐于服从多数议决案的精神，这可以说是理想的议会精神。民主政治的精义在每个公民有议政的权利。人愈多，意见就愈分歧。议政制度的长处就在让分歧的意见尽量地表现，然后经过充分的商酌，彼此逐渐接近融洽，产生一个比较合理、比较可使多数人满意的办法。一个理想的公民在有机会参与讨论时，应尽量地发表自己的意见，旁人错误时，我应有理由说服他，旁人有理由说服我时，我也承认自己的错误。经过仔细讨论之后，成立了议决案，我无论本来曾否同意，都应竭诚拥护到底。公民如果没有服从多数而打消自己的成见的习惯，民主政治绝不会成功，因为全体公民对于任何要事都有一致意见，是一件不容易的事。我们多数人很缺乏这种政治修养。在开会讨论一件事时，大家都噤若寒蝉，有时虽心不谓然而口却不肯说，到了议决案成立之后，才议论纷纷，埋怨旁人不该那样做，甚至别标一帜，任意捣乱。许多公众事业不易举办，这也是一个重要的原因。

三、社会制裁力的薄弱。任何复杂社会都不免有恶劣分子在内。坏人的破坏力常大于善人的建设力。在一个群众之中，尽管善人多而坏人少，多数善人成之而不足的事往往经少数坏人败之而有余。要加强善人的力量和减少坏人的力量，必须有强厚的社会制裁力。一个社会里不怕有坏人，而怕没有公是公非，让坏人横行无忌。社会制裁力可分三种：

第一是道德风纪。每民族都有它的特殊历史环境所造成的行为理想与规范，成为一种洪炉烈焰，一个人投身其中，不由自主地受它熔化，一个民族的道德风纪就是它的共同目标、共同理想。这共同理想的势力愈坚强，那个民族的团结力就愈紧密，而其中各分子越轨害群的可能性也就愈小。这是最积极最深厚的社会制裁力。

第二是法律。每民族对于最普遍的关系和最重要的活动都有明文或习惯规定，某事应该这样做，不应该那样做，是不容人以私意决定的。法有定准，则民知所率从。明知而故犯，法律也有惩处的措置。一般人本大半可与为善，可与为恶，而事实上多数人不敢为恶者，就因为有法律的制裁。中国儒家素来尊德而轻法，其实为一般社会说法，法律是秩序的根据，绝不可少。

第三是舆论。舆论就是公是公非。一个人做了好事会受舆论褒扬，做了坏事也免不掉舆论的指摘。人本是社会的动物，要见好于社会是人类天性。羞恶之心和西方人所谓"荣誉意识"是许多德行的出发点，其实仍是起于个人对于社会舆论的顾虑。舆论自然也根据道德与法律，但是它的影响更较广泛，尤其是在近代交通发达、报纸流行的情况之下。

在目前我国社会里，这三种社会制裁力却很薄弱。第一，我们当思想剧变之际，青黄不接，旧有道德信条多被动摇，而新的道德信条又还没有树立。行为既没有确定的标准，多数人遂恣意横行。在从前，至少在理论上，道德是人生要义；在现在，道德似成为迂腐的东西，不但行的人少，连谈的人也少。第二，法的精神贵贯彻，有一人破法，或有一事破法，法的威权便降落。我们民族对于法的精神素较缺乏，近来因社会变动繁复，许多事未上轨道，有力者往往挟其力以乱法，狡黠者往往逞其狡黠以玩法，法遂有只为一部分愚弱乡民而设之倾向。我们明知道社会中有许多不合法的事，但是无可奈何。第三，舆论的制裁须有两个重要条件。首先人民知识与品格须达到相当的水准，然后所发出的舆论才能真算公是公非。其次政府须给舆论以相当的自由。目前我们人民的程度还没有达到可造成健全舆论的程度。加以舆论本与道德、法律有密切关系，道德与法律的制裁力弱，舆论也自然失其凭依。我们的社会中虽不是绝对没有公是公非，而距理想却仍甚远。一个坏人在功利的观点看，往往是成功的人，社会徒惊羡他的成功而抹杀他的坏。"老实"义为"无用"，"恭谨"看成"迂腐"，这是危险现象，看惯了，人也就不觉它奇怪。至于舆论自由问题，目前事实也还远不如理想。舆论本身未健全自然是一个原因，抗战时期的国策也把教导舆论比解放舆论看得更重要。

以上所举三点是我们不善处群的最重要病征。三点自然也彼此相关，而此外相关的病征也还不少。但是如果能够把这三种病征除去，这就是说，如果我们富于社会组织力，具有很优美的社会德操，而同时又有强有力的社会制裁，我相信我们处群的能力一定会加强，而民治的基础也更较稳固。

我们不善处群的病因

近代社会心理学家讨论群的成因，大半着重群的分子具有共同性。第一是种族语言的同一，第二则为文化传统，如学术、宗教、政治及社会组织等，没有重要的分歧。有了这些条件，一个群众就会有共同理想、共同情感、共同意志，就容易变为共同行动，如果在这上面再加上英明的领袖与严密的制度，群的基础就很坚固了。拿共同性一个标准来说，我们中华民族似乎没有什么欠缺可指。世界上没有另一个民族在种族语言上比我们更较纯一些，也没有另一个民族比我们有更悠久的一贯的文化传统。然而我们中华民族至今还不能算是一个团结紧密而坚强的群，原因在哪里呢？说起来很复杂。历史环境居一半，教育修养也要居一半。

浅而易见的原因是地广民众。上文列举群的共同性，有一点没有提及，就是共同意识。同属于一群的人必须每个人都意识到自己所属的群确实是一个群而不是一班乌合之众，并且对于这个群有很明了的认识，和它能发生极亲切的交感共鸣。群的精神贯注到他自己的精神，他自己的精神也就表现群的精神。大我与小我仿佛打成一片，群才坚固结实。所以群的质与量几成反比。群愈大，愈难使它的分子对它有明确的意识，群的力量也就越微；群愈小，愈易使它的分子对它有明确的意识，群的力量也就越强。群的意识在欧洲比较分明，就因为欧洲各国大半地窄民寡。近代欧洲国家的雏形是希腊和罗马的"城邦"。城邦的疆域常仅数十里，人口常常不出数千人，有公众集会，全体国民可以出席，可以参与国家大政；他们常在一起过共同的生活。在这种情形之下，群的意识自然容易发达。

我们中国从周秦以后，疆域就很广大，人口就很众多。在全体国民一个大群之下，有依次递降的小群。一般人民对于下层小群的意识也很清楚，只是对于最大群的意识都很模糊。孟子谈他的社会理想说："死徒无出乡，乡田同井，出入相友，守望相助，疾病相扶持。"这是一个很理想的群，但也是一个很小的群，它的存在条件是"死徒无出乡，乡田同井"。一直到现在，我们的乡民还维持着这种原始的群，他们为这种小群的意识所囿，不能放开眼界来认识大群。我们在过去历史上全民族受过几次的威胁而不能用全民族的力量来应付，但是在极大骚动之后，社会基层还很稳定，原因也就在此。可幸者这种情形已在好转中，交通日渐方便，地理的隔阂愈渐减少，而全民族分子中间的接触也就愈渐多。辛亥革命、五四运动和这次的抗战都可以证明我们现在已开始有全民族的意识和全民族的活动。在历史上我们还不曾有过同样的事例。

在地广民众的情形之下，群的组织虽不容易，却也并非绝对不可能。它所以不容易的原因在人民难于聚集在一起做共同的活动，如果有一个共同理想把众多而散处的人民摄引来朝一个目标走，他们仍可成为很有力的群。中世纪欧洲各国割据纷争，政权既不统一，民族与语言又很分歧，论理似不易成群，但是伊斯兰教徒占领耶路撒冷以后，欧洲人为着要恢复耶稣教的圣地，几度如醉如狂地结队东征。十字军虽不算成功，但可证明地广民众不一定可以妨碍群的团结，只要大家有共同理想、共同意志与共同活动。这次签约反抗轴心侵略的二十六个国家站在一条阵线上成为一个群，也就因为这个道理。

从这些事例，我们可以见出要使广大的民众团结成群，首先要他们有共同理想，要尽量给他们参加共同活动的机会。共同活动就是广义的政治活动。所以政治愈公开，人民参加政治活动的机会愈多，群的意识愈易发达，而处群的能力也愈加强。因为这个道理，民族国家人民易成群，而专制国家人民则不易成群。我国过去数千年政体一贯专制，国家的事都由在上者一手包办，人民用不着操劳。在上者是治人者，主动者；人民是治于人者，被动者。在承平时，人民坐享其成，"同焉皆得而不知其所以得"；在混乱时，人民有时被压迫而成群自卫，亦几近反抗，为在上者所不容，横加摧残压迫。在我国历史上，无群见盛世太平，有群即为纷争攘乱。在这种情形之下，群的意识不发达，群的德操不健全，都是当然的事。

政体既为专制，而社会的基础又建筑于家庭制度。谋国既无机缘，于是人民都集中精力去谋家。在伦理信条上，我们的先哲固亦提倡先国后家，公而忘私，于忠孝不能两全时必先忠而后孝，但在事实上，家的观念却比国的观念浓厚。读书人的最高理想是做官，做官的最大目的不在为国家做事，而在扬名声，显父母。一个人做了官，内亲和外戚都跟着飞黄腾达。你细看中国过去的历史，国家政治常是宫廷政治，一切纷争扰乱也就从皇亲国戚酿起。至于一般小百姓眼睛里看不见国，自然就只注视着家，拼全力为一家谋福利，家与家有时不免有利害冲突，要造成保卫家的势力，于是同姓成为部落，兄弟尽可阋于墙，而外必御其侮。部落主义是家庭主义的伸张，在中国社会里，小群的活动特别踊跃，而大群非常散漫，意见偶有分歧，倾轧冲突便乘之而起，都是因为部落主义在作祟。就表面看，同乡会、同学会、哥老会之类的组织颇可证明中国人能群，但是就事实看，许多不必有的隔阂和斗争，甚至于许多罪恶的行为，都起于这类小组织。小组织的精神与大群实不相容，因为大群须化除界限，而小组织多立界限；大群必扩然大公，而小组织是结党营私。我们中国人难于成立大群，就误在小组织的精神太强烈。

一般人结党多为营私，所以"孤高自赏"的人对于结党都存着很坏的观感。"狐群狗党"是中国字汇中所特有的成语，很充分表现中国人对于群与党的鄙视。狐狗成群结党，洁身自好者不肯同流合污，甚至以结党为忌。这是一个极不幸的现象。善人既持高超态度，遇事不肯出头，纵出头也无能为力，于是公众事业都落在宵小的手里，愈弄愈糟。成群结党本身并非一件坏事，尤其在近代社会，个人的力量极有限，要做一番有价值的事业，必须有群众的势力。结党的目的在造成群众的势力，我们所当问的不是这种势力应否存在，而是它如何应用。恶人有党，善人没有党就不能抵御他们。

这个道理很浅，而我国知识分子常不了解，多少是受了已往道家隐士思想的影响，道家隐士思想起源于周秦社会混乱的时代，是老于世故者逃避世故的一套想法。他们眼见许多建设作为徒滋纷扰，遂怀疑到社会与文化，主张归真返璞，人各独善其身。长沮、桀溺向子路讥诮富于事业心的孔子说："滔滔者天下皆是也，而谁以易之？且尔与其从避人之士也，岂若从避世之士哉？"他们不但要"避人"，还要"避世"。庄子寓言中有许多让天下和高蹈的故事。后来士流受这一类思想的影响很深，往往以"超然物表""遗世独立"相高尚，仿佛以为涉身仕途便玷污清白。齐梁时有一个周颙，少年时隐居一个茅屋里读书学道，预备媲美巢父、务光。后来他改变志向，应征做官，他的朋友孔稚珪便以为这是一个大耻辱，假周颙所居的北山的口吻，做了一篇"移文"和他绝交，骂他"诱我松桂，欺我云壑，虽假容于江皋，乃缨情于好爵"。这件事很可表现中国士流鄙视政治活动的态度。这种心理分析起来，很有些近代心理学家所说的"卑鄙意识"在内。人人都想抬高自己的身份，觉得社会卑鄙，不屑为伍，所以跳出来站在一边，表示自己不与人同。现在许多人鄙视群众与政治活动，骨子里都有"卑鄙意识"在作祟。据近代社会心理学家说，群众的活动多起于模仿。一种情绪或思想能力一般人所接受的必须很简单平凡，否则曲高和寡。所以群众所表现的智慧与德操大半很低，易于成群的人也必须易于接受很低的智慧与德操。我们中华民族似比较富于独立性，不肯轻易随人，而好立异为高。宗教情操淡薄由此，群不易组织也由此。

传统的观念与相沿的习惯错误，而流行教育实未能改正这种错误。我始终坚信苏格拉底的一句老话："知识即德行。"凡是德行缺陷，必定由于知识不彻底。群的组织的最大障碍是自私心。存自私心的人多抱着"各人自扫门前雪，不管他人瓦上霜"的念头，他们以为损群可以利己，或以为轻群可以重己；其中寡廉鲜耻者玷污责任、假公济私，洁身自好者逃避责任、遗世鸣高。其实社会存在是铁一般的事实，个人靠着社会存在也是铁一般的事实。我们必须接受这些事实，才能生存。社会的福利是集团的福利，个人既为集团一分子，自亦可蒙集团的福利。社会的一切活动最终的努力最后仍是为自己。有人说："利他主义是彻底的利己主义。"这话实在千真万确。如果全从自己着想而不顾整个社会，像汉奸们为着几个卖身钱做敌人的走狗，实在是短见，没有把算盘打得清楚。他们忘记"皮之不存，毛将焉附"一句话的道理。他们的顽恶由于他们的愚昧，他们的愚昧由于他们所受的教育不够或错误。汉奸如此，一切贪官污吏以及逃避社会责任的人也是如此。"种瓜得瓜，种豆得豆。"掌教育的人们看到社会上许多害群之马，应该有一番严厉的自省！

处群的训练

极浅显而正当的道理常易被人忽略。一个民族的性格和一个社会的状况大半是由教育和政治形成的。倘若一个民族的性格不健全，或是一个社会的状况不稳定，那唯一的结论就是教育和政治有毛病。这本是老生常谈，但是在现时中国，从事教育者未必肯承认国民风纪到了现有状态是他们的罪过，从事政治者未必肯承认社会秩序到了现有的状态是他们的罪过。大家都觉得事情弄得很糟，可是都把一切罪过推诿到旁人，不肯自省自疚。没有彻底的觉悟，自然也没有彻底的悔改。这是极危险的现象。讳疾忌医，病就会无从挽救。我们需要一番严厉的自我检讨，然后才能有一番勇猛的振作。

先说教育。我们在过去虽然也曾特标群育为教育主旨之一，试问一般学校里群育工作究竟做到如何程度？从前北京大学常有同班同斋舍同学们从入学到毕业，三四年之中朝夕相见而始终不曾交谈过一句话。他们自己认为这是北京大学的校风，引为值得夸耀的一件事。一直到现在，还有许多学校里同学们相视，不但如路人，甚至为仇雠，偶遇些小龃龉，便摩拳擦掌，挥戈动武。受教育者所受的教育如此，何能望其善处群？更何能希望其为社会组织的领导？我们的教育所产生的人才不能担当未来的艰巨责任，此其一端。

我们的根本错误在把教育狭义化到知识贩卖。学校的全部工作几限于上课应付考试。每期课程多至十数种，每周上课钟点多至三四十小时。教员力疲于讲，学生力疲于听，于是做人的道理全不讲求。就退一步谈知识，也只是一味灌输死板材料，把脑筋堪称垃圾箱，尽量地装，尽量地挤塞，全不管它能否消化启发。从前人说读书能变化气质，于今人书读得越多，气质越硬顽不化，这种教育只能产出一些以些许知识技能博衣饭碗的人，绝不能培养领导社会的真才。

近来颇有人感觉到这种毛病，提倡导师制，要导师于教书之外指点做人的道理，用意本来很善，但是实施起来也并未见功效。这也并不足怪。换汤必须换药，教育止于传授知识这一错误观念不改正，导师仍然是教书匠。导师制起于英国牛津、剑桥两大学，这两校的教育宗旨是彰明较著的不重读书，而重养成"君子人"。在这两校里教员和学生上课钟点都很少，社交活动却很多，导师和学生有经常接触的可能。导师对于学生在学业和行为两方面同时负有责任，每位导师所负责指导的学生也不过数人。现在我们的学校把学业和操行分作两件事，学业仍取"集体生产"式整天上班，操行则由权限不甚划分，责任不甚专一，叠床架屋式的导师、训导员、生活教导员和军事教官去敷衍公事。这种办法行不通，因为导师制的真精神不存在，导师制的必需条件不存在。

要改良现状，我们必须把教育的着重点由上课读书移到学习做人方面去，许多庞杂的课程须经快刀斩乱麻的手段裁去，学生至少有一半时间过真正的团体生活，做团体的活动。教师也必须把过去的错误的观念和习惯完全改过，认定自己是在"造人"，不只是在"教书"。每个教师对于所负责造的人须当作一件艺术品看待，须求他对自己可以慰怀，对旁人也可以看得过去。每个学生对于教师须当作自己的造化主，与父母生育有同样的恩惠，知道心悦诚服。这样一来，教师与学生就有家人父子的情感，而学校也就有家庭的和乐的空气了。

这一层做到了，第二步便须尽量增加团体合作的活动。团体合作的活动种类其多，有几个最重要的值得特别提出。

第一是操业合作。现行教育有一个大毛病，就是许多课程的对象都是个人而不是团体。学生们尽管成群结队，实际上各人一心，每人独自上课，独自学习，独自完成学业，无形中养成个人主义的心习。其实学问像其他事业一样，需要分工合作的地方甚多。材料的收集和整理，问题的商讨，实验的配置，遗误的检举，都必须群策群力。学校对于可分工合作的工作应尽量分配给学生们去合作，团体合作训练的效益是无穷的。一个人如果常有团体合作的训练，在学问上可以免偏陋，在性情上也可以免孤僻，他会有很浓厚而愉快的群的意识，他会深切地感觉到：能尽量发挥群的力量，才能尽量发挥个人的力量。

有几种课程特别宜于团体合作。最显著的是音乐。在我们古代教育中，乐是一个极重要的节目。它的感动力最深，它的最大功用在和。在一个团体里，无论分子在地位、年龄、教育上如何复杂，乐声一作，男女尊卑长幼都一齐肃容静听，皆大欢喜，把一切界限分别都化除净尽，彼此蔼然一团和气。爱好音乐的人很少是孤僻的人。所以音乐是群育最好的工具。其次是运动。运动相当于中国古代教育中的射。它不但能强健身体，尤其能培养尊秩序纪律的精神。条顿民族如英美德诸国都特好运动，在运动场上他们培养战斗的技术和政治的风度。他们说一个公正的人有"运动家气派"（sportsmanship）。柏拉图在"理想国"里谈教育，二十岁以前的人就只要音乐和运动两种功课。这两种功课应该在各级学校中普遍设立。近来音乐课程仅限于中小学，运动则各校虽有若无，它们的重要性似还没有为教育家们完全了解。音乐和运动是一个民族的生气的表现，不单是群育的必由之径。除非它们在课程中占重要位置，我们的教育不会有真正的改良。

操业合作之外，第二个重要的处群训练便是团体组织。有健全的团体组织，学生们才有多参加团体活动的机会，才能养成热心公益的习惯。一般学校当局常怕学生有团结，以致滋扰生事，所以对于团体组织与活动常设法阻止，以为这就可以息事宁人，也有些学校在名义上各种团体具备，而实际上没有一个团体是健全的组织。多数学生为错误的教育理想所误，只管埋头死读书，认为参加团体活动是浪费时光，甚至于多惹是非，对一切团体活动遂袖手坐观。于是所谓团体便为少数人所操纵，假借团体名义，做种种并非公意所赞同的活动。政治上许多强奸民意假公济私的恶习惯就由此养成。学校里学生自治会应该是一种雏形的民主政府，每个分子都应有参议表决的权利，同时也都应有不弃权的责任。凡关于学生全体利益的事应由学生们自己商讨处理，如起居、饮食、清洁卫生、公共秩序、公众娱乐诸项都无须教职员包办。自治会须有它的法律，有它的风纪，有它的社会制裁力。比如说，有一位同学盗用公物、侮谩师友或是考试舞弊，通常的办法是由学校记过惩处，但是理想的办法是由自治会公审公判，学生团体中须有公是公非，而这种公是公非应有奖励或裁制的力量。民主国家所托命的守法精神必须如此养成。

人群接触，意见难免有分歧，利益难免有冲突，如果各执己见，势必至于无路可通。要分歧和冲突化除，必须彼此和平静气地讨论，在种种可能的结论中寻一个最妥善的结论。民主政治可以说就是基于讨论的政治。学问也贵讨论，因为学问的目的在辨别是非真伪，而这种辨别的功夫在个人为思想，在团体为讨论，讨论可以说是集团的思想。一个理想的学校必须充满着欢喜讨论的空气。每种课程都可以用讨论方式去学习，每种实际问题都可以在辩论会中解决。在欧美各著名大学里，师生们大部分工夫都费于学术讨论会与辩论会，在这中间他们成就他们的学业，养成他们的政治习惯。在学校里是一个辩论家，出学校就是一个良好的议员或社会领袖。我们的一般学生以遇事沉默为美德，遇公众集会不肯表示意见，到公众有决定时，又不肯服从。这是一个必须医治的毛病，而医治必从学校教育下手。

处群训练一半靠教育，一半也要靠政治。社会仍是一种学校，政治对于公民仍是一种教育。政治愈修明，公民的处群训练也就愈坚实。政治体制有多种，最合理想的是民主。民主政治实施于小国家，较易收实效。因为全体人民可以直接参与会议表决，像瑞士的全体公决制。国大民众，民主政治即不能不采取代议方式。代议制的弊病在代议人不一定能代表公众意志，易流于寡头政治的变相。要补救这种弊病，必须力求下层政治组织健全，因为一般人民虽不必尽能直接参加国政，至少可以直接参加和他们最接近的下层行政区域的政治。我国最下层的行政区域是保甲，逐层递升为乡为县为区为省。保甲在历史上向来是自治的单位，它的组织向来带有几分民主精神。我们要奠定民主基础，必须从保甲着手。保甲政治办好，逐层递升，乡、县、区、省以至于国的政治，自然会一步一步地跟着好。英国政治是一个很好的先例。英国民主政治的成功不仅在国会健全，尤其在国会之下的区议会与市议会同样健全。市议会已具国会的雏形，公民在市议会所得的政治训练可逐渐推用于区议会和国会。一般人民因小见大，知道国会和市议会是一样，市民与市政府的关系也和国民与国政府的关系一样，知道国政与市政和己身同样有切身的利害，不容漠视，更不容胡乱处理。

健全下层政治组织自然也不是一件容易事。我们一方面须推广教育，提高人民知识和道德的水准，一方面也要彻底革除积弊，使人民逐渐养成良好的政治习惯。所谓良好的政治习惯是指一方面热心参与政治活动，一方面不做腐败的政治活动。我国一般人民正缺乏这两种政治的习惯，他们不是不肯参加政治活动，就是做腐败的政治活动。比如我们的政府近来何尝不感觉到健全下层政治组织的重要？保甲制正在推行，县政正在实验，下级干部人员经常在受训练。但是积重难返，实施距理想仍甚远，根本的毛病在没有抓住民治精神。民治精神在公事公议公决，而现在保甲政治则由少数公务员包办。一般保甲长和联保主任仍是变相的土豪劣绅，敲诈乡愚，比从前专制时代反更烈。一般人民没有参与会议表决的机会，还是处在被统治者的地位。下情无由上达，他们只在含冤叫苦。一件事须得做时，就须做得名副其实，否则滋扰生事，不如不做为妙。县政实施本是为奠定民治基础，如果仍采土豪劣绅包办制，则结果适足破坏民治基础。这件事关系我国民治前途极大，我们的政治家不能不有深切的警戒。

民主政治与包办制如水火不相容。消极地说，废除包办制；积极地说，就是政治公开。这要从最下层做起，奠定稳固的基础，然后逐渐推行到最上层。政治公开有两个要义：一是政权委托于贤能，一是民意须能影响政治。先就第一点说，我国历代抢才，不外由考试与选举。考试是最合于民治精神的一种制度，是我国传统政治的一特色。一个人只要有真才实学，无论出身如何微贱，可以逐级升擢，以至于掌国家大政。因此政权可由平民凭能力去自由竞争，不致为某一特殊阶级所把持乱用。中国过去政权向来在相而不在君，而相大半起家于考试，所以中国传统政体表面上为君主，而实为民主。后来科举专以时文诗赋取士，颇为议者诟病。这只是办法不良，并非考试在原则上有毛病。总理[1]制定建国方略，考试特设专院，实有鉴于考试是中国传统政治中值得发挥光大的一点，用意本至

---

1 指孙中山先生。

深。但是我们并未能秉承总理遗教，各级公务员大部分未经考试出身，考试中选者也未尽录用，真才埋没与不才而在高位的情形都不能说没有。这种不公平的待遇不能奖励贫士的努力而徒增长宵小夤缘幸进的恶习，政治上的腐浊多于此种因。要想政得其人，人尽其职，必须彻底革除这种种积弊而尽量推广考试制。至于选举是一般民主国家抢才的常径。选举能否成功，视人民有无政治知识与政治道德。过去我国选举权操纵于各级官吏，名为选举，实为推荐，不像在西方由人民普选。这种办法能否成功，视主其事能否公允，它的好处在提高选举者的资格，即所以增重选举的责任，提高被选举者的材质。在一般人民未受健全的政治教育以前，我们可以略采从前推荐而加以变通，限制选举者的资格而不必限于官吏，凡是教育健全而信用卓著者都可以联名推选有用人才。选举意在使贤任能，如不公允，由人民贿买或由政府包办，则适足破坏选举的信用与功能，我们必须严禁。民主政治能否成功，就要看选举这个难关能否打破，我们必须有彻底的觉悟。

考试与选举之得法，一切行政权都由贤能行使，则政治公开的第一要义就算达到。政治公开的第二要义是民意能影响政治。这有两端：第一是议会，第二是舆论。先说议会，民主政治就是议会政治。在西方各国，人民信任议会，议会信任政府；政府对议会负责，议会对人民负责。政府措施不当，议会可以不信任；议会措施不当，人民可以另选。所以政府必须尊重民意，否则立即瓦解。我国从民主政体成立以来，因种种实际困难，正式民意机关至今还未成立。召集国民代表大会，总理遗教本有明文规定，而政府也正在准备促其实现，这还需要全国人民共同努力。最要紧的是要使选举名副其实，不要再有贿买包办的弊病。

我国传统政治素重舆论。"天视自我民视，天听自我民听"两句话在古代即悬为政治格言。历代言事有专官，平民上诉隐曲，也特有设备，在野清议尤为朝廷所重视。过去君主政体没有很长期地陷于紊乱腐败状态，舆论是一个重要的力量。从前的暴君或现代的独裁政府怕舆论的裁制，常设法加以压迫或控制，结果总是失败。"防民之口，甚于防川"是一点不错的。思想与情感必须有正当的宣泄，愈受阻挠愈一决不可收拾。近代报章流行，舆论更易传播。言论出版自由问题颇引起种种争论。从历史、政治及群众心理各方面看，言论出版必须有合理的自由。舆论与人民程度密切相关，自然也有不健全的时候，我们所应努力的不在钳制舆论，而在教育舆论。是非自在人心，舆论的错误最好还是用舆论去纠正。

以上所述，陈义甚浅，我们的用意不在唱高调而望能实践。如果政治方面没有上述的改革，群的训练就无从谈起。人民必有群的活动，群的意识，必感觉到群的力量，受群的裁制，然后才能养成良好的处群的道德。这是我们施行民治的大工作中一个基本问题，值得政治家与教育家们仔细思量。

谈交友

　　人生的快乐有一大半要建筑在人与人的关系上面。只要人与人的关系调处得好，生活没有不快乐的。许多人感觉生活苦恼，原因大半在没有把人与人的关系调处适宜。这人与人的关系在我国向称为"人伦"。在人伦中先儒指出五个最重要的，就是君臣、父子、夫妇、兄弟、朋友。这五伦之中，父子、夫妇、兄弟起于家庭，君臣和朋友起于国家、社会。先儒谈伦理修养，大半在五伦上做功夫，以为五伦上面如无亏缺，个个修养固然到了极境，家庭和国家、社会也就自然稳固了。五伦之中，朋友一伦的地位很特别，它不像其他四伦都有法律的基础，它起于自由的结合；没有法律的力量维持它或是限定它，它的唯一的基础是友爱与信义。但是它的重要性并不因此减少。如果我们把人与人中间的好感称为友谊，则无论是君臣、父子、夫妇或是兄弟之中，都绝对不能没有友谊。就字源说，在中西文里"友"字都有"爱"的意义。无爱不成友，无爱也不成君臣、父子、夫妇或兄弟。换句话说，无论哪一伦，都非有朋友的要素不可，朋友是一切人伦的基础。懂得处友，就懂得处人；懂得处人，就懂得做人。一个人在处友方面如果有亏缺，他的生活不但不能是快乐的，而且也绝不能是善的。

谁都知道，有真正的好朋友是人生一件乐事。人是社会的动物，生来就有同情心，生来也就需要同情心。读一篇好诗文，看一片好风景，没有一个人在身旁可以告诉他说："这真好呀！"心里就觉得美中有不足。遇到一件大喜事，没有人和你同喜，你的欢喜就要减少七八分；遇到一件大灾难，没有人和你同悲，你的悲痛就增加七八分。孤零零的一个人不能唱歌，不能说笑话，不能打球，不能跳舞，不能闹架拌嘴，总之，什么开心的事也不能做。

世界最酷毒的刑罚要算幽禁和充军，逼得你和你所常接近的人们分开，让你尝无亲无友那种孤寂的风味。人必须接近人，你如果不信，请你闭关独居十天半个月，再走到十字街头在人丛中挤一挤，你心里会感到说不出来的快慰，仿佛过了一次大瘾，虽然街上那些行人在平时没有一个让你瞧得上眼。人是一种怪物，自己是一个人，却要显得瞧不起人，要孤高自赏，要闭门谢客，要把心里所想的看成神妙不可言说，"不可与俗人道"，其实隐意识里面唯恐人不注意自己，不知道自己，不赞赏自己。世间最欢喜守秘密的人往往也是最不能守秘密的人。他们对你说："我告诉你，你却不要告诉人。"他不能不告诉你，却忘记你也不能不告诉人。这所谓"不能"实在出于天性中一种极大的压迫力。人需要朋友，如同人需要泄露秘密，都由于天性中一种压迫力在驱遣。它是一种精神上的饥渴，不满足就可以威胁到生命的健全。

谁也都知道，朋友对于性格形成的影响非常重大。一个人的好坏，朋友熏染的力量要居大半。既看重一个人把他当作真心朋友，他就变成一种受崇拜的英雄，他的一言一笑、一举一动都在有意无意之间变成自己的模范，他的性格就逐渐有几分变成自己的性格。同时，他也变成自己的裁判者，自己的一言一笑，一举一动，都要顾到他的赞许或非难。一个人可以蔑视一切人的毁誉，却不能不求见谅于知己。每个人身旁都有一个"圈子"，这圈子就是他所常亲近的人围成的，他跳来跳去，常跳不出这圈子。在某一种圈子就成为某一种人。圣贤有道，盗亦有道。隔着圈子相视，尧可非桀，桀亦可非尧。究竟谁是谁非，责任往往不在个人而在他所在的圈子。古人说："与善人居，如入芝兰之室，久而不闻其香；与恶人居，如入鲍鱼之肆，久而不闻其臭。"久闻之后，香可以变成寻常，臭也可以变成寻常，习而安之，就不觉其为香为臭。一个人应该谨慎择友，择他所在的圈子，道理就在此。人是善于模仿的，模仿品的好坏，全看模型的好坏。有如素丝，染于青则青，染于黄则黄。"告诉我谁是你的朋友，我就知道你是怎样的一种人。"这句西谚确是经验之谈。《学记》论教育，一则曰"七年视论学取友"，再则曰"相观而善之谓摩"。从孔孟以来，中国士林向奉尊师敬友为立身治学的要道。这都是深有见于朋友的影响重大。师弟向不列于五伦，实包括于朋友一伦里面，师与友是不能分开的。

许叔重《说文解字》谓"同志为友"。就大体说，交友的原则是"同声相应，同气相求"。但是绝对相同在理论与事实都是不可能。

"人心不同，各如其面"。这不同亦正有它的作用。朋友的乐趣在相同中容易见出，朋友的益处却往往在相异处才能得到。古人常拿"如切如磋，如琢如磨"来譬喻朋友的交互影响。这譬喻实在是很恰当。玉石有瑕疵棱角，用一种器具来切磋琢磨，它才能圆融光润，才能"成器"。人的性格也难免有瑕疵棱角，如私心、成见、骄矜、暴躁、愚昧、顽恶之类，要多受切磋琢磨，才能洗刷净尽，达到玉润珠圆的境界。朋友便是切磋琢磨的利器，与自己愈不同，摩擦愈多，切磋琢磨的影响也就愈大。这影响在学问思想方面最容易见出。

一个人多和异己的朋友讨论，会逐渐发现自己的学说不圆满处，对方的学说有可取处，逼得不得不作进一层的思考，这样地对于学问才能逐渐鞭辟入里。在朋友互相切磋中，一方面被"磨"，一方面也在受滋养。一个人被"磨"的方面愈多，吸收外来的滋养也就愈丰富。孔子论益友，所以特重直谅多闻。一个不能有净友的人永远是愚而好自用，在道德、学问上都不会有很大的成就。

好朋友在我国语文里向来叫作"知心"或"知己"。"知交"也是一个习惯的名词。这个语言的习惯颇含有深长的意味。从心理观点看，求见知于人是一种社会本能，有这本能，人与人才可以免除隔阂，打成一片，社会才能成立。它是社会生命所借以维持的，犹如食色本能是个人与种族生命所借以维持的，所以它与食色本能同样强烈。古人尝以一死报知己，钟子期死后，伯牙不复鼓琴。这种行为在一般人看似近于过激，其实是由于极强烈的社会本能在驱遣。其次，从伦理哲学观点看，知人是处人的基础，而知人却极不易，因为深刻的了解必基于深刻的同情。深刻的同情只在真挚的朋友中才常发现。对于一个人有深交，你才能真正知道他。了解与同情是互为因果的。你对于一个人愈同情，就愈能了解他；你愈了解他，也应就愈同情他。法国人有一句成语说："了解一切，就是宽容一切。"

这句话说来像很容易，却是人生的最高智慧，需要极伟大的胸襟才能做到。古今有这种胸襟的只有几个大宗教家，像释迦牟尼和耶稣，有这种胸襟才能谈到大慈大悲；没有它，任何宗教都没有灵魂。修养这种胸怀的捷径是多与人做真正的好朋友，多与人推心置腹，从对于一部分人得到深刻的了解，做到对于一般人类起深厚的同情。从这方面看，交友的范围宜稍宽泛，各种人都有最好，不必限于自己同行同趣味的。蒙田在他的论文里提出一个很奇怪的主张，以为一个人只能有一个真正的朋友，我对这主张很怀疑。

交友是一件寻常事，人人都有朋友，交友却也不是一件易事，很少人有真正的朋友。势利之交固容易破裂，就是道义之交也有时不免闹意气之争。王安石与司马光、苏轼、程颢诸人在政治和学术上的倾轧便是好例。他们个个都是好人，彼此互有相当的友谊，而结果闹成和市俗人一般的翻云覆雨。交友之难，从此可见。从前人谈交友的话说得很多。例如"朋友有信""久而敬之""君子之交淡如水"，视朋友须如自己，要急难相助，须知护友之短，像孔子不假盖于悭吝的朋友；要劝着规过，但"不可则止，毋自辱焉"。这些话都是说起来颇容易，做起来颇难。许多人都懂得这些道理，但是很少人真正会和人做朋友。

孔子尝劝人"无友不如己者"，这话使我很彷徨不安。你不如我，我不和你做朋友，要我和你做朋友，就要你胜似我，这样我才能得益。但是这算盘我会打你也就会打，如果你也这么说，你我之间不就没有做朋友的可能吗？柏拉图写过一篇谈友谊的对话，另有一番奇妙议论。依他看，善人无须有朋友，恶人不能有朋友，善恶混杂的人才或许需要善人为友来消除他的恶，恶去了，友的需要也就随之消灭。这话显然与孔子的话有些抵牾。谁是谁非，我至今不能断定，但是我因此想到朋友之中，人我的比较是一个重要问题，而这问题又与善恶问题密切相关。

我从前研究美学上的欣赏与创造问题，得到一个和常识不相同的结论，就是：欣赏与创造根本难分，每人所欣赏的世界就是每人所创造的世界，就是他自己的情趣和性格的返照；你在世界中能"取"多少，就看你在你的性灵中能提出多少"与"它，物我之中有一种生命的交流，深人所见于物者深，浅人所见于物者浅。现在我思索这比较实际的交友问题，觉得它与欣赏艺术自然的道理颇可暗合默契。你自己是什么样的人，就会得到什么样的朋友。人类心灵常交感回流。你拿一分真心待人，人也就会拿一分真心待你，你所"取"如何，就看你所"与"如何。"爱人者人恒爱之，敬人者人恒敬之"。人不爱你敬你，就显得你自己亏缺，你不必责人，先须反求诸己。不但在情感方面如此，在性格方面也都是如此，友心同心，所谓"同心"是指性灵同在一个水准上。如果你我在性灵上有高低，我高就须感化你，把你提高到同样水准；你高也是如此，否则友谊就难成立。朋友往往是测量自己的一种最精确的尺度，你自己如果不是一个好朋友，就绝不能希望得到一个好朋友。要是好朋友，自己须先是一个好人。我很相信柏拉图的"恶人不能有朋友"的那一句话。恶人可以做好朋友时，他在他方面尽管是坏，在能为好朋友一点上就可证明他还有人性，还不是一个绝对的恶人。说来说去，"同声相应，同气相求"那句老话还是真的，何以交友的道理在此，如何交友的方法也在此。交友和一般行为一样，我们应该常牢记在心的是"责己宜严，责人宜宽"。

谈多元宇宙

朋友：

你看到"多元宇宙"这个名词，也许联想到詹姆斯的哲学名著。但是你不用害怕我谈玄，你知道我是一个不懂哲学而且厌听哲学的人。今天也只是吃家常便饭似的随便谈谈，与詹姆斯毫无关系。

年假中朋友们来闲谈，"言不及义"的时候，动辄牵涉到恋爱问题。各人见解不同，而我所援以辩护恋爱的便是我所谓"多元宇宙"。

什么叫作"多元宇宙"呢？

人生是多方面的，每方面如果发展到极点，都自有其特殊宇宙和特殊价值标准。我们不能以甲宇宙中的标准，测量乙宇宙中的价值。如果勉强以甲宇宙中的标准，测量乙宇宙中的价值，则乙宇宙便失其独立性，而只在乙宇宙中可尽量发展的那一部分性格便不免退处于无形。

各人资禀经验不同，而所见到的宇宙，其种类多寡，量积大小，也不一致。一般人所以为最切己而最推重的是"道德的宇宙"。"道德的宇宙"是与社会俱生的。如果世间只有我，"道德的宇宙"便不能成立。比方没有父母，便无孝慈可言；没有亲友，便无信义可言。人与人相接触以后，然后道德的需要便因之而起。人是社会的动物，而同时又秉有反社会的天性。想调剂社会的需要与利己的欲望，人与人中间的关系不能不有法律、道德为之维护。因有法律存在，我不能以利己欲望妨害他人，他人也不能以利己欲望妨害我，于是彼此乃宴然相安。因有道德存在，我尽心竭力以使他人享受幸福，他人也尽心竭力以使我享受幸福，于是彼此乃欢然同乐，社会中种种成文的礼法和默认的信条都是根据这个基本原理。服从这种礼法和信条便是善，破坏这种礼法和信条便是恶。善恶便是"道德的宇宙"中的价值标准。

我们既为社会中人，享受社会所赋予的权利，便不能不对于社会负有相当义务，不能不趋善避恶，以求达到"道德的宇宙"的价值标准的最高点。在"道德的宇宙"中，如果能登峰造极，也自能实现伟大的自我，孔子、苏格拉底和耶稣诸人的风范所以照耀千古。

但是"道德的宇宙"绝不是人生唯一的宇宙，而善恶也绝不能算是一切价值的标准，这是我们中国人往往忽略的道理。

比方说在"科学的宇宙"中，善恶便不是适当的价值标准。"科学的宇宙"中的适当价值标准只是真伪。科学家只问：这个定律是否合于事实？这个结论是否没有讹错？他们绝问不到："动体向地心下坠"合乎道德吗？"勾方加股方等于弦方"有些不仁不义罢？固然"科学的宇宙"也有时和"道德的宇宙"相抵触，但是科学家只当心真理而不顾社会信条。伽利略宣传哥白尼地动说，达尔文主张生物是进化而不是神造的，就教会眼光看，他们都是不道德的，因为他们直接地辩驳《圣经》，间接地摇动宗教和它的道德信条。可是伽利略和达尔文是"科学的宇宙"中的人物，从"道德的宇宙"所发出来的命令，他们则不敢奉命唯谨。科学家的这种独立自由的态度到现代更渐趋明显。比方伦理学从前是指导行为的规范科学，而近来却都逐渐向纯粹科学的路上走，它们的问题也逐渐由"应该或不应该如此"变为"实在是如此或不如此"了。

其次，"美术的宇宙"也是自由独立的。美术的价值标准既不是是非，也不是善恶，只是美丑。从希腊以来，学者对于美术有三种不同的见解。一派以为美术含有道德的教训，可以陶冶性情。一派以为美术的最大功用只在供人享乐。第三派则折中两说，以为美术既是教人道德的，又是供人享乐的。好比药丸加上糖衣，吃下去又甜又受用。这三种学说在近代都已被人推翻了。现代美术家只是"为美术而言美术"（art for art's sake）。意大利美学泰斗克罗齐并且说美和善是绝对不能混为一谈的。因为道德行为都是起于意志，而美术品只是直觉得来的意象，无关意志，所以无关道德。这并非说，美术是不道德的，美术既非"道德的"，也非"不道德的"，它只是"超道德的"。说一个幻想是道德的，或者说一幅画是不道德的，是无异于说一个方形是道德的，或者说一个三角形是不道德的，同为毫无意义。美术家最大的使命求创造一种意境，而意境必须超脱现实。我们可以说，在美术方面，不能"脱实"便是不能"脱俗"。因此，从"道德的宇宙"中的标准看，曹操、阮大铖、李波·李披（Fra Lippo Lippi）和拜伦一般人都不是圣贤，而从"美术的宇宙"中的标准看，这些人都不失其为大诗家或是大画家。

再次，我以为恋爱也是自成一个宇宙。在"恋爱的宇宙"里，我们只能问某人之爱某人是否真纯，不能问某人之爱某人是否应该。其实就是只"应该不应该"的问题，恋爱也是不能打消的。从生物学观点看，生殖对于种族为重大的利益，而对于个体则为重大的牺牲。带有重大的牺牲，不能不兼有重大的引诱，所以性欲本能在诸本能中最为强烈。我们可以说，人应该生存，应该绵延种族，所以应该恋爱。但是这番话仍然是站在"道德的宇宙"中说的，在"恋爱的宇宙"中，恋爱不是这样机械的东西，它是至上的，神圣的，含有无穷奥秘的。在恋爱的状态中，两人脉搏的一起一落，两人心灵的一往一复，都恰能忻合无间。在这种境界，如果身家、财产、学业、名誉、道德等等观念渗入一分，则恋爱真纯的程度便须减少一分。真能恋爱的人只是为恋爱而恋爱，恋爱以外，不复另有宇宙。

"恋爱的宇宙"和"道德的宇宙"虽不必定要不能相容，而在实际上往往互相冲突。恋爱和道德相冲突时，我们既不能两全，应该牺牲恋爱，还是牺牲道德呢？道德家说，道德至上，应牺牲恋爱。爱伦·凯一般人说，恋爱至上，应牺牲道德。就我看，这所谓"道德至上"与"恋爱至上"都未免笼统。我们应该加上形容句子说，在"道德的宇宙"中道德至上，在"恋爱的宇宙"中恋爱至上。所以遇着恋爱和道德相冲突时，社会本其"道德的宇宙"的标准，对于恋爱者大肆其攻击诋毁，是分所应有的事，因为不如此则社会所赖以维系的道德难免隳丧，而恋爱者整个地醰醉于"恋爱的宇宙"里，毅然不顾一切，也是分所应有的事，因为不如此则恋爱不真纯。

"恋爱的宇宙"中，往往也可以表现出最伟大的人格。我时常想，能够恨人极点的人和能够爱人极点的人都不是庸人。……我们中国人随在都讲"中庸"，恋爱也只能达到温汤热。所以为恋爱而受社会攻击的人，立刻就登报自辩。这不能不算是根性浅薄的表征。

朋友，我每次写信给你都写到第六张信笺为止。今天已写完第六张信笺了，可是如果就在此搁笔，恐怕不免叫人发生误解，让我在收尾时郑重声明一句罢。恋爱是至上的，是神圣的，所以也是最难遭遇的。"道德的宇宙"里真正的圣贤少，"科学的宇宙"里绝对真理不易得，"美术的宇宙"里完美的作家寥寥，"恋爱的宇宙"里真正的恋爱人更是凤毛麟角。恋爱是人格的交感共鸣，所以恋爱真纯的程度以人格高下为准。一般人误解恋爱，动于一时飘忽的性欲冲动而发生婚姻关系，境过则情迁，色衰则爱弛，这虽是冒名恋爱，实则只是纵欲。我为真正恋爱辩护，我却不愿为纵欲辩护；我愿青年应该懂得恋爱神圣，我却不愿青年在血气未定的时候，去盲目地假恋爱之名寻求泄欲。

　　意长纸短，你大概已经懂得我的主张了罢？

你的朋友　光潜

谈消遣

　　身和心的活动都有有节奏的周期，这周期的长短因各人的体质和物质环境而有差异。在周期限度之内，工作有它的效果，也有它的快慰。过了周期限度，工作就必产生疲劳，不但没有效果，而且成为苦痛。到了疲劳，就必定有休息，才能恢复工作的效果。这道理极浅，无用深谈。休息的方式甚多，最理想而亦最普遍的是睡眠。在睡眠中生理的功能可以循极自然的节奏进行，各种筋肉虽仍在活动，却不需要紧张的注意力，也没有工作情境需要所加的压迫，它的动作是自由的、自然的、不费力的、倾向弛懈的。一个人如果每天在工作疲劳之后能得到充分时间的熟睡，比任何养生家的秘诀都灵验。午睡尤其有效。午睡醒了，午后又变成了清晨，一日之中就有两度的朝气。西方有些中小学里，时间表内有午睡的规定，那是很合理的。我国的理学家和各派宗教家于睡眠之外练习静坐。静坐可以使心境空灵，生理功能得到人为的调节，功用有时比睡眠更大。但是初习静坐需要注意力的控制，有几分不自然，不易成为恒久的习惯，而且在近代生活状况之下，静坐的条件不易具备，所以它不能很普遍。

睡眠与静坐都不能算是完全的休息，因为许多生理的功能照旧在进行。严格地说，生物在未死以前绝不能有完全的休息。有生气就必有活动，"活"与"动"是不可分的。劳而不息固然是苦，息而不劳尤其是苦。生机需要修养，也需要发泄。生机旺而不泄，像春天的草木萌芽被砖石压着，或是把压力推开，冲吐出来，或是变成拳曲黄瘦，失去自然的形态。心理学家已经很明白地指示出来：许多心理的毛病都起于生机不得正当的发泄。从一般生物的生活看，精力的发泄往往同时就是精力的蓄养。人当少壮时期，精力最弥满，需要发泄也就愈强烈，愈发泄，精力也就愈充足。一个生气蓬勃的人必定有多方的兴趣，在每方面的活动都比常人活跃，一个人到了可以索然枯坐而不感觉不安时，他必定是一个行将就木的病夫或老者。如果他在健康状态中，需要活动而不得活动，他必定感到愁苦抑郁。人生最苦的事是疾病幽囚，因为在疾病幽囚中，他或是失去了精力，或是失去了发泄精力的自由。

精力的发泄有两种途径：一是正当工作，一是普通所谓消遣，包含各种游戏运动和娱乐在内。我们不能用全副精力去工作，因为同样的注意方向和同样的筋肉动作维持到相当的限度，必定产生疲劳，如上所述。人的身心构造是依据分工合作原理的。对于各种工作我们都有相当的一套机器、一种才能和一副精力。比如说，要看有眼，要听有耳，要走有脚，要思想有头脑。我们运用眼的时候，耳可以休息，运用脑的时候，脚可以休息。所以在专用眼之后改着去用耳，或是在专用脑之后改着去用脚，我们虽然仍旧在活动，所用以活动的只是耳或脚，眼或脑就可能得到休息了。这种让一部分精力休息而另一部分精力活动的办法在西文中叫作 diversion，可惜在中文里没有恰当的译名。这也足见我们没有注意到它的重要。它的意义是"转向"，工作方面的"换口味"，精力的侧出旁击。我们已经说过，生物不能有完全的休息，普通所谓休息，除睡眠以外，大半是 diversion，这种"换口味"的办法对于停止的活动是精力的蓄养，对于正在进行的另一活动是精力的发泄。它好比打仗，一部分兵力上前线，另一部分兵力留在后面预备补充。全体的兵力都上了前线，难乎为继；全体的兵力都在后方按兵不动，过久也会疲老无用，仗自然更打不起来。更番瓜代仍是精力的最经济最合理的支配，无论是在军事方面或是在普通生活方面。

更番瓜代有种种方式。普通读书人用脑的机会比较多，最好常在用脑之后做一番筋肉活动，如散步、打球、栽花、做手工之类，一方面可以使脑得休息而消除疲劳，一方面也可以破除同一工作的单调，不致发生厌闷。卢梭谈教育，主张学生多习手工，这不但因为手工有它的特殊的教育功效，也因为用手对于用脑是一种调节。大哲学家斯宾诺莎于研究哲学之外，操磨镜的职业，这固然是为着生活，实在也很合理，因为两种性质相差很远的工作互相更换，互为上文所说的 diversion，对于心身都有好影响。就生活理想说，劳心与劳力应该具备于一身，劳力的人绝对不劳心固然变成机械，劳心的人绝对不劳力也难免文弱干枯。现在劳心与劳力成为两种相对峙的阶级，这固然是历史与社会环境所造成的事实，但是我们应该不要忘记它并不甚合理。在可能范围之内，我们应该求心与力的活动能调节适中。我个人很羡慕中世纪欧洲僧院的生活，他们一方面诵经、抄书、画画而且作很精深的哲学研究，一方面种地、砍柴、酿酒、织布。我尝想到我们的学校在这个经济凋敝之际为什么不想一个自给自足的办法，有系统有计划地采行半工半读制？这不仅是从经济着眼，就从教育着眼，这也是一种当务之急。大部分学生来自田间，将来纵不全数回到田间，也要走进工厂或公务机关；如果在学校里只养成少爷小姐的心习，全不懂民生疾苦，他们绝难担负现时代的艰巨责任。当然，本文所说的劳心与劳力的调剂也是一个重要的理由。

不同性质的工作更番瓜代，固可以收到调剂和休息的效用，可是一个人不能时时刻刻都在工作，事实上没有这种需要，而且劳苦过度，工作也变成一种苦事，不能有很大的效率。我们有时须完全放弃工作，做一点无所为而为的活动，享受一点自由人的幸福。工作都有所为而为，带有实用目的；无所为而为，不带实用目的活动，都可以算作消遣。我们说

"消遣"，意谓"混去时光"，含义实在不很好；西方人说"转向"（diversion），意谓"把精力朝另一方面去用"，它和工作同称为 occupation，比较可以见出消遣的用处。所谓 occupation 无恰当中文译词，似包含"占领"和"寄托"二义。在工作和消遣时，都有一件事物"占领"着我们的身心，而我们的身心也就"寄托"在那一件事物里面。身心寄托在那里，精力也就发泄在那里。拉丁文有一句成语说："自然厌恶空虚。"这句话近代科学仍奉为至理名言。在物理方面，真空固不易维持，一有空隙，就有物来占领；在心理方面，真空虽是一部分宗教家（如禅宗）的理想，在实际上也是反乎自然而为自然所厌恶。我们都不愿意生活中有空隙，都愿常有事物"占领"着身心，没有事做时须找事做，不愿做事时也不甘心闲着，必须找一点玩意儿来消遣，否则便觉得厌闷苦恼。闲惯了，闷惯了，人就变得干枯无生气。

消遣就是娱乐，无可消遣当然就是苦闷。世间欢喜消遣的人，无论他们的嗜好如何不同，都有一个共同点，就是他们必都有强旺的生活力，运动家和艺术家如此，嫖客赌徒乃至于烟鬼也是如此。他们的生活力强旺，发泄的需要也就跟着急迫。他们所不同者只在发泄的方式。这有如大水，可以灌田、发电或推动机器，也可以泛滥横流，淹毙人畜草木。同是强旺的生活力，用在运动可以健身，用在艺术可以怡情养性，用在吃喝嫖赌就可以劳民伤财，为非作歹。"浪子回头是个宝"，也就是这个道理。所以消遣看来虽似末节，却与民族性格、国家风纪都有密切关系。一个民族兴盛时有一种消遣方式，颓废时又另有一种消遣方式。古希腊、古罗马在强盛时，人民都喜欢运动、看戏、参加集会，到颓废时才有些骄奢淫逸的玩意儿如看人兽斗之类。近代条顿民族多欢喜户外运动，而拉丁民族则多消磨时光于咖啡馆与跳舞厅。我国古代民族娱乐花样本极多，如音乐、跳舞、驰马、试剑、打猎、钓鱼、斗鸡、走狗等等都含有艺术意味或运动意味。后来士大夫阶级偏嗜琴棋书画，虽仍高雅，已微嫌侧重艺术，带有几分"颓废"色彩。近来"民族形式"的消遣似只有打麻将、坐茶馆、吃馆子几种。对于这些玩意儿不感兴趣的人们除着做苦工之外，就只有索然枯坐，不能在生活中领略到一点乐趣。我经过几个大学和中学，看见大部分教员和学生终年没有一点消遣，大家都喊着苦闷，可是大家都不肯出点力把生活略加改善，提倡一些高级趣味的娱乐来排遣闲散时光。从消遣一点看，我们可以窥见民族生命力的低降。这是一个很危险的现象。它的原因在一般人不明了消遣的功用，把它太看轻了。

其实这事并不能看轻。柏拉图计划理想国的政治，主张消遣娱乐都由国法规定。儒家标六艺之教，其中礼、乐、射、御四项都带有消遣娱乐意味，只书、数两项才是工作。孔子谈修养，"居于仁"之后即继以"游于艺"，这足见中西哲人都把消遣娱乐看得很重，梁任公先生有一文讲演消遣，可惜原文不在手边，记得大意是反对消遣浪费时光。他大概有见于近来我国一般消遣方式趣味太低级。但我们不能因噎废食。精力必须发泄，不发泄于有益身心的运动和艺术，便须发泄于有害身心的打牌、抽烟、喝酒。我们要禁绝有害身心的消遣方式，必须先提倡有益身心的消遣方式。比如水势须决堤泛滥，你不愿它决诸东方，就必须让它决诸西方，这是有心政治与教育的人们所应趁早注意设法的。要复兴民族，固然有许多大事要做，可是改善民众的消遣娱乐，也未见得就是小事。

谈体育

　　理想的教育应以发展全人为鹄的。全人包括身心两方面，修养也应同时顾到这两方面。心的修养包含智育、德育、美育三项，相当于知、情、意三种心理机能。身的修养即通常所谓体育。近来我们的教育对于心的修养多偏重智育，德育与美育多被忽视。这种畸形的发展酿成一般人的道德堕落与趣味低下，已为共见周知的事实。至于体育更是落后。学校虽设有体育这门功课，大半是奉行公事，体育教员一向被轻视，学生不注意体育可不致影响升级和毕业，学校在体育设备上花的费用在整个预算上往往不及百分之一。如果你把身心的重要看作平等，把心的方面知、情、意三种机能的重要也看作平等，再把目前教育状况衡量一下，就可以想到我们的教育的不完善到了什么一个程度。德育和美育至少在理论上还有人在提倡，体育则久已降于不议不论之列了。体育所以落到这种无足轻重的地位，大半因为一般人根本误认体肤没有心灵那么高贵，一部分宗教家和哲学家甚至把体肤看成心灵的迷障，要修养心灵须先鄙弃体肤的需要。我们崇拜甘地，仿佛以为甘地成就他的特殊精神，就与他的身体瘦弱有关，身体不瘦弱，就不能成圣证道。这种错误的观念不破除，我们根本不能谈体育。

生命是有机的，身与心虽可分别却不可割裂；没有身就没有心，身体不健全，心灵就不会健全。这道理可以分几点来说。

第一，身体不健全，聪明智慧不能发展最高度的效能。我们中国民族的聪明智慧并不让西方人，但是在学问、事业方面的造就，我们常常赶不上他们。原因固然很多，身体羸弱是最重要的一种。普通欧美人士说："生命从四十岁开始。"他们到了五六十岁时，还是血气方刚，还有二三十年可以在学问、事业方面努力。但是普通中国人到了四十岁以后，精力就逐渐衰惫，在西方人正是奋发有为的时候，我们已宣告体力的破产，做告老退休的打算。在普通西方人，头三四十年只是训练和准备的时期，后三四十年才可以谈到成就与收获；在我们中国人，刚过了训练和准备的时期，可用的精力就渐就耗竭，犹如果子未成熟就萎落，如何能谈到成就与收获呢？无论是读书、写字、作文章、演说、打仗或是办事，必须精力弥满，才可以好。尤其是做比较重大的工作，我们需要持久的努力，要能挣扎到底，维持最后五分钟的奋斗。我们做事，往往开头很起劲，以后越做越觉得精力不济，那最后五分钟最难挨过，以致功亏一篑。这就由于身体羸弱，生活力不够。

第二，身体羸弱可以影响到性情和人生观。我常分析自己，每逢性情暴躁，容易为小事动气时，身体方面总有些毛病，如头痛、牙痛、胃痛之类；每逢心境颓唐、悲观厌世时，大半精疲力竭，所能供给的精力不够应付事物的要求，这在生病或失眠时最易发生。在睡了一夜好觉之后，清晨爬起来，觉得自己生气蓬勃，心里就特别畅快，对人也就特别和善。我仔细观察我所常接触的人，发见体格与心境的密切关系是很普遍的。我没有看见一个真正康健的人为人不和善，处世不乐观，也没有看见一个愁眉苦脸的人在身体方面没有丝毫缺陷。我们中国青年中许多人都悲观厌世、暮气沉沉，我敢说这大半是身体不健康的结果。

第三，德行的亏缺大半也可归原到身体的羸弱。西谚说："健全精神宿于健全身体。"这句话的意味实在深长。我常分析中国社会的病根，觉得它可以归原到一个字——懒。懒，所以萎靡因循，遇应该做的事拿不出一点勇气去做；懒，所以马虎苟且，遇不应该做的事拿不出一点勇气去决定不做；懒，于是对一切事情朝抵抗力最低的路径走，遇事偷安取巧，逐渐走到人格的堕落。懒的原因在哪里呢？懒就是物理学上的惰性，由于动力的缺乏，换言之，由于体力的虚弱。比如机器要产生动力，必须开足马达，要开足马达，必须电力强大。身体好比马达，生活力就是电力，而努力所需要的坚强意志就是动力。生活力不旺——这就是说，体力薄弱——身体那一个马达就开不动，努力所需要的动力就无从产生。所以精神的破产毕竟起于身体的破产。

生命是一种无底止的奋斗。一个士兵作战，一个学者研究学问，或是一个普通公民勇于尽自己的职责，向一切恶引诱说一个坚决的"不"字，向一切应做的事说一个坚决的"干"字，都需要一番斗争的精神，一股蓬勃的生活力。我们多数民众所最缺乏的就是这奋斗所必需的生活力，尤其在这抗建时代，我们必须彻底认识这种缺乏的严重性，极力来弥补它。我们慢些谈学问，慢些谈道德，慢些谈任何事功，第一件要事先把身体这个机器弄得坚强结实。

要补救我们民族体格的羸弱，必先推求羸弱的病因，然后对症下药。一般人都知道一些健身的方法和道理，例如营养适宜、衣食住清洁、生活有规律、运动休息得时之类。我们中国人体格羸弱，大半由于对这些健康的基本条件没有十分注意，这是谁都会承认的。但是我以为这些条件固然重要，却都是后天的培养，最重要的还是先天的基础。比如动植物的繁殖，在同样的后天环境之下，种子好的比种子差的较易于发育茁壮。哈巴狗总不能长成狮子狗，任凭你怎样去饲养。我知道许多人一辈子注意卫生，一辈子仍是不很强壮，就吃亏在先天不足；我也知道许多人一辈子不知道什么叫作卫生，可是身体依然是坚实，他们生来就有一副铜筋铁骨。因此，我想到在体格方面，先天的基础好，比任何谨慎的后天的培养都要强；我们要想改变民族的体质，第一步要务是彻底地研究优生。在身体方面的优生，有三个要点必须注意：一、男女配合必须在发育完成之后，早婚必须绝对禁止。二、选择配偶的标准必须把身体强健放在第一位。我们应特别奖励强壮的男子配强壮的女子。已往男择女要林黛玉那样弱不禁风，工愁善病；女择男要潘安仁那样白面书生，风度儒雅。这种传统的理想必须打破。三、妇女在妊孕期内必须有极合理的调养，在生产后至少在三年之内须节制妊孕。先天的基础，母亲要奠立一大半，母亲的健康比父亲的更为重要。现在一般母亲在妊孕期劳作过度，营养不充分，而妊孕期的周率又太频繁，一年生产一次几是常事。这一点影响民族体格的健康比其他一切因素都较严重。以上三点体格优生要义我们必须灌注到每一个公民的头脑里去，在必要时，我们最好能用政府的力量帮助人民去切实施行。

至于后天的培养用不着多说，一般人都知道一些卫生常识。第一是营养必须适宜。目前物价昂贵，一般青年们正当发育的年龄，不能得到最低限度的营养，以致危害到健康。这是一个很严重的现象，政教当局必须彻底认识，急图补救。第二是生活必须有规律，起居饮食，劳作休息，都须有一定的时候、一定的分量、一定的节奏。在这一点，我们中国人的习惯很差。迟睡晚起，打牌可以打连宵，平时饮食不够营养的标准，进馆子就得把肚皮胀破，劳作者整天不得休息，游手好闲者整天不做工作，如此等类的毛病都是酿成民族羸弱的因素。

单就青年说，目前各学校的功课都太繁重，营养所产生的力量过少，功课担负所要求的力量过多，供不应求，逼成虚耗。这也是一个很严重的现象。要教育合理化，各级学校的课程必须尽量裁汰。第三是心境要宽和冲淡，少动气，少存杂念。我国古代养生家素来特重这一点，所以说："养生莫善于寡欲。"我们近代人对此点似多认为陈腐，其实这很可惜。近代社会复杂，刺激特多，愈近于文明，愈远于自然，处处都是扰乱心志的事物，就是处处逼我们打消耗战。我们必须淡泊宁静，以逸待劳。这不但可以养生，也可以使学问、事业得到较大的成就。

如果做到上面几点，我相信一个人不会不康健。康健的生活是正常的自然的。健康的最大秘诀就在使生活是正常的自然的。近代人谈体育，多专指运动，其实专就健康而言，运动是体育的下乘节目。运动的要义在使血液流通，筋肉平均发展，脑筋与筋肉互换劳息。这三点在普通劳作方面也可以办到。自然人都很健康，除渔猎耕作及舞蹈以外，别无所谓运动，而身体却大半很强健。不过运动确也有不能用普通劳作代替的地方。第一，它是比较的科学化，顾到全身筋肉脉络的有系统的调摄和锻炼。在近代社会中分工细密，许多人只用一部分筋肉去劳作，有系统的运动实为必要。第二，运动带有团体娱乐的意味，是群育的最好工具。在中国古代，射以观德；近代西方人也说运动可以养成"公平游艺"（fair play），一个公平正直的人有"运动家的风度"（sports manship）。要训练合作互助、尊重纪律的精神，最好的场所是运动场。威灵顿说："滑铁卢的胜仗，是在伊顿和哈罗两校运动场上打来的。"就是因为这个道理。从这两点说，我们急需提倡运动。不过已往饲养选手替学校争门面的办法必须废除。运动必须由学校推广到全社会，成为每个人日常生活中一个节目，如吃饭睡觉一样，它才能于全民族的健康有所补助。

第三讲　艺术与生活

当局者迷，旁观者清
——艺术和实际人生的距离

有几件事实我觉得很有趣味，不知道你有同感没有？

我的寓所后面有一条小河通莱茵河。我在晚间常到那里散步一次，走成了习惯，总是沿东岸去，过桥沿西岸回来。走东岸时我觉得西岸的景物比东岸的美；走西岸时适得其反，东岸的景物又比西岸的美。对岸的草木房屋固然比较这边的美，但是它们又不如河里的倒影。同是一棵树，看它的正身本极平凡，看它的倒影却带有几分另一世界的色彩。我平时又欢喜看烟雾朦胧的远树、大雪笼盖的世界和更深夜静的月景。本来是习见不以为奇的东西，让雾、雪、月盖上一层白纱，便见得很美丽。

北方人初看到西湖，平原人初看到峨眉，虽然审美力薄弱的村夫，也惊讶它们的奇景，但生长在西湖或峨眉的人除了以居近名胜自豪以外，心里往往觉得西湖和峨眉实在也不过如此。新奇的地方都比熟悉的地方美，东方人初到西方，或是西方人初到东方，都往往觉得面前景物件件值得玩味。本地人自以为不合时尚的服装和举动，在外方人看，却往往有一种美的意味。

古董癖也是很奇怪的。一个周朝的铜鼎或是一个汉朝的瓦瓶在当时也不过是盛酒盛肉的日常用具，在现在却变成很稀有的艺术品。固然有些好古董的人是贪它值钱，但是觉得古董实在可玩味的人却不少。我到外国人家去时，主人常欢喜拿一点中国东西给我看。这总不外瓷罗汉、蟒袍、渔樵耕读图之类的装饰品，我看到每每觉得羞涩，而主人却诚心诚意地夸奖它们好看。

种田人常羡慕读书人，读书人也常羡慕种田人。竹篱瓜架旁的黄粱浊酒和朱门大厦中的山珍海鲜，在旁观者所看出来的滋味都比当局者亲口尝出来的好。读陶渊明的诗，我们常觉到农人的生活真是理想的生活，可是农人自己在烈日寒风之中耕作时所尝到的况味，绝不似陶渊明所描写的那样闲逸。

人常是不满意自己的境遇而羡慕他人的境遇，所以俗话说："家花不比野花香。"人对于现在和过去的态度也有同样的分别。本来是很酸辛的遭遇，到后来往往变成很甜美的回忆。我小时在乡下住，早晨看到的是那几座茅屋，几畦田，几排青山，晚上看到的也还是那几座茅屋，几畦田，几排青山，觉得它们真是单调无味，现在回忆起来，却不免有些留恋。

这些经验你一定也注意到的。它们是什么缘故呢？

　　这全是观点和态度的差别。看倒影，看过去，看旁人的境遇，看稀奇的景物，都好比站在陆地上远看海雾，不受实际的切身的利害牵绊，能安闲自在地玩味目前美妙的景致。看正身，看现在，看自己的境遇，看习见的景物，都好比乘海船遇着海雾，只知它妨碍呼吸，只嫌它耽误程期，预兆危险，没有心思去玩味它的美妙。持实用的态度看事物，它们都只是实际生活的工具或障碍物，都只能引起欲念或嫌恶。要见出事物本身的美，我们一定要从实用世界跳开，以"无所为而为"的精神欣赏它们本身的形象。总而言之，美和实际人生有一个距离，要见出事物本身的美，须把它摆在适当的距离之外去看。

　　再就上面的实例说，树的倒影何以比正身美呢？它的正身是实用世界中的一片段，它和人发生过许多实用的关系。人一看见它，不免想到它在实用上的意义，发生许多实际生活的联想。它是避风息凉的或是架屋烧火的东西。在散步时我们没有这些需要，所以就觉得它没有趣味。倒影是隔着一个世界的，是幻境的，是与实际人生无直接关联的。我们一看到它，就立刻注意到它的轮廓、线纹和颜色，好比看一幅图画一样。这是形象的直觉，所以是美感的经验。总而言之，正身和实际人生没有距离，倒影和实际人生有距离，美的差别即起于此。

　　同理，游历新境时最容易见出事物的美。习见的环境都已变成实用的工具。比如我久住在一个城市里面，出门看见一条街就想到朝某方向走是某家酒店，朝某方向走是某家银行；

看见了一座房子就想到它是某个朋友的住宅，或是某个总长的衙门。这样的"由盘而之钟"，我的注意力就迁到旁的事物上去，不能专心致志地看这条街或是这座房子究竟像个什么样子。在崭新的环境中，我还没有认识事物的实用的意义，事物还没有变成实用的工具，一条街还只是一条街而不是到某银行或某酒店的指路标，一座房子还只是某颜色某线形的组合而不是私家住宅或是总长衙门，所以我能见出它们本身的美。

一件本来惹人嫌恶的事情，如果你把它推远一点看，往往可以成为很美的意象。卓文君不守寡，私奔司马相如，陪他当垆卖酒。我们现在把这段情史传为佳话。我们读李长吉的"长卿怀茂陵，绿草垂石井，弹琴看文君，春风吹鬓影"几句诗，觉得它是多么幽美的一幅画！但是在当时人看，卓文君失节却是一件秽行丑迹。袁子才尝刻一方"钱塘苏小是乡亲"的印，看他的口吻是多么自豪！但是钱塘苏小究竟是怎样的一个伟人？她原来不过是南朝的一个妓女。和这个妓女同时的人谁肯攀她做"乡亲"呢？当时的人受实际问题的牵绊，不能把这些人物的行为从极繁复的社会信仰和利害观念的圈套中划出来，当作美丽的意象来观赏。我们在时过境迁之后，不受当时的实际问题的牵绊，所以能把它们当作有趣的故事来谈。它们在当时和实际人生的距离太近，到现在则和实际人生距离较远了，好比经过一些年代的老酒，已失去它的原来的辣性，只留下纯淡的滋味。

　　一般人迫于实际生活的需要，都把利害认得太真，不能站在适当的距离之外去看人生世相，于是这丰富的华严世界，除了可效用于饮食男女的营求之外，便无其他意义。他们一看到瓜就想它是可以摘来吃的，一看到漂亮的女子就起性欲的冲动。他们完全是占有欲的奴隶。花长在园里何尝不可以供欣赏？他们却欢喜把它摘下来挂在自己的襟上或是插在自己的瓶里。一个海边的农夫逢人称赞他的门前海景时，便很羞涩地回过头来指着屋后一园菜说："门前虽没有什么可看的，屋后这一园菜却还不差。"许多人如果不知道周鼎汉瓶是很值钱的古董，我相信他们宁愿要一个不易打烂的铁锅或瓷罐，不愿要那些不能煮饭藏菜的破钢破铁。这些人都是不能在艺术品或自然美和实际人生之中维持一种适当的距离。

　　艺术家和审美者的本领就在能不让屋后的一园菜压倒门前的海景，不拿盛酒盛菜的标准去估定周鼎汉瓶的价值，不把一条街当作到某酒店和某银行去的指路标。他们能跳开利害的圈套，只聚精会神地观赏事物本身的形象。他们知道在美的事物和实际人生之中维持一种适当的距离。

　　我说"距离"时总不忘冠上"适当的"三个字，这是要注意的。"距离"可以太过，可以不及。艺术一方面要能使人从实际生活牵绊中解放出来，一方面也要使人能了解，能欣赏，"距离"不及，容易使人回到实用世界，距离太远，又容易使人无法了解欣赏。这个道理可以拿一个浅例来说明。

王渔洋的《秋柳》诗中有两句说："相逢南雁皆愁侣，好语西乌莫夜飞。"在不知这诗的历史的人看来，这两句诗是漫无意义的，这就是说，它的距离太远，读者不能了解它，所以无法欣赏它。《秋柳》诗原来是悼明亡的，"南雁"是指国亡无所依附的故旧大臣，"西乌"是指有意屈节降清的人物。假使读这两句诗的人自己也是一个"遗老"，他对于这两句诗的情感一定比旁人较能了解。但是他不一定能取欣赏的态度，因为他容易看这两句诗而自伤身世，想到种种实际人生问题上面去，不能把注意力专注在诗的意象上面，这就是说，《秋柳》诗对于他的实际生活距离太近了，容易把他由美感的世界引回到实用的世界。

许多人欢喜从道德的观点来谈文艺，从韩昌黎的"文以载道"说起，一直到现代"革命文学"以文学为宣传的工具止，都是把艺术硬拉回到实用的世界里去。一个乡下人看戏，看见演曹操的角色扮老奸巨猾的样子惟妙惟肖，不觉义愤填膺，提刀跳上舞台，把他杀了。从道德的观点评艺术的人们都有些类似这位杀曹操的乡下佬，义气虽然是义气，无奈是不得其时，不得其地。他们不知道道德是实际人生的规范，而艺术是与实际人生有距离的。

艺术须与实际人生有距离，所以艺术与极端的写实主义不相容。写实主义的理想在妙肖人生和自然，但是艺术如果真正做到妙肖人生和自然的境界，总不免把观者引回到实际人生，使他的注意力旁迁于种种无关美感的问题，不能专心致志地欣赏形象本身的美，比如裸体女子的照片常不免容易刺激性欲，而裸体雕像如《米罗爱神》，裸体画像如法国安格尔的《汲泉女》，都只能令人肃然起敬。这是什么缘故呢？这就是因为照片太逼肖自然，容易像实物一样引起人的实用的态度；雕刻和图画都带有若干形式化和理想化，都有几分不自然，所以不易被人误认为实际人生中的一片段。

艺术上有许多地方，乍看起来，似乎不近情理。古希腊和中国旧戏的角色往往戴面具、穿高底鞋，表演时用歌唱的声调，不像平常说话。埃及雕刻对于人体加以抽象化，往往千篇一律。波斯图案画把人物的肢体加以不自然的扭曲，中世纪"哥特式"诸大教寺的雕像把人物的肢体加以不自然的延长。中国和西方古代的画都不用远近阴影。这种艺术上的形式化往往遭浅人唾骂，它固然时有流弊，其实也含有至理。这些风格的创始者都未尝不知道它不自然，但是他们的目的正在使艺术和自然之中有一种距离。说话不押韵，不论平仄，作诗却要押韵，要论平仄，道理也是如此。艺术本来是弥补人生和自然缺陷的。如果艺术的最高目的仅在妙肖人生和自然，我们既已有人生和自然了，又何取乎艺术呢？

艺术都是主观的，都是作者情感的流露，但是它一定要经过几分客观化。艺术都要有情感，但是只有情感不一定就是艺术。许多人本来是笨伯而自信是可能的诗人或艺术家。他们常埋怨道："可惜我不是一个文学家，否则我的生平可以写成一部很好的小说。"富于艺术材料的生活何以不能产生艺术呢？艺术所用的情感并不是生糙的而是经过反省的。蔡琰在丢开亲生子回国时绝写不出《悲愤诗》，杜甫在"入门闻号咷，幼子饥已卒"时绝写不出《自京赴奉先咏怀五百字》。这两首诗都是"痛定思痛"的结果。艺术家在写切身的情感时，都不能同时在这种情感中过活，必定把它加以客观化，必定由站在主位的尝受者退位站在客位的观赏者。一般人不能把切身的经验放在一种距离以外去看，所以情感尽管深刻，经验尽管丰富，终不能创造艺术。

论艺术

［美］爱默生　朱光潜译

　　因为心灵是向前进展的，它从来不全是复演它自己，而是在每一个活动中都企图产生一个新的更美好的整体。实用艺术和美的艺术[1]都是如此，如果我们采用一般人根据目的在实用还是在美，而对于作品作这种区别的话。因此，美的艺术目的不在模仿而在创造。在风景画里，画家应该提示出一种比我们实际上所见到的更美好的创造出来的东西。他对琐屑细节，大自然的散文，应该加以剪裁，只把它的精神和它的光辉拿给我们。他应该知道，风景之所以使他看起来美，是由于它表现出一种对他是好的思想。其所以如此，是由于通过他的眼睛来看事物的那种力量，在那幅风景里就可以见出。因此他所珍视的就会是自然的表现而不是自然本身，这样，在他的摹写中他就会把使他欢喜的那些形象加以提高。他会传达出黑暗的黑暗，

1　即"美术"，如图画、雕刻、音乐等。——译者注

阳光的阳光[1]。在人物画像里，画家所刻画的应该是性格而不是面貌，他应该把对面坐着的那个人看成就像他自己一样，只是内心世界那张激发感兴的蓝本的一种完全的写照或类似。

　　在一切精神活动中，我们都可以见出这种剪裁和选择，如果这种剪裁和选择本身不是创造力，它是什么呢？因为它就是一种高度的照明灯的光流，启发人用较简单的符号来传达较宽广的意义。人是什么？他不就是大自然自我说明中的一种更精妙的成就吗？人是什么？他不就是比实际瞭望到的事物更为精妙凝练的一幅风景吗？不就是自然的精选吗？再说他的语言，他对于图画的爱好，对于自然的爱好，不也就是一种还更精妙的成就吗？不就是把那些令人厌倦的许多英里的空间和许多吨的体积都抛开，而把它的精神单提出来，凝练成为一个音调和谐的字，或是画笔的最见匠心的一个笔触吗？

　　但是艺术家须运用在他那个时代和他那个民族中流行的符号，来把他的经过放大的感觉传达给人类。因此，艺术中新的东西总是从旧的东西生发出来的。代表时代精神的天才总是在作品中刻下不可磨灭的烙印，使那部作品具有供人深思遐想的说不出的魔力。时代精神的特质对艺术家所起的震撼作用愈大，在他的作品中所获得的表现愈多，他那部作品也就愈能留下一种庄严伟大，对后世读者显出一种未知境界，一种必然道

1　黑暗的本质和阳光的本质。——译者注

理，一种神圣品质。没有人能够把这个必然因素[1]从他的工作中完全排出。没有人能够完全脱离他的时代和他的国家，或者能够创造出一种完全不受教育、宗教、政治、习俗和当时艺术的影响的模范作品。不管他是多么有独创，多么任意幻想，他总不能把生长出他的作品来的那些思想都一笔勾销。纵使他要避免相习成风的东西，那避免本身就显出他还是受了那东西的影响。超出他的意志的控制和他的眼光的察觉，他所呼吸的空气，和他与当代侪辈所靠着生活和劳动的那种思想，都决定了他必然要用他那时代的那种方式，至于这种方式究竟是什么他还不知道。作品中所现出的必然不可避免的东西，比起个人的才能，还能产生一种更高的魔力，因为艺术家的笔或凿刀就好像被一只巨大的手在旁边支持着，引导着，去在人类历史上刻下一条线纹，就是由于这个缘故，埃及的象形文字以及中国、印度和墨西哥的偶像尽管粗陋，还是有它们的价值。它们显出当时的人类心灵的高度，并非凭空幻想，而是从和世界一样深远的那种必然性之中产生出来的。懂得了这个道理，我是否可以补充一句话？那就是：全部现存的造型艺术作为历史来看，因此有极大的价值，一切存在的事物就按照一种完善而美妙的命运的安排，向幸福的境界前进。现存的造型艺术就是在这个

---

1 指上文所说的时代精神对于艺术家的影响。——译者注

命运的画像上所画的一笔。[1]

由此可知，从历史观点来看，艺术的职能一直是教育审美的能力。我们沉浸在美里，但是我们的眼睛却没有明晰的见识。这就需要借展示一些个别的特征来帮助和指导这种潜伏的审美力。我们雕刻和绘画，或是观看所雕所画的东西，都是作为学习形象的奥秘的学生。艺术的能力就在划分，就在把一个事物从那些令人昏眩的杂乱事物中划分出来。一个事物如果还没有从许多事物的联系中站出来，那就只能有欣赏，有观照，还不能有思想。我们的快乐和悲哀都是徒然的。婴儿在一种愉快的昏睡状态中躺着，而他的个人性格和他的实践能力都要靠他日渐划分事物，在一个时间里只去应付一件事物。爱和一切情欲把整个生存界都集中到某一个形象的周围。有些人的心灵惯于使他们所触及的那个事物，那个思想，那个字，具有排除一切而巍然独存的完满，并且使它暂时代替整个世界。这些人就是艺术家、辞令家、社会的领导人物。划分，并且借划分而放大的本领就是辞令家和诗人所运用的辞令的要素。这种辞令，或则说，这种把一种事物的暂时的卓越凝定下来的本领——在伯克、拜伦和卡莱尔的作品中是特别突出的——就是画家和雕刻家在颜色和石头上所显出的。这个本领要靠艺术家对于所观照的事物洞察的深度。因为每一个事物都植根于

---

1 作者所说的"命运"即指上文的"必然因素"，亦即历史发展的必然道路。——译者注

自然深处，当然就可以作为代表整个世界的东西来表现出。所以凡是天才的作品在当时都具有暴君的威力，能把人们的注意都集中在它自己身上。在暂时，能这样集中注意才是唯一的值得提一提的事——无论它是一首十四行诗，一部歌剧，一幅风景画，一座雕像，一篇演说，一座庙宇，一场征战，或是一次发现新地方的航行的计划，都是如此。转瞬间我们就转到旁的什么事物上去，这个事物如同先前那一个那样，发展圆满，自成一个整体，例如，一座安排得很好的花园——于是除了安排花园之外，什么事好像都值不得做了。例如我没有见识过空气、水和土，我就会以为火是世间最好的东西。因为一切自然界事物、一切真正的才能，以及一切本来的性能，都有暂时唯我独尊的权利和性能。一只松鼠在树枝上跳来跳去，使整个树林都变成专供它娱乐的一棵大树，它就吸引住人们的眼光，并不比一只狮子差，它就美，就圆满自运，在那一顷刻的那一块地方就代表着整个大自然。一首好的民歌在我倾听时就抓住我的耳和我的心，比起一部史诗在过去一次对于我的吸引力毫不减色。一位大画家画的一只狗或是一窝猪也能赏心娱目，比起米开朗琪罗[1]的壁画，也并不是一种较为逊色的现实。从这一系列的美好的事物，我们就终于认识到世界的伟大和人性的丰富，朝任何一个方向都可以伸展无穷。但是我也认识到在第一

1　文艺复兴时代的意大利画家。——译者注

部作品里使我惊喜赞叹的东西在第二部作品里也还是同样使我惊喜赞叹——一切事物的优美原来都是一体。

图画和雕刻的职能好像只在发端。最好的图画也很容易向我们泄露它们最后的秘密。最好的图画都是些粗糙的素描，其中是造成那种时时刻刻在变化的"带人物的风景"所具有的那些奇妙的点线和色调，而我们就居住在那种带人物的风景里面。图画对于眼睛，就好像舞蹈对于肢体。舞蹈到了把肢体训练成安详、熟练和优美的时候，就最好把舞蹈教师所教的步法抛开，图画也是如此，它教会我认识到颜色的辉煌和形象所表现的意蕴；当我看到许多图画和画艺中较高等的天才，我就看到画笔的无限丰富性，艺术家在无数可画的形象之中可以任意选择，画哪一种都不拘。如果他能画一切事物，他又何必画任何事物呢？于是我的眼睛就给打开来了，看到大自然在街道上所画的那幅永恒的图画。里面有走动着的大人和小孩，乞丐和高贵的妇女，穿着红的、绿的、蓝的、灰的，长头发的，斑白头发的，白面孔的，黑面孔的，起皱纹的，大个儿、矮个儿，吹胀似的，小鬼似的——天盖着，地和海托着。

一廊雕刻更严峻地教人体会到同样的道理。正如图画教人懂得着色，雕刻教人懂得形象的解剖。我每逢先看到了一些雕像而后走进一座公众会议场所，我就很清楚地理解到从前人说的"我在读荷马的时候，看一切人都像巨人"那句话是什么意思。我也看出图画和雕刻就是眼睛的锻炼，训练视觉的锐敏和细致。没有雕像能比得上这活着的人，人比一切理想的雕刻都远胜，因为他永远在千变万化。在我眼前的是多么丰富的一座美术馆，这里形形色色的人物组合和许多有独创性的个别人物形象都不是由哪一个拘守某一作风的艺术家所创造出来的。这里就是艺术家自己。不论他是在悲还是在喜，临时即兴地在石头上刻划，一会儿这个思想在打动他，一会儿又是那个思想在打动他，时时刻刻他都在更改他在雕刻的那个躯体的神色、态度和意蕴。把你那些无聊的画架、云石和刻刀全扔掉吧，它们唯一的功用只在打开人的眼睛，让人去认识永恒艺术[1]的魔术师的手艺，除此以外，它们就是虚伪空洞的废物。[2]

　　一切作品最后都要溯源到一种原始力量，这件事说明了一切最高艺术作品所公有的下列特征：它们是人们可以普遍了解的，它们使我们回到一些最单纯的心境，都是带有宗教性的。它们如果显出什么技能，那就在复现原作者的心灵，迸出一股纯粹的光。既然如此，它就该产生一种和自然事物所产生的一样的印象。在一些巧妙的时刻，我们看到自然好像和艺术成为一体，自然像是完美化的艺术——天才的作品。一个人如果能凭单纯的鉴赏力和接受一切伟大人类影响的敏感，去克服某一地方的特殊文化里一些偶然的东西，他就是最好的艺术批评

1　指变化无穷的实际人生。——译者注

2　这两段都发挥上段开始的一句话："图画和雕刻的职能都在发端"，即艺术教会人去看自然。——译者注

家。尽管我们走遍全世界去找美，我们也必须随身带着美，否则就找不到美。美的精华是比轮廓线条的技巧或是艺术的规则所能教人领会的更为精妙的一种魔力，那就是从艺术作品所放射的人的性格的光辉——一种奇妙的表现，通过石头、画布或乐音，把人性中最深刻最简单的一些特质都表现出来，所以对于具有这些特质的人们终于是最易理解的。在希腊雕刻里，在罗马建筑里，在塔斯康和威尼斯的大画师的作品里，最高的魔力都在于它们所用的语言具有普遍性。它们全都发出一种招供，招供出精神性格，纯洁、爱和希望。我们提供了什么给那些作品，也就取回来什么，不过取回来的比提供的在记忆里阐明得更好。一个游历家去访问梵蒂冈博物馆，从一间房走到另一间房，穿过无数的雕像、花瓶、雕棺和烛台的陈列馆，穿过各种各样使用最珍贵材料刻成美丽形式的作品，这样一个人很容易忘记那些作品所由产生的原则是很单纯的，忘记它们的根源就在他自己胸中的那些思想和规律。他在这些美妙的古物上面研究技巧规则，但是忘记了这些作品原来并不都是按照技巧规则造成的，它们都是许多时代和许多国家的贡献，它们之中每一件都来自某一孤零的工作室，出于某一艺术家之手，这位艺术家也许根本不知道世间还有旁的雕刻，而独自埋头苦干，创造他的作品，所根据的模特儿只是生活，家常的生活、人与人关系的甘苦、跳动的心和相遇的眼色，以及贫穷、需要、希望和恐惧这一切的甘苦。这些就是他的灵感，这些也就是他打动你的心灵的那些效果。按照他的力量的大小，艺术家会在他的作品中替他自己的性格找到表现的路径。他不应该从他的材料那里受到任何驱遣或阻碍，通过表达自我的必要性，钢铁在他手里也会变成烛脂，会使他恰当地而且充分地表达出他自己，他无须受一种成规化的自然和文化的约束，也无须追同在罗马或巴黎流行的是什么风尚，但是由于他自己贫贱出身而使他既感觉厌恶又感觉亲切的那座住房，那种气候，和那种生活方式，无论它是新汉普郡农村角落的一间未经油漆的小木棚，或是深山林里一间木桩砌成的小屋，或是他在里面忍受城市贫穷艰苦的那间窄狭的寓所——就是这种生活情境可以和任何其他生活情境一样，作为一种符号来表现随处都可以流注的思想。

记得我在年轻时候听到意大利画艺的杰作，就幻想到那些伟大的图画一定都是些对我很陌生的东西，令人惊奇的形色组合，一种异域的奇观，野蛮人服用的珠宝，就像民兵团的刀戟和旗帜，叫小学生们看得目眩神往。我打算去看，去得到我一无所知的东西。等我终于到了罗马，亲眼看到那些图画，才发现到天才作家把艳丽浮夸和光怪陆离的东西都留给初上门的见习生们，而自己却直接突入单纯的真实的东西。他们都是家常亲切的、真诚的，他们所表现的就是我已往多次遇见过的生活过的那种古老的永恒的事实，就是我很熟悉的、在多次谈话中用过而现在把它留在家乡的那种直截了当的"咱俩"。前此在那不勒斯的一个教堂里我也有过同样的经验，在那里我发现我什么也没有改变。只不过改变了地方，于是自思自想："你这傻小子，你吃了四千多英里路的海水跑到这儿来，就为得寻找你在家乡本已看得很好的东西吗？"在那不勒斯学院的雕刻陈列室里我又有这种感觉，到了罗马看到拉斐尔、米开朗琪罗、萨奇、提香和雷阿那多·达·芬奇的作品，我的感觉还是如此。我说："真怪，你这老土耗子，打地洞打得这么快？"它简直是我到了哪里，它就跟我到哪里：原来我以为丢在美国波士顿的东西在梵蒂冈遇见，在米兰又遇见，在巴黎又遇见，这就把我这次旅行弄得很滑稽，就像踩水车似的，踩来踩去，还是不离原处。现在我向一切图画所要求的就是：它们要能使我感到就像在家里，不让我弄得耳昏目眩。图画不能太奇特，最能使人惊赞的就是常事常理。凡是伟大的事迹都一直是简单的，凡是伟大的图画也是如此。

拉斐尔的《耶稣显形》就是个很好的例子，可以说明这个特殊的优点。一种平静而慈祥的美照耀着这整幅画，一直就打到人的心坎，它几乎好像叫出你的姓名。耶稣面孔上那股和蔼而庄严的神情是言语所不能赞美的，可是会叫希望在这里找到华丽雕饰的人大失所望。这副家常亲切的简单的面容就像一个人会着老朋友似的。图画商人的知识也有它的价值，可是你不用听他们说长说短，只要你自己的心受了天才的感动就行了。那幅画原来不是替图画商人画的——它是替你画的，替有眼睛的能受简朴作风和高尚情绪所感动的人们画的。

可是把一切赞美艺术的好话都说完了，我们最后还必须作一个坦白的招供，这就是：就我们所知道的艺术来说，它们只是发端，我们所最赞美的是它们所向往的和所许诺的，而不是它们已有的成就。谁要是相信创作的黄金时代已经过去，谁就对于人的才能有着卑鄙的看法。《伊利亚特》史诗或是《耶稣显形》图的真正价值在于它们都是力量的征兆，大倾向之流中的一波一浪，在最坏的情况之下心灵也会流露的那种永恒的向创造努力的标志，只要艺术还没有赶上和世界上一些最有力的影响并驾齐驱，只要它还不是实用的和道德的，只要它还没有和人的良心联系起来，只要它还不能使贫苦的无教养的人们都感觉到艺术在用一种高尚的鼓舞的声音向他们说话，艺术就还没有达到成熟。就艺术来说，有比各门艺术品更高的工作。艺术品都是由一种不完满的或是受损害的本能所流产出来的。艺术就是创造的需要，但是艺术在本质上是宏大的、普遍的，它不甘心用残废的或束缚着的手去工作，不甘心创造出一些残废人和奇形怪状，像所有的图画和雕像那样。艺术的目的就在创造出人和自然来。一个人应该能在艺术中找到发泄他的全部精力的途径。只有在他能发泄全部精力的时候，他才可以画，可以雕。艺术应该使人振奋，把各方面的临时机缘造成的墙壁都推倒，在读者心中唤醒由作品证明艺术家自己也有的那种认识到普遍关系和力量的感觉，艺术的最高效果就是创造新的艺术家。

历史已经够古老了，它看见过一些个别种类的艺术由衰老以至于死亡。雕刻的艺术早就灭亡了，不能产生什么真正的效果。它原来是一种实用的艺术，一种书写的方式，一种野蛮人的感激或虔敬的记录，而在对形式具有惊人的洞察力的民族之中，这种幼稚的雕刻得到了精进，达到了极辉煌的效果。但是它究竟是粗鲁年轻的民族的玩意儿，不是聪明睿智的民族的英勇的劳动。在枝叶纷披、果实累累的橡树下，在永恒的眼睛睒睒照耀着的星空下，我仿佛就是站在一条大街道上，但是在造型艺术的作品，特别是在雕刻的作品之中，创造却被赶到一个小角落里去了[1]。我无法向自己掩饰：雕刻有些猥琐气，有些像儿童的玩具，或是戏台上的浮华玩意儿。大自然超越出我们的一切思想心境，它的秘密我们至今还没有找出。但是陈列室里的雕刻却随我们的心境转移，有时它显得是很浅薄猥琐的。牛顿时常注视周天众星运行的轨迹，难怪他奇怪潘伯若克伯爵在那些"石头傀儡"里会发现有什么值得赞赏的。雕刻可以教学徒认识到形式有多么深沉的秘密，认识到心灵是多么纯粹地把它自己的意蕴翻译成那样娓娓动听的语言。但是新的活动需要在一切事物中运行，看不惯那些假装的和没有生气的东西，在这种新的活动面前，雕像就显得冷冰冰的，虚伪的。图画和

---

1 意思是大自然是生气蓬勃的，造型艺术里见不出这种生气。——译者注

雕刻都是替形式开的庆祝大会和联欢大会。但是真正的艺术从来不是固定着的，而是经常在流动的。最好的音乐并不在乐章，而在说出恩爱、真理或勇敢的那些即时即刻的生活乐调的人声。乐章已经失去了它和清晨、太阳和大地的联系，但是那洋溢的人声却是与清晨、太阳和大地这些东西合拍共鸣的。凡是艺术作品都不应该是与生活脱节的表演，而应该是临时即兴的表演。一个伟大人物在一切姿势和动作方面都是一尊崭新的雕像。一个美丽的女子就是一幅叫一切观者都怀着高尚的心情为之着迷的图画。生活就像一首诗或一部传奇一样，可以是抒情的，也可以是史诗的。

如果能找得一个人有本领把创造规律真正揭示出来，这就会把艺术带到大自然界，使艺术不再是孤立的、与自然作对称的存在。在近代社会里，创造和美的源泉简直是枯竭了。一部通俗小说、一座戏院或舞厅都使我感觉到我们在这穷人院似的世界里都是些穷叫花子，没有尊严，没有技巧，也没有勤奋。艺术也是一样贫穷下贱。古代雕刻里就连在爱神的眉宇间也流露出来一种古老的悲剧的必然性，这些怪诞的雕刻形象之所以能闯进自然界，就是从这种悲剧的必然性那里找到了唯一的借口——这借口就是：它们都是非如此不可的，艺术家陶醉于他无法抵抗的那种对形式的热爱，就把那股热爱发泄于这些美丽而怪诞的形象里。现在呢，这种悲剧的必然性已不再把尊严赋予凿刀画笔了。现在的艺术家和鉴赏家在艺术中所寻求的只是他们才华的表现，或是逃避生活祸害的避难所。人们对自己想象中的自己是个什么样人物觉得不很满意，于是就逃到艺术，把他们的较高超的感觉表现为一篇乐章、一座雕像或一幅图画。艺术所作的努力正如一个爱感官享受的生活富裕的人所作的一样，把美的和实用的划分开来，把要做的工作视为不可避免的东西去做，厌恨它，做完了就转到享乐方面去。这些消愁镇痛的东西，这种美与实用的划分，都是自然规律所不容许的。一旦寻求美的动机不是宗教和爱而是享乐，美就会使那寻求者堕落。无论在图画、雕刻或是在音乐或抒情诗方面，最高的美是这种人所不能达到的。他所能做出的只是一种纤弱的、拘谨的、病态的美，其实不能算美，因为手所能做出的绝不能超过人格所能感发的。

这样割裂事物的艺术首先是把它自己割裂开来了。艺术绝不应该是一种肤浅的才华，而是应该从更深远的地方开始，回到人那里开始。现在人们看不见自然是美的，却去做出一座雕像，要叫这座雕像美。他们厌恨人，认为人是干燥乏味的，不可救药的，却靠一些颜料袋和一些顽石来安慰自己。他们抛开了生活，说生活是枯燥无味的，却创造出死亡，说这死亡是有诗意的。他们把日常的无聊工作匆匆打发掉，然后逃到淫荡的幻想里去。他们吃、喝，以便随后可以实现理想。艺术就是这样糟蹋坏的，"艺术"这个名词使人想到它的引申的意义和坏的意义，人们把艺术想象成为有些和自然相反，从开始就充满着死气。如果从较高远的地方开始——先为理想服务然后再说吃喝，就在吃喝里、在呼吸里、在各种生活功能里来为理想服务——这岂不是要比较好些吗？美必须回到实用艺术里去，美的艺术和实用艺术这个分别必须抛开。如果把历史照实地叙述，用高尚的方式去度过生活，那么，要把美的艺术和实用艺术分开就不是易事，就是不可能的事。在大自然里，一切都是有用的，一切也都是美的。美之所以是美，是因为它是活的，动的，生产的。有用之所以是有用，是因为它是匀称的，美好的。美不是听到一个立法机关的号召就会到来，它在英国或美国，也不会复演它在古希腊的历史。美的来临向来不先经门房通名报姓，它从勇敢的认真的人们胯下一跳就出来了。如果我们寻找天才来把古代艺术的那些奇迹再表演一次，那就是枉费心思，天才的本能就是从新的必然的事实，从田野路旁、从商店工厂那些地方去找到美和神圣品质。从一颗宗教虔诚的心出发，天才会把现在我们只在它们里面找经济用途的铁路、保险公司、股票公司、法律、预选会、商业、电池、电瓶、三棱镜、化学蒸馏器之类的东西都提高到神圣的用途。我们的机器工厂、纺织厂、铁路和机械现在之所以显得是营私的，残酷的，不是由于它们现在都服从买卖利润的动机吗？到了它的任务是高尚的和适当的时候，一艘把老英伦和新英伦之间的大西洋沟通起来的汽船，像行星一样准确地达到它的港口，就是人类向前走了一步，去与自然达到和谐。圣彼得堡的用磁力在勒拿河开动的船并不差什么就显得是壮观。到了科学是本着爱去学习而它的威力也是由爱去行使的时候，上面说的那些科学发明就会显得是物质世界创造的补充和继续。

译后记

爱默生（Ralph Waldo Emerson，1803—1882）的文章是以凝练见长的，每句话都耐人反复寻味，所以这篇文章虽短，对于艺术却提出很多深刻而精微的看法。特别值得提出的有以下几点。

爱默生对艺术的基本的看法是艺术与自然、艺术与生活、艺术与人格都是一致的。艺术必根据自然（即现实），但须就自然加以剪裁选择，使本质的东西突出，暂时间垄断作者的全部精力，占了"唯我独尊"的地位。有这样的剪裁选择，艺术才能用比自然更精简的材料（他把这叫作"符号"）表达出比浮面自然更深广的意义。爱默生特别强调时代潮流对于艺术的重要性，指出艺术须表达出历史发展的必然性，时代精神的影响比作者个人的才能要重大得多。艺术之所以有普遍性，就因为它说的是"普遍的语言"，即尽人都能了解的"常事常理"。这一切都是与现实主义的精神相符合的。

在爱默生看，艺术不但反映自然，也反映人格。"手所能做出的绝不能超过人格所能感发的。""尽管我们走遍世界去找美，我们必须随身带着美，否则就找不到美。"对于美，从我无所"与"就不能从物有所"取"。这可以说是肯定了美是主观与客观的统一，对于美仅在心的主观唯心论和美仅在物的机械唯物论，都是很有力的纠正。

爱默生很看重艺术的教育功用。每一事物与全世界一切事物都有千丝万缕的联系，所以在艺术中每一事物都可以代表全世界。因此，从艺术作品中我们可以认识到世界的伟大和人性的丰富。艺术的职能在"发端"，在教人去认识自然，认识人生，认识现实世界中那种生动的"永恒的艺术"，这"永恒的艺术"要比各门艺术重要得多。我们从自然到艺术，只走了第一步，更重要的一步是从艺术又回到自然，更深入地了解自然。

艺术与生活一体，所以有用的和美的不是两回事。爱默生竭力反对所谓"美的艺术"与"实用的艺术"的区分，认为近代资产阶级社会艺术之所以堕落，就因为把实用的工作与艺术活动分开，艺术就成为脱离生活的、专供享乐的"逃难所"。爱默生的这个思想与当时流行的"艺术独立""艺术无用""为艺术而艺术"种种论调都是背道而驰的，与受过马克思影响的英国作家威廉·莫里斯的看法却很相近。最近苏联展开"关于马克思列宁主义美学的对象的讨论"（见《学习译丛》第10号），普齐斯曾主张要把实用艺术归入美学领域，而《哲学问题》杂志编辑部在所作的总结里却否定了普齐斯的主张。假如大家多思考一下爱默生的话，这问题是不难解决的。要肯定艺术与现实、艺术与生活的一致，美与用就不能分开，实用艺术也就不应受到歧视。从历史看，艺术在起源时都是实用的，所谓"美的艺术"也都是从实用艺术发展出来的。

爱默生在当时就看出资本主义社会的艺术由于脱离现实生活而没有出路，同时也看出未来世界艺术的美好的远景。他驳斥了艺术的黄金时代已过去的看法，认为艺术只有到了"赶上和世界上一些最有力的影响并驾齐驱"，"使贫苦的无教养的人们都感觉到艺术在用一种高尚的澎湃的声音向他们说话"的时候才能说是达到成熟。他并且认为艺术的任务在表现新事物，要"从田野路旁、从商店工厂那些地方去找美和神圣品质"，他还瞻望到有经济价值的东西只要摆脱买卖利润的动机，从为人类服务（他所说的"爱"）的立场出发，就会显得是美的，就会成为艺术的源泉。记住爱默生的年代，这些关于文艺的进步思想是值得我们赞叹的。记住我们在他所谈的许多问题上意见还很混乱，他这篇文章是值得我们仔细思考的。

看戏与演戏
——两种人生理想

莎士比亚说过，世界只是一个戏台。这话如果不错，人生当然也只是一部戏剧。戏要有人演，也要有人看：没有人演，就没有戏看；没有人看，也就没有人肯演。演戏人在台上走台步，做姿势，拉嗓子，嬉笑怒骂，悲欢离合，演得酣畅淋漓，尽态极妍；看戏人在台下呆目瞪视，得意忘形，拍案叫好，两方皆大欢喜，欢喜的是人生煞是热闹，至少是这片刻光阴不曾空过。

世间人有生来是演戏的，也有生来是看戏的。这演与看的分别主要地在如何安顿自我上面见出。演戏要置身局中，时时把"我"抬出来，使我成为推动机器的枢纽，在这世界中产生变化，就在这产生变化上实现自我；看戏要置身局外，时时把"我"搁在旁边，始终维持一个观照者的地位，吸纳这世界中的一切变化，使它们在眼中成为可欣赏的图画，就在这变化图画的欣赏上面实现自我。因为有这个分别，演戏要热要动，看戏要冷要静。打起算盘来，双方各有盈亏：演戏人为着饱尝生命的跳动而失去流连玩味，看戏人为着玩味生命的形象而失去"身历其境"的热闹。能入与能出，"得其圜中"与"超以象外"，是势难兼顾的。

这分别像是极平凡而琐屑，其实却含着人生理想这个大问题的大道理在里面。古今中外许多大哲学家、大宗教家和大艺术家对于人生理想费过许多摸索、许多争辩，他们所得到的不过是三个不同的简单的结论：一个是人生理想在看戏，一个是它在演戏，一个是它同时在看戏和演戏。

先从哲学说起。

中国主要的固有的哲学思潮是儒道两家。就大体说，儒家能看戏而却偏重演戏，道家根本藐视演戏，会看戏而却也不明白地把看戏当作人生理想。看戏与演戏的分别就是《中庸》一再提起的知与行的分别。知是道问学，是格物穷理，是注视事物变化的真相；行是尊德行，是修身齐家治国平天下，是在事物中起变化而改善人生。前者是看，后者是演。儒家在表面上同时讲究这两套功夫，他们的祖师孔子是一个实行家，也是一个艺术家。放下他着重礼乐诗的艺术教育不说，就只看下面几段话：

> 子在川上曰，逝者如斯夫，不舍昼夜！
> 鸢飞戾天，鱼跃于渊，言其上下察也。

天何言哉？四时行焉，百物生焉，天何言哉？

今夫天，斯昭昭之多，及其无穷也，日月星辰系焉，万物覆焉；今夫地，一撮土之多，及其广厚，载华岳而不重，振河海而不泄，万物载焉。

对于自然奥妙的赞叹，我们就可以看出儒家很能作阿波罗式的观照，不过儒家究竟不以此为人生的最终目的，人生的最终目的在行，只不过是行的准备。他们说得很明白："物格而后知至，知至而后意诚，意诚而后心正，心正而后身修"，以至于家齐国治天下平。"自明诚，谓之教"，由知而行，就是儒家所着重的"教"。孔子终身周游奔走，"三月无君，则皇皇如也"，我们可以想见他急于要扮演一个角色。

道家老庄并称。老子抱朴守一，法自然，尚无为，持清虚寂寞，观"众妙之门"，玩"无物之象"，五千言大半是一个老于世故者静观人生物理所得到的直觉妙谛。他对于宇宙始终持着一个看戏人的态度。庄子尤其是如此。他齐是非，一生死，逍遥于万物之表，大鹏与鲦鱼，姑射仙人与庖丁，物无大小，都触目成象，触心成理，他自己却"凄然似秋，暖然似春"，哀乐毫无动于衷。他得力于他所说的"心齐"，"心齐"的方法是"若一志，无听之以耳，而听之以心"，它的效验是"虚室生白，吉祥止止"。他在别处用了一个极好的譬喻说："至人之用心若镜，不将不迎，应而不藏。"从这些话看，我们可以看出老子所谓"抱朴守一"，庄子所谓"心齐"，都恰是西方哲学家与宗教家所谓"观照"（contemplation）与佛家所谓"定"或"止观"。不过老庄自己虽在这上面做功夫，却并不想以此立教，或是因为立教仍是有为，或是因为深奥的道理可亲证而不可言传。

在西方，古代及中世纪的哲学家大半以为人生最高目的在观照，就是我们所说的以看戏人的态度体验事物的真相与真理。头一个明白地作这个主张的人是柏拉图。在《会饮》那篇熔哲学与艺术于一炉的对话里，他假托一位女哲人传心灵修养递进的秘诀。那全是一种分期历程的审美教育，一种知解上的冒险长征。心灵开始玩索一朵花、一个美人、一种美德、一门学问、一种社会文物制度的殊相的美，逐渐发现万事万物的共相的美。到了最后阶段，"表里精粗无不到"，就"一旦豁然贯通"，长征者以一霎时的直觉突然看到普涵普盖，无始无终的绝对美——如佛家所谓"真如"或"一真法界"——他就安息在这绝对美的观照里，就没入这绝对美里而与它合德同流，就借分享它的永恒的生命而达到不朽。这样，心灵就算达到它的长征的归宿，一滴水归原到大海，一个灵魂归原到上帝。柏拉图的这个思想支配了古代哲学，也支配了中世纪耶稣教的神学。

柏拉图的高足弟子亚里士多德在《伦理学》里想矫正师说，却终于达到同样的结论。人生的最高目的是至善，而至善就是幸福。幸福是"生活得好，做得好"。它不只是一种道德的状态，而是一种活动。如果只是一种状态，它可以不产生什么好结果，比如说一个人在睡眠中，唯其是活动，所以它必见于行为。"犹如在奥林匹克运动会中，夺锦标的不是最美最强悍的人，而是实在参加竞争的选手。"从这番话看，亚里士多德似主张人生目的在实际行动，但是在绕了一个大弯子以后，到最后终于说，幸福是"理解的活动"，就是"取观照的形式的那种活动"，因为人之所以为人，在他的理解方面，理解是人类最高的活动，也是最持久、最愉快、最无待外求的活动。上帝在假设上是最幸福的，上帝的幸福只能表现于知解，不能表现于行动。所以在观照的幸福中，人类几与神明比肩。说来说去，亚里士多德仍然回到柏拉图的看法：人生的最高目的在看而不在演。

在近代德国哲学中，这看与演的两种人生观也占了很显著的地位。整个的宇宙，自大地山河以至于草木鸟兽，在唯心派哲学家看，只是吾人知识的创造品。知识了解了一切，同时就已创造了一切，人的行动当然也包含在内。这就无异于说，世间一切演出的戏都是在看戏人的一看之中成就的，看的重要可不言而喻。叔本华在这一"看"之中找到悲惨人生的解脱。据他说，人生一切苦恼的源泉就在意志，行动的原动力。意志起源于需要或缺乏，一个缺乏填起来了，另一个缺乏就又随之而来，所以意志永无餍足的时候。欲望的满足只"像是扔给乞丐的赈济，让他今天赖以过活，使他的苦可以延长到明天"。
这意志虽是苦因，却与生俱来，不易消除，唯一的解脱在把它
放射为意象，化成看的对象。意志既化成意象，人就可以由受
苦的地位移到艺术观照的地位，于是罪孽苦恼变成庄严幽美。
"生命和它的形象于是成为飘忽的幻象掠过他的眼前，犹如
轻梦掠过朝睡中半醒的眼，真实世界已由它里面照耀出来，它
就不再能蒙昧他。"换句话说，人生苦恼起于演，人生解脱在
看。尼采把叔本华的这个意思发挥成一个更较具体的形式。他
认为人类生来有两种不同的精神，一是日神阿波罗的，一是酒
神狄俄尼索斯的。日神高踞奥林匹斯峰顶，一切事物借他的光
辉而得形象，他凭高静观，世界投影于他的眼帘如同投影于一
面镜，他如实吸纳，却恬然不起忧喜。酒神则趁生命最繁盛的
时节，酣饮高歌狂舞，在不断的生命跳动中忘却生命的本来注
定的苦恼。从此可知日神是观照的象征，酒神是行动的象征。
依尼采看，希腊人的最大成就在悲剧，而悲剧就是使酒神的苦
痛挣扎投影于日神的慧眼，使灾祸罪孽成为惊心动魄的图画。
从希腊悲剧，尼采悟出"从形象得解脱"（redemption through
appearance）的道理。世界如果当作行动的场合，就全是罪孽
苦恼；如果当作观照的对象，就成为一件庄严的艺术品。

如果我们比较叔本华、尼采的看法和柏拉图、亚里士多德
的看法，就可看出古希腊人与近代德国人的结论相同，就是人
生的最高目的在观照。不过着重点微有移动，希腊人的是哲

学家的观照，而近代德国人的是艺术家的观照。哲学家的观照以真为对象，艺术家的观照以美为对象。不过这也是粗略的区分。观照到了极境，真也就是美，美也就是真，如诗人济慈所说的，所以柏拉图的心灵精进在最后阶段所见到的"绝对美"就是他所谓"理式"（idea）或真实界（reality）。

宗教本重修行，理应把人生究竟摆在演而不摆在看，但是事实上世界几个大宗教没有一个不把观照看成修行的不二法门。最显著的当然是佛教。在佛教看，人生根本孽是贪嗔痴。痴又叫作"无明"。这三孽之中，无明是最根本的，因为无明，才执着法与我，把幻象看成真实，把根尘当作我有，于是有贪有嗔，陷于生死永劫。所以人生究竟解脱在破除无明以及它连带的法我执。破除无明的方法是六波罗蜜（意谓"度"，"到彼岸"，就是"度到涅槃的岸"），其中初四——布施、持戒、忍辱、精进——在表面上似侧重行，其实不过是最后两个阶段——禅定、智慧——的预备，到了禅定的境界，"止观双运"，于是就起智慧，看清万事万物的真相，断除一切孽障执着，到涅槃（圆寂），证真如，功德就圆满了。佛家把这种智慧叫作"大圆镜智"，《佛地经论》作这样解释：

如圆镜极善摩莹，鉴净无垢，光明遍照；如是如来大圆镜智，于佛智上，一切烦恼所知障垢永出离故，极善摩莹；为依止定所摄持故，鉴净无垢；作诸众生利乐事故，光明遍照。

如圆镜上非一众多诸影像起，而圆镜上无诸影像，而此圆镜无动无作；如是如来圆镜智上非一众多诸智影起，圆镜智上无诸智影，而此智镜无动无作。

这譬喻很可以和尼采所说的阿波罗精神对照，也很可以见出大乘佛家的人生理想与柏拉图的学说不谋而合。人要把心磨成一片大圆镜，光明普照，而自身却无动无作。

佛教在中国，成就最大的一宗是天台，最流行的一宗是净土。天台宗的要义在止观，净土宗的要义在念佛往生，都是在观照上做修持的功夫。所谓"止观"就是静坐摄心入定，默观佛法与佛相，净土则偏重念佛名、观佛相，以为如此即可往生西方极乐世界（所谓"净土"）。依《文殊般若经》说：

若善男子善女子，应在空间处，舍诸乱意，随佛方所，端身正向，不取相貌，系心一佛，专称名字，念无休息，即是念中，能见过、现、未来三世诸佛。

这种凝神观照往往产生中世纪耶教徒所谓"灵见"（visions），对象或为佛相，或为庄严宝塔，或为极乐世界。佛家往往用文字把他们的"灵见"表现成想象丰富的艺术作品，像《无量寿经》《阿弥陀经》之类作品大抵都是这样产生出来的。往生净土是他们的最后目的，其实这净土仍是心中幻影，所谓往生仍是在观照中成就，不一定在地理上有一种搬迁。

这一切在耶稣教中都可以找到它的类似。耶稣自己，像释迦牟尼一样，是经过一个长期静坐默想而后证道的。"天国就在你自己心里"，这句话也有唤醒人返求诸心的倾向。不过早期的神父要和极艰窘的环境奋斗，精力大半耗于奔走布道和避免残杀。到了3世纪后，耶稣教的神学逐渐与希腊哲学合流，形成所谓"新柏拉图派"的神秘主义，于是观照成为修行的要诀。依这派的学说，人的灵魂原与上帝一体，没有肉体感官的障碍，所以能观照永恒真理。投生以后，它就依附了肉体，就有欲也就有障。人在灵方面仍近于神，在肉方面则近于兽，肉是一切罪孽的根源，灵才是人的真性。所以修行在以灵制欲，在离开感官的生活而凝神于思想与观照，由是脱尽尘障，在一种极乐的魂游（ecstasy）中回到上帝的怀里，重新和他成为一体。中世纪神学家把"知"看成心灵的特殊功能，唯一的人神沟通的桥梁。"知"有三个等级：感觉（cognition）、思考（meditation）和观照（contemplation）。观照是最高的阶段，它不但不要假道于感觉，也无须用概念的思考，它是感觉和思考所不能跻攀的知的胜境、一种直觉、一种神佑的大彻大悟。只有借这观照，人才能得到所谓"神福的灵见"（Beatific Vision），见到上帝，回到上帝，永远安息在上帝里面。达到这种"神福的灵见"，一个耶稣徒就算达到人生的最高理想。

　　这种哲学或神学的基础，加上中世纪的社会扰乱，酿成寺院的虔修制度。现世既然恶浊，要避免它的熏染，僧侣于是隐到与人世隔绝的寺院里，苦行持戒，默想现世的罪孽、来世的希望和上帝的博大仁慈。他们的经验恰和佛教徒的一样，由于高度的自催眠作用，默想果然产生了许多"灵见"，地狱的厉鬼、净界的烈焰、天堂的神仙的福境，都活灵活现地现在他们的凝神默索的眼前。这些"灵见"写成书，绘成画，刻成雕像，就成中世纪的灿烂辉煌的文学与艺术。在意大利，成就尤其烜赫。但丁的《神曲》就是无数"灵见"之一，它可以看成耶稣教的《阿弥陀经》。

　　我们只举佛耶两教做代表就够了。道教本着长生久视的主旨，后来又沿袭了许多佛教的虔修秘诀；伊斯兰教本由耶教演变成的，特别流连于极乐世界的感官的享乐。总之，在较显著的宗教中，或是因为特重心灵的知的活动，或是寄希望于比现世远较完美的另一世界，人生的最高理想都不摆在现世的行动而摆在另一世界的观照。宗教的基本精神在看而不在演。

　　最后，谈到文艺，它是人生世相的返照，离开观照，就不能有它的生存。文艺说来很简单，它是情趣与意象的融会，作者寓情于景，读者因景生情。比如说，"昔我往矣，杨柳依依，今我来思，雨雪霏霏"一章诗写出一串意象、一幅景致、一幕戏剧动态。有形可见者只此，但是作者本心要说的却不只此，他主要的是要表现一种时序变迁的感慨。这感慨在这章诗里虽未明白说出而却胜于明白说出；它没有现身而却无可否认地是在那里。这事细想起来，真是一个奇迹。情感是内在的、属我的、主观的、热烈的，变动不居，可体验而不可直接描绘的；意象是外在的、属物的、客观的、冷静的，成形即常住，可直接描绘而却不必使任何人都可借以有所体验的。如果借用尼采的譬喻来说，情感是狄俄尼索斯的活动，意象是阿波罗的观照；所以不仅在悲剧里（如尼采所说的），在一切文艺作品里，我们都可以见出狄俄尼索斯的活动投影于阿波罗的观照，见出两极端冲突的调和，相反者的同一。但是在这种调和与同一中，占有优势与决定性的倒不是狄俄尼索斯而是阿波罗，是狄俄尼索斯沉没到阿波罗里面，而不是阿波罗沉没到狄俄尼索斯里面。所以我们尽管有丰富的人生经验，有深刻的情感，若是止于此，我们还是站在艺术的门外，要升堂入室，这些经验与情感必须经过阿波罗的光辉照耀，必须成为观照的对象。由于这个道理，观照（这其实就是想象，也就是直觉）是文艺的灵魂；也由于这个道理，诗人和艺术家们也往往以观照为人生的归宿。我们试想一想：

　　目送飞鸿，手挥五弦，俯仰自得，游心太玄。

——嵇康

　　仰视碧天际，俯瞰渌水滨。寥阆无涯观，寓目理自陈。大哉造化工，万殊莫不均。群籁虽参差，适我无非新。

——王羲之

采菊东篱下，悠然见南山。山气日夕佳，飞鸟相与还。此中有真意，欲辨已忘言。

——陶潜

侧身天地常怀古，独立苍茫自咏诗。

——杜甫

从诸诗所表现的胸襟气度与理想，就可以明白诗人与艺术家如何在静观默玩中得到人生的最高乐趣。

就西方文艺来说，有三部名著可以代表西方人生观的演变：在古代是柏拉图的《会饮》，在中世纪是但丁的《神曲》，在近代是歌德的《浮士德》。《会饮》如上文已经说过的，是心灵的审美教育方案，这教育的历程是由感觉经理智到慧解，由殊相到共相，由现象到本体，由时空限制到超时空限制；它的终结是在沉静的观照中得到豁然大悟，以及个体心灵与弥漫宇宙的整一的纯粹的大心灵合德同流。由古希腊到中世纪，这个人生理想没有经过重大的变迁，只是加上耶稣教神学的渲染。《神曲》在表面上只是一部游记，但丁叙述自己游历地狱、净界与天堂的所见所闻，但是骨子里它是一部寓言，叙述心灵由罪孽经忏悔到解脱的经过，但丁自己就象征心灵，三界只是心灵的三种状态，地狱是罪孽状态，净界是忏悔洗刷状态，天堂是得解脱蒙神福状态。心灵逐步前进，就是逐步超升，到了最高天，它看见玫瑰宝座中坐的诸圣诸仙，看见圣母，最后看见了上帝自己。在这"神福的灵见"里，但丁（或者说心灵）得到最后的归宿，他"超脱"了，归到上帝怀里了，《神曲》于是终止。这种理想大体上仍是柏拉图的，所不同者柏拉图的上帝是"理式"，绝对真实界本体，无形无体的超时超空的普运周流的大灵魂，而但丁则与中世纪神学家们一样，多少把上帝当作一个人去想：他糅合神性与人性于一体，有如耶稣。

从但丁糅合柏拉图哲学与耶教神学，把人生的归宿定为"神福的灵见"以后，过了五百年到近代，人生究竟问题又成为思辨的中心，而大诗人歌德代表近代人给了一个彻底不同的答案。就人生理想来说，《浮士德》代表西方思潮的一个极大的转变。但丁所要解脱的是象征情欲的三猛兽和象征愚昧的黑树林。到浮士德，情境就变了，他所要解脱的不是愚昧而是使他觉得腻味的丰富的知识。理智的观照引起他的心灵的烦躁不安。"物极思返"，浮士德于是由一位闭户埋头的书生变成一位与厉鬼定卖魂约的冒险者，由沉静的观照跳到热烈而近于荒唐的行动。在《神曲》里，象征信仰与天恩的贝雅特里齐，在《浮士德》里于是变成天真却蒙昧无知的玛嘉丽特。在

《神曲》里是"神福的灵见"，在《浮士德》里于是变成"狂飙突进"。阿波罗退隐了，狄俄尼索斯于是横行无忌。经过许多放纵不羁的冒险行动以后，浮士德的顽强的意志也终于得到净化，而净化的原动力却不是观照，而是一种有道德意义的行动。他的最后的成就也就是他的最高的理想的实现，从大海争来一片陆地，把它垦成沃壤，使它效用于人类社会。这理想可以叫作"自然的征服"。

这浮士德的精神真正是近代的精神，它表现于一些睥睨一世的雄才怪杰，表现于一些掀天动地的历史事变。各时代都有它的哲学辩护它的活动，在近代，尼采的超人主义唤起许多癫狂者的野心，扬谛理（Gentile）的"为行动而行动"的哲学替法西斯的横行奠定了理论的基础。

这真是一个大旋转。从前人恭维一个人，说"他是一个肯用心的人"（a thoughtful man），现在却说"他是一个活动分子"（an active man）。这旋转是向好还是向坏呢？爱下道德判断的人们不免起这个疑问。答案似难一致。自幸生在这个大时代的"活动分子"会赞叹现代生命力的旺盛，而"肯用心的人"或不免忧虑信任盲目冲动的危险。这种见解的分歧在骨子里与文艺方面古典与浪漫的争执是一致的。古典派要求意象的完美，浪漫派要求情感的丰富，还是冷静与热烈动荡的分别。文艺批评家们说，这分别是粗浅而村俗的，第一流文艺作品必定同时是古典的与浪漫的，必定是丰富的情感表现于完美的意象。把这见解应用到人生方面，显然的结论是：理想的人生是由知而行，由看而演，由观照而行动。这其实是一个老结论。苏格拉底的"知识即德行"，孔子的"自明诚"，王阳明的"知行合一"，意义原来都是如此。但是这还是侧重行动的看法。止于知犹未足，要本所知去行，才算功德圆满。这正犹如尼采在表面上说明了日神与酒神两种精神的融合，实际上仍是以酒神精神沉没于日神精神，以行动投影于观照。所以说来说去，人生理想还只有两个，不是看，就是演；"知行合一"说仍以演为归宿，日神酒神融合说仍以看为归宿。

近代意大利哲学家克罗齐另有一个看法，他把人类心灵活动分为知解（艺术的直觉与科学的思考）与实行（经济的活动与道德的活动）两大阶段，以为实行必据知解，而知解却可独立自足。一个人可以终止于艺术家，实现美的价值；可以终止于思想家，实现真的价值；可以终止于经济政治家，实现用的价值；也可以终止于道德家，实现善的价值。这四种人的活动在心灵进展次第上虽是一层高似一层，却各有千秋，各能实现人生价值的某一面。这就是说，看与演都可以成为人生的归宿。

这看法容许各人依自己的性之所近而抉择自己的人生理想，我以为是一个极合理的看法。人生理想往往决定于各个人的性格。最聪明的办法是让生来善看戏的人们去看戏，生来善演戏的人们来演戏。上帝造人，原来就不只是用一个模型。近代心理学家对于人类原型的分别已经得到许多有意义的发现，很可以作解决本问题的参考。最显著的是荣格（Jung）的"内倾"与"外倾"的分别。内倾者（introvert）倾心力向内，重视自我的价值，好孤寂，喜默想，无意在外物界发动变化；外倾者（extrovert）倾心力向外，重视外界事物的价值，好社交，喜活动，常要在外物界起变化而无暇返观默省。简括地说，内倾者生来爱看戏，外倾者生来爱演戏。

　　人生来既有这种类型的分别，人生理想既大半受性格决定，生来爱看戏的以看为人生归宿，生来爱演戏的以演为人生归宿，就是理所当然的事了。双方各有乐趣，各是人生的实现，我们各不妨阿其所好，正不必强分高下，或是勉强一切人都走一条路。人性不只是一样，理想不只是一个，才见得这世界的恢廓和人生的丰富。犬儒派哲学家第欧根尼（Diogenes）静坐在一个木桶里默想，勋名盖世的亚历山大大帝慕名去访他，他在桶里坐着不动。客人介绍自己说："我是亚历山大大帝。"他回答说："我是犬儒第欧根尼。"客人问："我有什么可以帮你的吗？"他回答："只请你站开些，不要挡着太阳光。"这样就匆匆了结一个有名的会晤。亚历山大大帝觉得这犬儒甚可羡慕，向人说过一句心里话："如果我不是亚历山大，我很愿做第欧根尼。"无如他是亚历山大，这是一件前生注定丝毫不能改动的事，他不能做第欧根尼。这是他的悲剧，也是一切人所同有的悲剧。但是这亚历山大究竟是一个了不起的人物，是亚历山大而能见到做第欧根尼的好处。比起他来，第欧根尼要低一层。"不要挡着太阳光！"那句话含着几多自满与骄傲，也含着几多偏见与狭量啊！

要较量看戏与演戏的长短，我们如果专请教于书本，就很难得公平。我们要记得：柏拉图、庄子、释迦牟尼、耶稣、但丁……这一长串人都是看戏人，所以留下一些话来都是袒护看戏的人生观。此外还有更多的人，像秦始皇、大流士、亚历山大、忽必烈、拿破仑，以及无数开山凿河、垦地航海的无名英雄毕生都在忙演戏，他们的人生哲学表现在他们的生活，所以不曾留下话来辩护演戏的人生观。他们是忠实于自己的性格，如果留下话来，他们也就势必变成看戏人了。据说罗兰夫人上了断头台，才想望有一支笔可以写出她的临终的感想。我们固然希望能读到这位女革命家的自供，可是其实这是多余的。整部历史，这一部轰轰烈烈的戏，不就是演戏人们的最雄辩的供状吗？

英国散文家斯蒂文森（R. L. Stevenson）在一篇叫作《步行》的小品文里有一段话说得很美，可惜我的译笔不能传出那话的风味，它的大意是：

我们这样匆匆忙忙地做事，写东西，挣财产，想在永恒时间的嘲笑的静默中有一刹那使我们的声音让人可以听见，我们竟忘掉一件大事，在这件大事之中这些事只是细目，那就是生活。我们钟情，痛饮，在地面来去匆匆，像一群受惊的羊。可是你得问问你自己：在一切完了之后，你原来如果坐在家里炉旁快快活活地想着，是否比较更好些。静坐着默想——记起女子们的面孔而不起欲念，想到人们的丰功伟业，快意而不羡慕，对一切事物和一切地方有同情的了解，而却安心留在你所在的地方和身份——这不是同时懂得智慧和德行，不是和幸福住在一起吗？说到究竟，能拿出会游行来开心的并不是那些扛旗子游行的人，而是那些坐在房子里眺望的人。

这也是一番袒护看戏的话。我们很能了解斯蒂文森的聪明的打算，而且心悦诚服地随他站在一条线上——我们这批袖手旁观的人们。但是我们看了那出会游行而开心之后，也要深心感激那些扛旗子的人。假如他们也都坐在房子里眺望，世间还有什么戏可看呢？并且，他们不也在开心吗？你难道能否认？

自由主义与文艺

　　"自由主义"这个名词在意义上不免有一点含混，尽管人们在热烈地拥护它或反对它，它究竟是什么，彼此所见，常不接头。"自由"有时是自私自便的借口，随意破口骂人，说这是言论自由。它也有时是防止旁人干涉的借口，自由行为不检，旁人不用议论，这是私人行为的自由。一种争论（无论是政治的、宗教的或道德的）有左右两个对立的立场时，你如果一无所属，你的超然的态度也有时叫作"自由的"，所以"自由的"说好一点是"独立的"，说坏一点是"骑墙的"，"灰色的"。既然有这含混，我不能不把我个人所了解的"自由主义"略加说明。

　　一个人的观念的形成大半取决于他所受的教育。我分析我自己的"自由"观念，大约有两个来源。头一个是我的浅薄的西文字源学的知识。在起源时"自由"这个字是与"奴隶"相对立的。古代社会中人往往分两等：一等人自己是自己的主子，对于自己的所属有权处理；另一等人须奉他人为主子，自己的身家财产都要听他摆布。前者是自由人而后者是奴隶。我所了解的"自由"就是这种与奴隶相对立的一种状态，我拥护自由主义，其实就是反对奴隶制度，无论那是强迫他人做自己的奴隶，或是自己甘心做他人的奴隶。我主张每个人应有他的自主权，凭他的理性的意志发为理性的行动。

其次，我学过一些生物学和心理学，"自由"这观念常和"发展"联在一起。一般生物（连人在内）都有一种本性，一种生机。他们的健康与否就要看这本性或生机能否得到正常的合理的发展：如果得到正常的合理的发展，我们说他们能"自由发展"。

自然的发展通常是自由的发展。一种生物如果不能自由发展，那必定由于有一种不自然的压力在压抑它，阻止它，例如一棵花生芽出土，就被石头压起，逼得它不能自由发展，因而拳曲衰萎。这个意义的"自由"是与"压抑""摧残"相对立的。我拥护自由主义，其实就是反对压抑与摧残，无论那是在身体方面或是在精神方面。我主张每个人无牵无碍地发展他的"性所固有"，以求达到一种健康状态，不消说得，"自由"的这两个意义是相因相成的，奴隶离不了压抑，能自主才能自由发展。谈到究竟，我所了解的自由主义与人道主义（humanism）骨子里是一回事。

本着这个了解，我在文艺的领域维护自由主义。

第一，文艺应自由，意思是说它能自主，不是一种奴隶的活动。奴隶的特征是自己没有独立自主的身份，随在都要受制于人。就这个意义说，人都多少是自然需要的奴隶，脱离不掉因果律的命定，没有翅膀就不能高飞，绝饮食就会饿死，落在自然的圈套，便要受自然的限制。唯有在艺术的活动方面，人超脱了自然的限制，能把自然拿在手里来玩弄，剪裁它，重新给予它一个生命与形式。而他的这种作为并不像饮食男女的事有一个实用的需要在驱遣，他完全服从他自己的心灵上的要求。所以艺术的活动主要的是自由的活动。大哲学家如康德，大诗人如席勒，谈到艺术时，都特别着重它的自由性。这自由性充分表现了人性的尊严。在服从自然限制而汲汲于饮食男女的营求时，人是自然的奴隶，在超脱自然限制而自生自发地创造艺术的意象境界时，人是自然的主宰，换句话说，他就是上帝。人的这一点宝贵的本领我们不能不特别珍视。

我所要说的第二点与这第一点正密切相关：文艺的要求是人性中最宝贵的一点，它就应有自由的发展，不应受压抑或摧残。人性中有求知、想好、爱美三种基本的要求。求知，才有学问的活动，才实现真的价值；想好，才有道德的活动，才实现善的价值；爱美，才是艺术的活动，才实现美的价值。一个完全人在这三方面都应该有平均的和谐的发展，所谓"实现人生"就是实现这三方面的可能性。如果因为发展某一方面而要摧残另一方面，那就是畸形的发展，结果就要产生精神方面的聋人盲人。一个人在精神方面是聋人盲人，他就不健康，他也就不是一个自由人，因为像一棵被石头压住的花草一样，他没有得到自由的生发。就这个意义说，文艺不但自身是一种真正自由的活动，而且也是令人得到自由的一种力量。西方人常说："艺术是使人自由的。"（Art is liberative.）而不带工业性的艺术如音乐、图画、文学之类通常也冠上"自由的"（liberal arts）一个形容词。这"自由的"和"解放的"有同样的意义。艺术使人自由，因为它解放人的束缚和限制。首先，它解放可能被压抑的情感，免除弗洛伊德派心理学家所说的精神的失常。其次，它解放人的蔽于习惯的狭小的见地，使他随时见出人生世相的新鲜有趣，因而提高他的生命的力量，不致天天感觉人生乏味。

从以上两点看，自由是文艺的本性，所以问题并不在文艺应该或不应该自由，而在我们是否真正要文艺。是文艺就必有它的创造性，这就无异于说它的自由性，没有创造性或自由性的文艺根本不成其为文艺。文艺的自由就是自主，就创造的活动说，就是自主自发。我们不能凭文艺以外的某一种力量（无论是哲学的、宗教的、道德的或政治的）奴使文艺，强迫它走这个方向不走那个方向，因为如果创造所必需的灵感缺乏，我们纵然用尽思考的意志力，也绝对创造不出文艺作品，而奴使文艺是要凭思考和意志力来炮制文艺。文艺所凭借的心理活动是直觉或想象而不是思考和意志力，直觉或想象的特性是自由，是自生自发。这并非说，文艺可以与人生绝缘，它其实就是人生的表现，人生好比土壤，文艺是这上面开的花，花的好坏有赖于土壤的肥瘠，但是花的生发是自然的生发，水到渠成，是怎样人生的观照就产生怎样文艺。我们不能凭某一个人或某一部分人的道德的或政治的主张来勉强决定文艺生展的方向。在历史上屡次有人想这样做——例如柏拉图、中世纪耶稣教会以及许多专制君主和野心政客——以为文艺走某一方向便合他们的主张或利益，于是硬要它朝那个方向走，尽钳制和奸污之能事，结果文艺确是受了害，而他们自己也未见得就得了益。因此，我反对拿文艺做宣传的工具或是逢迎谄媚的工具。文艺自有它的表现人生和怡情养性的功用，丢掉这自家园地而替哲学、宗教或政治做喇叭或应声虫，是无异于丢掉主子不做而甘心做奴隶。损人利己是人类的普遍的劣根性，宗教家和政治家之流要威迫利诱文艺家做他们的奴隶，或属情理之常，而文艺家自己却大声嚷着"文艺本来只配做宗教、道德和政治的奴隶，做奴隶是文艺的神圣的义务！"这就未免奴颜屈膝而恬不知耻了。

朝抵抗力最大的路径走

　　我提出这个题目来谈，是根据一点亲身的经验。有一个时候，我学过作诗填词。往往一时兴到，我信笔直书，心里想到什么，就写什么，写成了自己读读看，觉得很高兴，自以为还写得不坏。后来我把这些处女作拿给一位精于诗词的朋友看，请他批评，他仔细看了一遍后，很坦白地告诉我说："你的诗词未尝不能做，只是你现在所做的还要不得。"我就问他："毛病在哪里呢？"他说："你的诗词都来得太容易，你没有下过力，你喜欢取巧，显小聪明。"听了这话，我捏了一把冷汗，起初还有些不服，后来对于前人作品多费过一点心思，才恍然大悟那位朋友批评我的话真是一语破的：我的毛病确是在没有下过力。

　　我过于相信自然流露，没有知道第一次浮上心头的意思往往不是最好的意思，第一次浮上心头的词句也往往不是最好的词句。意境要经过洗练，表现意境的词句也要经过推敲，才能脱去渣滓，达到精妙世界。洗练推敲要吃苦费力，要朝抵抗力最大的路径走。福楼拜自述写作的辛苦说："写作要超人的意志，而我却只是一个人！"我也有同样感觉，我缺乏超人的意志，不能拼死力往里钻，只朝抵抗力最低的路径走。

这一点切身的经验使我受到很深的感触。它是一种失败，然而从这种失败中我得到一个很好的教训：我觉得不但在文艺方面，就在立身处世的任何方面，贪懒取巧都不会有大成就，要有大成就，必定朝抵抗力最大的路径走。

"抵抗力"是物理学上的一个术语。凡物在静止时都本其固有"惰性"而继续静止，要使它动，必须在它身上加"动力"，动力愈大，动愈速愈远。动的路径上不能无抵抗力，凡物的动都朝抵抗力最低的方向。如果抵抗力大于动力，动就会停止。抵抗力纵是低，聚集起来也可以使动力逐渐减少以至于消灭，所以物不能永动，静止后要它续动，必须加以新动力。

这是物理学上一个很简单的原理，也可以应用到人生上面。人像一般物质一样，也有惰性，要想他动，也必须有动力。人的动力就是他自己的意志力。意志力愈强，动愈易成功；意志力愈弱，动愈易失败。不过人和一般物质有一个重要的分别：一般物质的动都是被动，使它动的动力是外来的；人的动有时可以是主动，使他动的意志力是自生自发自给自足的。在物的方面，动不能自动地随抵抗力之增加而增加；在人的方面，意志力可以自动地随抵抗力之增加而增加。 所以物质永远是朝抵抗力最低的路径走，而人可以朝抵抗力最大的路径走。物的动必终为抵抗力所阻止，而人的动可以不为抵抗力所阻止。

照这样看，人之所以为人，就在能不为最大的抵抗力所压服。我们如果要测量一个人有多少人性，最好的标准就是他对于抵抗力所拿出的抵抗力，换句话说，就是他对于环境困难所表现的意志力。我在上文说过，人可以朝抵抗力最大的路径走，人的动可以不为抵抗力所阻。我说"可以"，不说"必定"，因为世间大多数人仍是惰性大于意志力，欢喜朝抵抗力最低的路径走，抵抗力稍大，他就要缴械投降。这种人在事实上失去最高生命的特征，堕落到无生命的物质的水平线上，和死尸一样东推西倒。他们在道德、学问、事功各方面都绝不会有成就，万一以庸庸得厚福，也是叨天之幸。

人既有精神的一面，也有物质的一面，免不掉物质所常有的惰性。抵抗力最低的路径常是一种引诱，我们还可以说，凡是引诱所以能成为引诱，都因为它是抵抗力最低的路径，最能迎合人的惰性。惰性是我们的仇敌，要克服惰性，我们必须动员坚强的意志力，不怕朝抵抗力最大的路径走。走通了，抵抗力就算被征服，要做的事业就算成功。举一个极简单的例子。在冬天早晨，你睡在热被窝里很舒适，心里虽知道这应该是起床的时候而你总舍不得起来。你不起来，是顺着惰性，朝抵抗力最低的路径走。被窝的暖和舒适，外面的空气寒冷，多躺一会儿的种种借口，对于起床的动作都是很大的抵抗力，使你觉得起床是一件天大的难事。但是你如果下一个决心，说非起来不可，一耸身你也就起来了。这一起来事情虽小，却表示你对于最大抵抗力的征服，你的企图的成功。

这是一个琐屑的事例，其实世间一切事情都可作如此看法。历史上许多伟大人物所以能有伟大成就，大半都靠有极坚强的意志力，肯向抵抗力最大的路径走。例如孔子，他是当时一个大学者，门徒很多，如果他贪图个人的舒适，大可以坐在曲阜过他安静的学者生活。但是他毕生东奔西走，席不暇暖，在陈绝过粮，在匡遇过生命的危险，他那副奔波劳碌、恓恓惶惶的样子颇受当时隐者的嗤笑。他为什么要这样呢？就因为他有改革世界的抱负，非达到理想，他不肯甘休。

《论语》长沮、桀溺章最足见出他的心事。长沮、桀溺二人隐在乡下耕田，孔子叫子路去向他们问路，他们听说是孔子，就告诉子路说："滔滔者天下皆是也，而谁以易之？"意思是说，于今世道到处都是一般糟，谁去理会它，改革它呢？孔子听到这话叹气说："鸟兽不可与同群，吾非斯人之徒与而谁与？天下有道，丘不与易也。"意思是说，我们既是人就应做人所应该做的事，如果世道不糟，我自然就用不着费气力去改革它。孔子平生所说的话，我觉得这几句最沉痛，最伟大。长沮、桀溺看天下无道，就退隐躬耕，是朝抵抗力最低的路径走，孔子看天下无道，就牺牲一切要拼命去改革它，是朝抵抗力最大的路径走。他说得很干脆："天下有道，丘不与易也。"

再如耶稣，从《新约》中四部《福音》看，他的一生都是朝抵抗力最大的路径走。他抛弃父母兄弟，反抗当时旧犹太宗教，攻击当时的社会组织，要在慈爱上建筑一个理想的天国，受尽种种困难艰苦，到最后牺牲了性命，都不肯放弃他的理想。在他的生命史中有一段一发千钧的危机：他下决心要宣传天国福音后，跑到沙漠里苦修了四十昼夜。据他的门徒的记载，这四十昼夜中他不断地受恶魔引诱。恶魔引诱他去争尘世的威权，去背叛上帝，崇拜恶魔自己。耶稣经过四十昼夜的挣扎，终于拒绝恶魔的引诱，坚定了对于天国的信念。

从我们非教徒的观点看，这段恶魔引诱的故事是一个寓言，表示耶稣自己内心的冲突。横在他面前的有两条路：一是上帝的路，一是恶魔的路。走上帝的路要牺牲自己，走恶魔的路他可以握住政权，享受尘世的安富尊荣。经过了四十昼夜的挣扎，他决定了走抵抗力最大的路——上帝的路。

我特别在耶稣生命中提出恶魔引诱的一段故事，因为它很可以说明宋明理学家所说的天理与人欲的冲突。我们一般人尽善尽恶的不多见，性格中往往是天理与人欲杂糅，有上帝也有恶魔，我们的生命史常是一部理与欲、上帝与恶魔的斗争史。我们常在歧途徘徊，理性告诉我们向东，欲念却引诱我们向西。在这种时候，上帝的势力与恶魔的势力好像摆在天平的两端，检不出谁轻谁重。这是"一发千钧"的时候，"一失足即成千古恨"，一挣扎立即可成圣贤豪杰。

如果要上帝的那一端天平沉重一点，我们必须在上面加一点重量，这重量就是拒绝引诱，克服抵抗力的意志力。有些人在这紧要关头拿不出一点意志力，听任惰性摆布，轻轻易易地堕落下去，或是所拿的意志力不够坚决，经过一番冲突，仍然向恶魔缴械投降。例如洪承畴本是明末一个名臣，原来也很想效忠明朝，恢复河山，清兵入关后，大家都预料他将以死殉国。清兵百计劝诱他投降，他原也很想不投降，但是到最后终于抵不住生命的执着与禄位的诱惑，做了明朝的汉奸。再举一个眼前的例子，汪精卫前半生对于民族革命很努力，当这次抗战开始时，他广播演说也很慷慨激昂。谁料到他利禄熏心，一经敌人引诱，就起了卖国叛党的坏心思。

依陶希圣的记载，他在上海时似仍感到良心上的痛苦，如果他拿出一点意志力，及早回头，或以一死谢国人，也还不失为知过能改的好汉。但是他拿不出一点意志力，就认错就错，甘心认贼作父。世间许多人失节败行，就像汪精卫、洪承畴之流，在紧要关头，不肯争一口气，就马马虎虎地朝抵抗力最低的路径走。

这是比较显著的例，其实我们涉身处世，随时随地目前都横着两条路径，一是抵抗力最低的，一是抵抗力最大的。比如当学生，不死心塌地去做学问，只敷衍功课，混分数文凭；毕业后不拿出本领去替社会服务，只奔走巴结，夤缘幸进，以不才而在高位；做事时又不把事当事做，只一味因循苟且，敷衍公事，甚至于贪污淫逸，遇钱即抓，不管它来路正当不正当——这都是放弃抵抗力量最大的路径而走抵抗力最低的路径。这种心理如充类至尽，就可以逐渐使一个人堕落。

我当穷究目前中国社会腐败的根源，以为一切都由于懒。懒，所以苟且因循敷衍，做事不认真；懒，所以贪小便宜，以不正当的方法解决个人的生计；懒，所以随俗浮沉，一味圆滑，不敢为正义公道奋斗；懒，所以遇引诱即堕落，个人生活无规律，社会生活无秩序。知识阶级懒，所以整个社会都"吊儿郎当"，暮气沉沉。懒是百恶之源，也就是朝抵抗力最低的路径走。如果要改造中国社会，第一件心理的破坏工作是除懒，第一件心理的建设工作是提倡奋斗精神。

生命就是一种奋斗，不能奋斗，就失去生命的意义与价值；能奋斗，则世间很少不能征服的困难。古话说得好，"有志者事竟成"。希腊最大的演说家是德摩斯梯尼，他生来口吃，一句话也说不清楚，但他抱定决心要成为一个大演说家，他天天一个人走到海边，向着大海练习演说，到后来居然达到了他的志愿。这个实例阿德勒派心理学家常喜援引。

依他们说，人自觉有缺陷，就起"卑劣意识"，自耻不如人，于是心中就起一种"男性的抗议"，自己说我也是人，我不该不如人，我必用我的意志力来弥补天然的缺陷。阿德勒派学者用这原则解释许多伟大人物的非常成就，例如聋人成为大音乐家，盲人成为大诗人之类。

我觉得一个人的紧要关头在起"卑劣意识"的时候。起"卑劣意识"是知耻，孔子说得好，"知耻近乎勇"。但知耻虽近乎勇而却不就是勇。能勇必定有阿德勒派所说的"男性的抗议"。"男性的抗议"就是认清了一条路径上抵抗力最大而仍然勇往直前，百折不挠。许多人虽天天在"卑劣意识"中过活，却永不能发"男性的抗议"，只知怨天尤人，甚至于自己不长进，希望旁人也跟着他不长进，看旁人长进，只怀满肚子醋意。这种人是由知耻回到无耻，注定地要堕落到十八层地狱，永不超生。

能朝抵抗力最大的路径走，是人的特点。人在能尽量发挥这特点时，就足见出他有富裕的生活力。一个人在少年时常是朝气勃勃，有志气，肯干，觉得世间无不可为之事，天大的困难也不放在眼里。到了年事渐长，受过了一些磨折，他就逐渐变成暮气沉沉，意懒心灰，遇事都苟且因循，得过且过，不肯出一点力去奋斗。

一个人到了这时候，生活力就已经枯竭，虽是活着，也等于行尸走肉，不能有所作为了。所以一个人如果想奋发有为，最好是趁少年血气方刚的时候，少年时如果能努力，养成一种勇往直前、百折不挠的精神，老而益壮，也还是可能的。

一个人的生活力之强弱，以能否朝抵抗力最大的路径为准，一个国家或是一个民族也是如此。这个原则有整个的世界史证明。姑举几个显著的例，西方古代最强悍的民族莫如罗马人，我们现在说到能吃苦肯干，重纪律，好冒险，仍说是"罗马精神"。因其有这种精神，所以罗马人东征西讨，终于统一了欧洲，建立一个庞大殖民帝国。后来他们从殖民地获得丰富的资源，一般罗马公民都可以坐在家里不动而享受富裕的生活，于是变成骄奢淫逸，无恶不为，一到新兴的"野蛮"民族从欧洲东北角向南侵略，罗马人就毫无抵抗而分崩瓦解。

再如清朝，他们在入关以前过的是骑猎生活，民性最强悍，很富于吃苦冒险的精神，所以到明末张李之乱，社会腐败紊乱时，他们以区区数十万人之力就能入主中夏。可是他们做了皇帝之后，一切皇亲国戚都坐着不动吃皇粮，享大位，过舒服生活，不到三百年，一个新兴民族就变成腐败不堪，辛亥革命起，我们就轻轻易易地把他们推翻了。我们如果要明白一个民族能够堕落到什么地步，最好去看看北平的旗人。

我们中华民族在历史上经过许多波折，从周秦到现在，没有哪一个时代我们不遇到很严重的内忧，也没有哪一个时代我们没有和邻近的民族挣扎，我们爬起来蹶倒，蹶倒了又爬起，如此者已不知若干次。从这简单的史实看，我们民族的生活力确是很强旺，它经过不断的奋斗才维持住它的生存权。这一点祖传的力量是值得我们尊重的。

于今我们又临到严重的关头了。横在我们面前的只有两条路：一是汪精卫和一班汉奸所走的，抵抗力最低的——屈服；一是我们全民族在统一战线领导之下所走的，抵抗力最大的——抗战。我相信我们民族的雄厚的生活力能使我们克服一切困难。不过我们也要明白，我们的前途困难还很多，抗战胜利只解决困难的一部分，还有政治、经济、文化、教育各方面的建设还需要更大的努力。一直到现在，我们所拿出来的奋斗精神还是不够。因循、苟且、敷衍，种种病象在社会上还是很流行。我们还是有些老朽，我们应该趁早还童。

孟子说："天将降大任于斯人也，必先苦其心志，劳其筋骨，饿其体肤，空乏其身，行拂乱其所为，所以动心忍性，增益其所不能。"于今我们的时代是"天将降大任于斯人"的时代了，孟子所说的种种磨折，我们正在亲领身受。我希望每个中国人，尤其是青年们，要明白我们的责任，本着大无畏的精神，不顾一切困难，向前迈进。

慢慢走，欣赏啊！

——人生的艺术化

一直到现在，我们都是讨论艺术的创造与欣赏。在收尾这一节中，我提议约略说明艺术和人生的关系。[1]

我在开章[2]明义时就着重美感态度和实用态度的分别，以及艺术和实际人生之中所应有的距离，如果话说到这里为止，你也许误解我把艺术和人生看成漠不相关的两件事。我的意思并不如此。

人生是多方面而却相互和谐的整体，把它分析开来看，我们说某部分是实用的活动，某部分是科学的活动，某部分是美感的活动，为正名析理起见，原应有此分别，但是我们不要忘记，完满的人生见于这三种活动的平均发展，它们虽是可分别

1　本文是朱光潜《谈美》最后一篇文章，这段文字就是针对其前面文章来说的。

2　指朱光潜《谈美》第一篇文章《我们对于一棵古松的三种态度——实用的、科学的、美感的》，主要论述美感态度、实用态度和科学态度的区别。

的，却不是互相冲突的。"实际人生"比整个人生的意义较为窄狭。一般人的错误在把它们认为相等，以为艺术对于"实际人生"既是隔着一层，它在整个人生中也就没有什么价值。有些人为维护艺术的地位，又想把它硬纳到"实际人生"的小范围里去。这般人不但是误解艺术，而且也没有认识人生。我们把实际生活看作整个人生之中的一片段，所以在肯定艺术与实际人生的距离时，并非肯定艺术与整个人生的隔阂。严格地说，离开人生便无所谓艺术，因为艺术是情趣的表现，而情趣的根源就在人生；反之，离开艺术也便无所谓人生，因为凡是创造和欣赏都是艺术的活动，无创造、无欣赏的人生是一个自相矛盾的名词。

人生本来就是一种较广义的艺术。每个人的生命史就是他自己的作品。这种作品可以是艺术的，也可以不是艺术的，正如同是一种顽石，这个人能把它雕成一座伟大的雕像，而另一个人却不能使它"成器"，分别全在性分与修养。知道生活的人就是艺术家，他的生活就是艺术作品。

过一世生活好比作一篇文章。完美的生活都有上品文章所应有的美点。

首先，一篇好文章一定是一个完整的有机体，其中全体与部分都息息相关，不能稍有移动或增减。一字一句之中都可以见出全篇精神的贯注。比如陶渊明的《饮酒》诗本来是"采菊东篱下，悠然见南山"，后人把"见"字误印为"望"字，原文的自然与物相遇相得的神情便完全丧失。这种艺术的完整性在生活中叫作"人格"。凡是完美的生活都是人格的表现。大而进退取与，小而声音笑貌，都没有一件和全人格相冲突。不肯为五斗米折腰向乡里小儿，是陶渊明的生命史中所应有的一段文章，如果他错过这一个小节，便失其为陶渊明。下狱不肯脱逃，临刑时还叮咛嘱咐还邻人一只鸡的债，是苏格拉底的生命史中所应有的一段文章，否则他便失其为苏格拉底。这种生命史才可以使人把它当作一幅图画去惊赞，它就是一种艺术的杰作。

其次，"修辞立其诚"是文章的要诀，一首诗或是一篇美文一定是至性深情的流露，存于中然后形于外，不容有丝毫假借。情趣本来是物我交感共鸣的结果，景物变动不居，情趣亦自生生不息。我有我的个性，物也有物的个性，这种个性又随时地变迁而生长发展。每人在某一时会所见到的景物，和每种景物在某一时会所引起的情趣，都有它的特殊性，断不容与另一人在另一时会所见到的景物，和另一景物在另一时会所引起的情趣完全相同。毫厘之差，微妙所在。在这种生生不息的情趣中我们可以见出生命的造化。把这种生命流露于语言文字，就是好文章；把它流露于言行风采，就是美满的生命史。

文章忌俗滥，生活也忌俗滥。俗滥就是自己没有本色而蹈袭别人的成规旧矩。西施患心病，常捧心蹙眉，这是自然的流露，所以愈增其美。东施没有心病，强学捧心蹙眉的姿态，只能引人嫌恶。在西施是创作，在东施便是滥调。滥调起于生命的干枯，也就是虚伪的表现。"虚伪的表现"就是"丑"，克罗齐已经说过。"风行水上，自然成纹"，文章的妙处如此，生活的妙处也是如此。在什么地位，是怎样的人，感到怎样情趣，便现出怎样言行风采，叫人一见就觉其谐和完整，这才是艺术的生活。

俗语说得好："唯大英雄能本色"，所谓艺术的生活就是本色的生活。世间有两种人的生活最不艺术，一种是俗人，一种是伪君子。"俗人"根本就缺乏本色，"伪君子"则竭力遮盖本色。

朱晦庵有一首诗说："半亩方塘一鉴开，天光云影共徘徊。问渠哪得清如许？为有源头活水来。"艺术的生活就是有"源头活水"的生活。俗人迷于名利，与世浮沉，心里没有"天光云影"，就因为没有源头活水。他们的大病是生命的干枯。"伪君子"则于这种"俗人"的资格之上，又加上"沐猴而冠"的伎俩。他们的特点不仅见于道德上的虚伪，一言一笑、一举一动，都叫人起不美之感。谁知道风流名士的架子之中掩藏了几多行尸走肉？无论是"俗人"或是"伪君子"，他们都是生活中的"苟且者"，都缺乏艺术家在创造时所应有的良心。像柏格森所说的，他们都是"生命的机械化"，只能作喜剧中的角色。生活落到喜剧里去的人大半都是不艺术的。

艺术的创造之中都必寓有欣赏，生活也是如此。一般人对

于一种言行常欢喜说它"好看""不好看"，这已有几分是拿
艺术欣赏的标准去估量它。但是一般人大半不能彻底，不能
拿一言一笑、一举一动纳在全部生命史里去看，他们的"人
格"观念太淡薄，所谓"好看""不好看"往往只是"敷衍
面子"。善于生活者则彻底认真，不让一尘一芥妨碍整个生命
的和谐。一般人常以为艺术家是一班最随便的人，其实在艺术
范围之内，艺术家是最严肃不过的。在锻炼作品时常呕心呕
肝，一笔一画也不肯苟且。王荆公作"春风又绿江南岸"一句
诗时，原来"绿"字是"到"字，后来由"到"字改为"过"
字，由"过"字改为"入"字，由"入"字改为"满"字，改
了十几次之后才定为"绿"字，即此一端可以想见艺术家的严
肃了。善于生活者对于生活也是这样认真。曾子临死时记得床
上的席子是季路的，一定叫门人把它还过才瞑目。吴季札心里
已经暗许赠剑给徐君，没有实行徐君就已死去，他很郑重地把
剑挂在徐君墓旁树上，以见"中心契合，死生不渝"的风谊。
像这一类的言行看来虽似小节，而善于生活者却不肯轻易放
过，正犹如诗人不肯轻易放过一字一句一样。小节如此，大节
更不消说。董狐宁愿断头不肯掩盖史实，夷齐饿死不愿降周，
这种风度是道德的，也是艺术的。我们主张人生的艺术化，就
是主张对于人生的严肃主义。

艺术家估定事物的价值，全以它能否纳入和谐的整体为标
准，往往出于一般人意料。他能看重一般人所看轻的，也能看

轻一般人所看重的。在看重一件事物时，他知道执着；在看轻一件事物时，他也知道摆脱。艺术的能事不仅见于知所取，尤其见于知所舍。苏东坡论文，谓如水行山谷中，行于其所不得不行，止于其所不得不止。这就是取舍恰到好处，艺术化的人生也是如此。善于生活者对于世间一切，也拿艺术的口味去评判它，合于艺术口味者毫毛可以变成泰山，不合于艺术口味者泰山也可以变成毫毛。他不但能认真，而且能摆脱。在认真时见出他的严肃，在摆脱时见出他的豁达。孟敏堕甑，不顾而去，郭林宗见到以为奇怪。他说："甑已碎，顾之何益？"哲学家斯宾诺莎宁愿靠磨镜过活，不愿当大学教授，怕妨碍他的自由。王徽之居山阴，有一天夜雪初霁，月色清朗，忽然想起他的朋友戴逵，便乘小舟到剡溪去访他，刚到门口便把船划回去。他说："乘兴而来，兴尽而返。"这几件事彼此相差很远，却都可以见出艺术家的豁达。伟大的人生和伟大的艺术都要同时并有严肃与豁达之胜。晋代清流大半只知道豁达而不知道严肃，宋朝理学又大半只知道严肃而不知道豁达。陶渊明和杜子美庶几算得恰到好处。

　　一篇生命史就是一种作品，从伦理的观点看，它有善恶的分别，从艺术的观点看，它有美丑的分别。善恶与美丑的关系究竟如何呢？

　　就狭义说，伦理的价值是实用的，美感的价值是超实用的；伦理的活动都是有所为而为，美感的活动则是无所为而为。比如仁义忠信等等都是善，问它们何以为善，我们不能不着眼到人群的幸福。美之所以为美，则全在美的形象本身，不在它对于人群的效用（这并不是说它对于人群没有效用）。假如世界上只有一个人，他就不能有道德的活动，因为有父子才有慈孝可言，有朋友才有信义可言。但是这个想象的孤零零的人还可以有艺术的活动，他还可以欣赏他所居的世界，他还可以创造作品。善有所赖而美无所赖，善的价值是"外在的"，美的价值是"内在的"。

不过这种分别究竟是狭义的。就广义说，善就是一种美，恶就是一种丑。因为伦理的活动也可以引起美感上的欣赏与嫌恶。希腊大哲学家柏拉图和亚里士多德讨论伦理问题时都以为善有等级，一般的善虽只有外在的价值，而"至高的善"则有内在的价值。这所谓"至高的善"究竟是什么呢？柏拉图和亚里士多德本来是一走理想主义的极端，一走经验主义的极端，但是对于这个问题，意见却一致。他们都以为"至高的善"在"无所为而为的玩索"（disinterested contemplation）。这种见解在西方哲学思潮上影响极大，斯宾诺莎、黑格尔、叔本华的学说都可以参证。从此可知西方哲人心目中的"至高的善"还是一种美，最高的伦理的活动还是一种艺术的活动了。

"无所为而为的玩索"何以看成"至高的善"呢？这个问题涉及西方哲人对于神的观念。从耶稣教盛行之后，神才是一个大慈大悲的道德家。在希腊哲人以及近代莱布尼兹、尼采、叔本华诸人的心目中，神却是一个大艺术家，他创造这个宇宙出来，全是为着自己要创造，要欣赏。其实这种见解也并不减低神的身份。耶稣教的神只是一班穷叫花子中的一个肯施舍的财主佬，而一般哲人心中的神，则是以宇宙为乐曲，而要在这种乐曲之中见出和谐的音乐家。这两种观念究竟是哪一个伟大呢？在西方哲人想，神只是一片精灵，他的活动绝对自由而不受限制，至于人则为肉体的需要所限制而不能绝对自由。人愈能脱肉体需求的限制而作自由活动，则离神亦愈近。"无所为而为的玩索"是唯一的自由活动，所以成为最上的理想。

这番话似乎有些玄渺，在这里本来不应说及。不过无论你相信不相信，有许多思想却值得当作一个意象悬在心眼前来玩味玩味。我自己在闲暇时也欢喜看看哲学书籍。老实说，我对于许多哲学家的话都很怀疑，但是我觉得他们有趣。我以为穷到究竟，一切哲学系统也都只能当作艺术作品去看。哲学和科学穷到极境，都是要满足求知的欲望。每个哲学家和科学家对于他自己所见到的一点真理（无论它究竟是不是真理）都觉得有趣味，都用一股热忱去欣赏它。真理在离开实用而成为情趣中心时就已经是美感的对象了。"地球绕日运行"，"勾方加股方等于弦方"一类的科学事实，和《米罗爱神》或《第九交响曲》一样可以摄魂震魄。科学家去寻求这一类的事实，穷到究竟，也正因为它们可以摄魂震魄。所以科学的活动也还是一种艺术的活动，不但善与美是一体，真与美也并没有隔阂。

艺术是情趣的活动，艺术的生活也就是情趣丰富的生活。人可以分为两种：一种是情趣丰富的，对于许多事物都觉得有趣味，而且到处寻求享受这种趣味；一种是情趣干枯的，对于许多事物都觉得没有趣味，也不去寻求趣味，只终日拼命和蝇蛆在一块争温饱。后者是俗人，前者就是艺术家。情趣愈丰富，生活也愈美满，所谓人生的艺术化就是人生的情趣化。

"觉得有趣味"就是欣赏。你是否知道生活，就看你对于许多事物能否欣赏。欣赏也就是"无所为而为的玩索"。在欣赏时人和神仙一样自由，一样有福。

阿尔卑斯山谷中有一条大汽车路，两旁景物极美，路上插着一个标语牌劝告游人说："慢慢走，欣赏啊！"许多人在这车如流水马如龙的世界过活，恰如在阿尔卑斯山谷中乘汽车兜风，匆匆忙忙地疾驰而过，无暇一回首流连风景，于是这丰富华丽的世界便成为一个了无生趣的囚牢。这是一件多么可惋惜的事啊！

朋友，在告别之前，我采用阿尔卑斯山路上的标语，在中国人告别习用语之下加上三个字奉赠：

"慢慢走，欣赏啊！"

第四讲　文学与人生

无言之美

　　孔子有一天突然很高兴地对他的学生说："予欲无言。"子贡就接着问他："子如不言，则小子何述焉？"孔子说："天何言哉？四时行焉，百物生焉，天何言哉？"

　　这段赞美无言的话，本来从教育方面着想，但是要明了无言的意蕴，宜从美术观点去研究。

　　言所以达意，然而意绝不是完全可以言达的。因为言是固定的，有迹象的；意是瞬息万变、缥缈无踪的。言是散碎的，意是混整的。言是有限的，意是无限的。以言达意，好像用断续的虚线画实物，只能得其近似。

　　所谓文学，就是以言达意的一种美术。在文学作品中，语言之先的意象，和情绪意旨所附丽的语言，都要尽美尽善，才能引起美感。

　　尽美尽善的条件很多。但是第一要不违背美术的基本原理，要"和自然逼真"（true to nature）：这句话讲得通俗一点，就是说美术作品不能说谎。不说谎包含有两种意义：一、我们所说的话，就恰似我们所想说的话。二、我们所想说的话，我们都吐肚子说出来了，毫无余蕴。

意既不可以完全达之以言，"和自然逼真"一个条件在文学上不是做不到吗？或者我们问得再直接一点，假使语言文字能够完全传达情意，假使笔之于书的和存之于心的铢两悉称，丝毫不爽，这是不是文学上所应希求的一件事？

这个问题是了解文学及其他美术所必须回答的。现在我们姑且答道：文字语言固然不能全部传达情绪意旨，假使能够，也并非文学所应希求的。一切美术作品也都是这样，尽量表现，非唯不能，而也不必。

先从事实下手研究。譬如有一个荒村或任何物体，摄影家把它照一幅相，美术家把它画一幅画。这种相片和图画可以从两个观点去比较：第一，相片或图画，哪一个较"和自然逼真"。不消说得，在同一视阈以内的东西，相片都可以包罗尽致，并且体积比例和实物都两两相称，不会有丝毫错误。图画就不然，美术家对一种境遇，未表现之先，先加一番选择。选择定的材料还须经过一番理想化，把美术家的人格参加进去，然后表现出来。所表现的只是实物一部分，就连这一部分也不必和实物完全一致。所以图画绝不能如相片一样"和自然逼真"。第二，我们再问，相片和图画所引起的美感哪一个浓厚，所发生的印象哪一个深刻，这也不消说，稍有美术口味的人都觉得图画比相片美得多。

　　文学作品也是同样。譬如《论语》，"子在川上曰：'逝者如斯夫，不舍昼夜！'"几句话绝没完全描写出孔子说这番话时候的心境，而"如斯夫"三字更笼统，没有把当时的流水形容尽致。如果说详细一点，孔子也许这样说："河水滚滚地流去，日夜都是这样，没有一刻停止。世界上一切事物不都像这流水时常变化不尽吗？过去的事物不就永远过去绝不回头吗？我看见这流水心中好不惨伤呀！……"但是纵使这样说去，还没有尽意。而比较起来，"逝者如斯夫，不舍昼夜！"九个字比这段长而臭的演义就值得玩味多了！在上等文学作品中，尤其在诗词中这种言不尽意的例子处处都可以看见。譬如陶渊明的《时运》："有风自南，翼彼新苗"；《读〈山海经〉》："微雨从东来，好风与之俱"，本来没有表现出诗人的情绪，然而玩味起来，自觉有一种闲情逸致，令人心旷神怡。钱起的《省试湘灵鼓瑟》末二句："曲终人不见，江上数峰青"，也没有说出诗人的心绪，然而一种凄凉惜别的神情自然流露于言语之外。此外像陈子昂的《登幽州台怀古》："前不见古人，后不见来者，念天地之悠悠，独怆然而涕下！"李白的《怨情》："美人卷珠帘，深坐颦蛾眉。但见泪痕湿，不知心恨谁。"虽然说明了诗人的情感，而所说出来的多么简单，所含蓄的多么深远。再就写景说，无论何种境遇，要描写得惟妙惟肖，都要费许多笔墨。但是大手笔只选择两三件事轻描淡写一下，完全境遇便呈露眼前，栩栩如生。譬如陶渊明的

《归园田居》："方宅十余亩，草屋八九间。榆柳荫后檐，桃李罗堂前。暧暧远人村，依依墟里烟。狗吠深巷中，鸡鸣桑树巅。"四十字把乡村风景描写得多么真切！再如杜工部的《后出塞》："落日照大旗，马鸣风萧萧。平沙列万幕，部伍各见招。中天悬明月，令严夜寂寥。悲笳数声动，壮士惨不骄。"寥寥几句话，把月夜沙场的状况写得多么有声有色。然而仔细观察起来，乡村景物还有多少为陶渊明所未提及，战地情况还有多少为杜工部所未提及。从此可知文学上我们并不以尽量表现为难能可贵。

在音乐里面，我们也有这种感想，凡是唱歌奏乐，音调由洪壮急促而变到低微以至于无声的时候，我们精神上就有一种沉默肃穆和平愉快的景象。白香山在《琵琶行》里形容琵琶声音暂时停顿的情况说："冰泉冷涩弦凝绝，凝绝不通声暂歇。别有幽愁暗恨生，此时无声胜有声。"这就是形容音乐上无言之美的滋味。著名英国诗人济慈（Keats）在《希腊花瓶歌》也说，"听得见的声调固然幽美，听不见的声调尤其幽美。"（Heard melodies are sweet；but，those unheard are sweeter.）也是说同样道理。大概喜欢音乐的人都尝过此中滋味。

就戏剧说，无言之美更容易看出。许多作品往往在热闹场中动作快到极重要的一点时，忽然万籁俱寂，现出一种沉默神秘的景象。梅特林克（Maeterlinck）的作品就是好例。譬如《青鸟》的布景，择夜阑人静的时候，使重要角色睡得很长久，就是利用无言之美的道理。梅氏并且说："口开则灵魂之门闭，口闭则灵魂之门开。"赞无言之美的话不能比此更透辟了。莎士比亚的名著《哈姆雷特》一剧开幕便描写更夫守夜的状况，德林瓦特（Drinkwater）在其《林肯》中描写林肯在南北战争军事旁午的时候跪着默祷，王尔德（O.Wilde）的《温德梅尔夫人的扇子》里面描写温德梅尔夫人私奔，在她的情人寓所等候的状况，都在兴酣局紧，心悬悬渴望结局时，放出沉默神秘的色彩，都足以证明无言之美的。近代又有一种哑剧和静的布景，或只有动作而无言语，或连动作也没有，就将靠无言之美引人入胜了。

雕刻塑像本来是无言的，也可以拿来说明无言之美。所谓无言，不一定指不说话，是注重在含蓄不露。雕刻以静体传神，有些是流露的，有些是含蓄的。这种分别在眼睛上尤其容易看见。中国有一句谚语说，"金刚怒目，不如菩萨低眉"，所谓怒目，便是流露；所谓低眉，便是含蓄。凡看低头闭目的神像，所生的印象往往特别深刻。最有趣的就是西洋爱神的雕刻，他们男女都是瞎了眼睛。这固然根据希腊的神话，然而实在含有美术的道理，因为爱情通常都在眉目间流露，而流露爱情的眉目是最难比拟的。所以索性雕成盲目，可以耐人寻思。当初雕刻家原不必有意为此，但这些也许是人类不用意识而自然碰的巧。

要说明雕刻上流露和含蓄的分别，希腊著名雕刻《拉奥孔》（Laocoon）是最好的例子。相传拉奥孔犯了大罪，天神用了一种极残酷的刑法来惩罚他，遣了一条恶蛇把他和他的两个儿子在一块绞死了。在这种极刑之下，未死之前当然有一种悲伤惨戚、目不忍睹的一顷刻，而希腊雕刻家并不擒住这一顷刻来表现，他只把将达苦痛极点前一顷刻的神情雕刻出来，所以他所表现的悲哀是含蓄不露的。倘若是流露的，一定带了挣扎呼号的样子。这个雕刻，一眼看去，只觉得他们父子三人都有一种难言之恸；仔细看去，便可发现条条筋肉、根根毛孔都暗示一种极苦痛的神情。德国莱辛（Lessing）的名著《拉奥孔》就根据这个雕刻，讨论美术上含蓄的道理。

以上是从各种艺术中信手拈来的几个实例。把这些个别的实例归纳在一起，我们可以得一个公例，就是：拿美术来表现思想和情感，与其尽量流露，不如稍有含蓄；与其吐肚子把一切都说出来，不如留一大部分让欣赏者自己去领会。因为在欣赏者的头脑里所生的印象和美感，有含蓄比较尽量流露的还要更加深刻。换句话说，说出来的越少，留着不说的越多，所引起的美感就越大越深越真切。

这个公例不过是许多事实的总结。现在我们要进一步求出解释这个公例的理由。我们要问：何以说得越少，引起的美感反而越深刻？何以无言之美有如许势力？

想答复这个问题，先要明白美术的使命。人类何以有美术的要求？这个问题本非一言可尽。现在我们姑且说，美术是帮助我们超现实而求安慰于理想境界的。人类的意志可向两方面发展：一是现实界，一是理想界。不过现实界有时受我们的意志支配，有时不受我们的意志支配。譬如我们想造一所房屋，这是一种意志。要达到这个意志，必费许多力气去征服现实，要开荒辟地，要造砖瓦，要架梁柱，要赚钱去请泥水匠。这些事都是人力可以办到的，都是可以用意志支配的。但是现实界凡物皆向地心下坠一条定律，就不可以用意志征服。所以意志在现实界活动，处处遇障碍，处处受限制，不能圆满地达到目的，实际上我们的意志十之八九都要受现实限制，不能自由发展。譬如谁不想有美满的家庭？谁不想住在极乐国？然而在现实界绝没有所谓极乐美满的东西存在。因此我们的意志就不能不和现实发生冲突。

一般人遇到意志和现实发生冲突的时候，大半让现实征服了意志，走到悲观烦闷的路上去，以为件件事都不如人意，人生还有什么意味？所以堕落、自杀、逃空门种种的消极的解决法就乘虚而入了，不过这种消极的人生观不是解决意志和现实冲突最好的方法。因为我们人类生来不是懦弱者，而这种消极的人生观甘心让现实把意志征服了，是一种极懦弱的表示。

然则此外还有较好的解决法吗？有的，就是我所谓超现实。我们处世有两种态度：人力所能做到的时候，我们竭力征服现实；人力莫可奈何的时候，我们就要暂时超脱现实，储蓄精力待将来再向他方面征服现实。超脱到哪里去呢？超脱到理想界去。现实界处处有障碍有限制，理想界是天空任鸟飞，极空阔极自由的。现实界不可以造空中楼阁，理想界是可以造空中楼阁的。现实界没有尽美尽善，理想界是有尽美尽善的。

姑取实例来说明。我们走到小城市里去，看见街道窄狭污浊，处处都是阴沟厕所，当然感觉不快，而意志立时就要表示态度。如果意志要征服这种现实，我们就要把这种街道房屋一律拆毁，另造宽大的马路和清洁的房屋。但是谈何容易？物质上发生种种障碍，这一层就不一定可以做到。意志在此时如何对付呢？他说：我要超脱现实，去在理想界造成理想的街道房屋来，把它表现在图画上，表现在雕刻上，表现在诗文上。于是结果有所谓美术作品。美术家成了一件作品，自己觉得有创造的大力，当然快乐已极。旁人看见这种作品，觉得它真美丽，于是也愉快起来了，这就是所谓美感。

因此美术家的生活就是超现实的生活；美术作品就是帮助我们超脱现实到理想界去求安慰的。换句话说，我们有美术的要求，就因为现实界待遇我们太刻薄，不肯让我们的意志推行无碍，于是我们的意志就跑到理想界去求慰情的路径。美术作品之所以美，就美在它能够给我们很好的理想境界。所以我们可以说，美术作品的价值高低就看它超现实的程度大小，就看它所创造的理想世界是阔大还是窄狭。

但是美术又不是完全可以和现实界绝缘的。它所用的工具——例如雕刻用的石头，图画用的颜色，诗文用的语言——

都是在现实界取来的。它所用的材料——例如人物情状悲欢离合——也是现实界的产物。所以美术可以说是以毒攻毒，利用现实的帮助以超脱现实的苦恼。上面我们说过，美术作品的价值高低要看它超脱现实的程度如何。这句话应稍加改正，我们应该说，美术作品的价值高低，就看它能否借极少量的现实界的帮助，创造极大量的理想世界出来。

在实际上说，美术作品借现实界的帮助愈少，所创造的理想世界也因而愈大。再拿相片和图画来说明，何以相片所引起的美感不如图画呢？因为相片上一形一影，件件都是真实的，而且应有尽有，发泄无遗。我们看相片，种种形影好像钉子把我们的想象力都钉死了。看到相片，好像看到二五，就只能想到一十，不能想到其他数目。换句话说，相片把事物看得忒真，没有给我们以想象余地。所以相片，只能抄写现实界，不能创造理想界。图画就不然，图画家用美术眼光，加一番选择的功夫，在一个完全境遇中选择了一小部事物，把它们又经过一番理想化，然后才表现出来。唯其留着一大部分不表现，欣赏者的想象力才有用武之地。想象作用的结果就是一个理想世界。所以图画所表现的现实世界虽极小，而创造的理想世界则极大。孔子谈教育说："举一隅不以三隅反，则不复也。"相片是把四隅通举出来了，不要你劳力去"复"。图画就只举一隅，叫欣赏者加一番想象，然后"以三隅反"。

流行语中有一句说："言有尽而意无穷。"无穷之意达之以有尽之言，所以有许多意，尽在不言中。文学之所以美，不仅在有尽之言，而尤在无穷之意。推广地说，美术作品之所以美，不是只美在已表现的一部分，尤其是美在未表现而含蓄无穷的一大部分，这就是本文所谓无言之美。

因此美术要和自然逼真一个信条应该这样解释：和自然逼真是要窥出自然的精髓所在，而表现出来；不是说要把自然当作一篇印版文字，很机械地抄写下来。

这里有一个问题会发生。假使我们欣赏美术作品，要注重在未表现而含蓄着的一部分，要超"言"而求"言外意"，各个人有各个人的见解，所得的言外意不是难免殊异吗？当然，美术作品之所以美，就美在有弹性，能拉得长，能缩得短。有弹性所以不呆板。同一美术作品，你去玩味有你的趣味，我去玩味有我的趣味。譬如莎氏乐府所以在艺术上占极高位置，就因为各种阶级的人在不同的环境中都欢喜读他。有弹性所以不陈腐。同一美术作品，今天玩味有今天的趣味，明天玩味有明天的趣味。凡是经不得时代淘汰的作品都不是上乘。上乘文学作品，百读都令人不厌的。

就文学说，诗词比散文的弹性大。换句话说，诗词比散文所含的无言之美更丰富。散文是尽量流露的，愈发挥尽致，愈见其妙。诗词是要含蓄暗示，若即若离，才能引人入胜。现在一般研究文学的人都偏重散文——尤其是小说，对于诗词很疏忽。这件事实可以证明一般人文学欣赏力很薄弱。现在如果要提高文学，必先提高文学欣赏力，要提高文学欣赏力，必先在诗词方面特下功夫，把鉴赏无言之美的能力养得很敏捷。因此我很希望文学创作者在诗词方面多努力，而学校国文课程中诗歌应该占一个重要的位置。

本文论无言之美，只就美术一方面着眼。其实这个道理在伦理、哲学、教育、宗教及实际生活各方面，都不难发现。老子《道德经》开卷便说："道可道，非常道；名可名，非常名。"这就是说伦理哲学中有无言之美。儒家谈教育，大半主张潜移默化，所以拿时雨春风做比喻。佛教及其他宗教之能深入人心，也是借沉默神秘的势力。幼稚园创造者蒙台梭利利用无言之美的办法尤其有趣。在她的幼稚园里，教师每天趁儿童玩得很热闹的时候，猛然地在粉板上写一个"静"字，或奏一声琴，全体儿童于是都跑到自己的座位去，闭着眼睛蒙着头伏案假睡，但是他们不可睡着。几分钟后，教师又用很轻微的声音，从颇远的地方呼唤各个儿童的名字，听见名字的就要立刻醒起来。这就是使儿童可以在沉默中领略无言之美。

就实际生活方面说，世间最深切的莫如男女爱情。爱情摆在肚子里面比摆在口头上来得恳切。"齐心同所愿，含意俱未伸"和"更无言语空相觑"，比较"细语温存""怜我怜卿"的滋味还要更加甜蜜。英国诗人布莱克（Blake）有一首诗叫作《爱情之秘》（*Love's Secret*）里面说：

（一）

切莫告诉你的爱情，

爱情是永远不可以告诉的，

因为她像微风一样，

不做声不做气地吹着。

（二）

我曾经把我的爱情告诉而又告诉，

我把一切都披肝沥胆地告诉爱人了，

打着寒战，竖头发地告诉，

然而她终于离我去了！

（三）

她离我去了，

不多时一个过客来了。

不做声不做气地，只微叹一声，

便把她带去了。

　　这首短诗描写爱情上无言之美的势力，可谓透辟已极了。本来爱情完全是一种心灵的感应，其深刻处是老子所谓不可道不可名的。所以许多诗人以为"爱情"两个字本身就太滥太寻常太乏味，不能拿来写照男女间神圣深挚的情绪。

其实何止爱情？世间有许多奥妙，人心有许多灵悟，都非言语可以传达，一经言语道破，反如甘蔗渣滓，索然无味。这个道理还可以推到宇宙人生诸问题方面去。我们所居的世界是最完美的，就因为它是最不完美的。这话表面看去，不通已极，但是实在含有至理。假如世界是完美的，人类所过的生活——比好一点，是神仙的生活，比坏一点，就是猪的生活——便呆板单调已极，因为倘若件件都尽美尽善了，自然没有希望发生，更没有努力奋斗的必要。人生最可乐的就是活动所生的感觉，就是奋斗成功而得的快慰。世界既完美，我们如何能尝创造成功的快慰？这个世界之所以美满，就在有缺陷，就在有希望的机会，有想象的田地。换句话说，世界有缺陷，可能性（potentiality）才大。这种可能而未能的状况就是无言之美。世间有许多奥妙，要留着不说出；世间有许多理想，也应该留着不实现。因为实现以后，跟着"我知道了！"的快慰便是"原来不过如是！"的失望。

天上的云霞有多么美丽！风涛虫鸟的声息有多么和谐！用颜色来摹绘，用金石丝竹来比拟，任何美术家也是作践天籁，糟蹋自然！无言之美何限？让我这种拙手来写照，已是糟粕枯骸！这种罪过我要完全承认的。倘若有人骂我胡言乱道，我也只好引陶渊明的诗回答他说："此中有真意，欲辨已忘言！"

谈读书

一

朋友：

中学课程很多，你自然没有许多时间去读课外书。但是你试抚心自问：你每天真抽不出一点钟或半点钟的工夫吗？如果你每天能抽出半点钟，你每天至少可以读三四页，每月可以读一百页，到了一年也就可以读四五本书了。何况你在假期中每天断不会只能读三四页呢？你能否在课外读书，不是你有没有时间的问题，是你有没有决心的问题。

世间有许多人比你忙得多。许多人的学问都在忙中做成的。美国有一位文学家、科学家和革命家富兰克林，幼时在印刷局里做小工，他的书都是在做工时抽暇读的。不必远说，你应该还记得，孙中山先生，难道你比那一位奔走革命席不暇暖的老人家还要忙些吗？他生平无论忙到什么地步，没有一天不偷暇读几页书。你只要看他的《建国方略》和《孙文学说》，你便知道他不仅是一个政治家，而且还是一个学者。不读书讲革命，不知道"光"的所在，只是瞎头乱撞，终难成功。这个道理，孙先生懂得最清楚的，所以他的学说特别重"知"。

人类学问逐天进步不止，你不努力跟着跑，便落伍退后，这固不消说。尤其要紧的是养成读书的习惯，是在学问中寻出一种兴趣。你如果没有一种正常嗜好，没有一种在闲暇时可以寄托你的心神的东西，将来离开学校去做事，说不定要被恶习惯引诱。你不看见现在许多叉麻雀、抽鸦片的官僚们、绅商们乃至教员们，不大半由学生出身吗？你慢些鄙视他们，临到你来，再看看你的成就罢！但是你如果在读书中寻出一种趣味，你将来抵抗引诱的能力比别人定要大些。这种兴趣你现在不能寻出，将来永不会寻出的。凡人都越老越麻木，你现在已比不上三五岁的小孩子那样好奇、那样兴味淋漓了。你长大一岁，你感觉兴味的敏锐力便须迟钝一分。达尔文在自传里曾经说过，他幼时颇好文学和音乐，壮时因为研究生物学，把文学和音乐都丢开了，到老来他再想拿诗歌来消遣，便寻不出趣味来了。兴味要在青年时设法培养，过了正常时节，便会萎谢。比方打网球，你在中学时欢喜打，你到老都欢喜打。假如你在中学时代错过机会，后来要发愿去学，比登天边要难十倍。养成读书习惯也是这样。

你也许说，你在学校里终日念讲义看课本不就是读书吗？

讲义课本着意在平均发展基本知识，固亦不可不读。但是你如果以为念讲义看课本，便尽读书之能事，就是大错特错。第一，学校功课门类虽多，而范围究极窄狭。你的天才也许与学校所有功课都不相近，自己在课外研究，去发现自己性之所近的学问。再比方你对于某种功课不感兴趣，这也许并非由于性不相近，只是规定课本不合你的口味。你如果能自己在课外发现好书籍，你对于那种功课的兴趣也许就因而浓厚起来了。第二，念讲义看课本，免不掉若干拘束，想借此培养兴趣，颇是难事。比方有一本小说，平时自由拿来消遣，觉得多么有趣，一旦把它拿来当课本读，用预备考试的方法去读，便不免索然寡味了。兴趣要逍遥自在地不受拘束地发展，所以为培养读书兴趣起见，应该从读课外书入手。

书是读不尽的，就读尽也是无用，许多书没有一读的价值。你多读一本没有价值的书，便丧失可读一本有价值的书的时间和精力，所以你须慎加选择。你自己自然不会选择，须去就教于批评家和专门学者。我不能告诉你必读的书，我能告诉你不必读的书。许多人曾抱定宗旨不读现代出版的新书。因为许多流行的新书只是迎合一时社会心理，实在毫无价值，经过时代淘汰而巍然独存的书才有永久性，才值得读一遍两遍以至于无数遍。我不敢劝你完全不读新书，我却希望你特别注意这一点，因为现代青年颇有非新书不读的风气。别的事都可以学时髦，唯有读书做学问不能学时髦。我所指不必读的书，不是新书，是谈书的书，是值不得读第二遍的书。走进一个图书馆，你尽管看见千卷万卷的纸本子，其中真正能够称为"书"的恐怕难上十卷百卷。你应该读的只是这十卷百卷的书。在这些书中间，你不但可以得较真确的知识，而且可以于无形中吸收大学者治学的精神和方法。这些书才能撼动你的心灵，激动你思考。其他像"文学大纲""科学大纲"以及杂志报章上的书评，实在都不能供你受用。你与其读千卷万卷的诗集，不如读一部《国风》或《古诗十九首》，你与其读千卷万卷谈希腊哲学的书籍，不如读一部柏拉图的《理想国》。

你也许要问我：像我们中学生究竟应该读些什么书呢？这个问题可是不易回答。你大约还记得北平京报副刊曾征求"青年必读书十种"，结果有些人所举十种尽是几何代数，有些人所举十种尽是《史记》《汉书》。这在旁人看起来似近于滑稽，而应征的人却各抱有一番大道理。本来这种征求的本意，求以一个人的标准做一切人的标准，好像我只喜欢吃面，你就不能吃米，完全是一种错误见解。各人的天资、兴趣、环境、职业不同，你怎么能定出万应灵丹似的十种书，供天下无量数青年读之都能感觉同样趣味、发生同样效力？

我为了写这封信给你，特地去调查了几个英国公共图书馆。他们的青年读物部最流行的书可以分为四类：（一）冒险小说和游记；（二）神话和寓言；（三）生物故事；（四）名人传记和爱国小说。就中代表的书籍是凡尔纳的《八十天环

游地球》（Jules Verne: *Around the World in Eighty Days*）和
《海底两万里》（*Twenty Thousand Leagues Under the Sea*），
笛福的《鲁滨孙漂流记》（Defoe: *Robinson Crusoe*），大
仲马的《三剑客》（A.Dumas: *Three Musketeers*），霍桑
的《奇书》和《丹谷闲话》（Hawthorne: *Wonder Book* and
Tangle Wood Tales），金斯利的《希腊英雄传》（Kingsley:
Heroes），法布尔的《鸟兽故事》（Fabre: *Story Book of Birds
and Beasts*），安徒生的《童话》（Andersen: *Fairy Tales*），
骚塞的《纳尔逊传》（Southey: *Life of Nelson*），房龙的《人
类故事》（Van Loon: *The Story of Mankind*）之类。这些书在
国外虽流行，给中国青年读，却不十分相宜。中国学生们大半
是少年老成，在中学时代就欢喜像煞有介事地谈一点学理。他
们——你和我自然都在内——不仅欢喜谈谈文学，还要研究社
会问题，甚至于哲学问题。这既是一种自然倾向，也就不能漠
视，我个人的见解也不妨提起和你商量商量。十五六岁以后的
教育宜注重发达理解，十五六岁以前的教育宜注重发达想象。
所以初中的学生们宜多读想象的文字，高中的学生才应该读含
有学理的文字。

　　谈到这里，我还没有答复应读何书的问题。老实说，我
没有能力答复，我自己便没曾读过几本"青年必读书"，
老早就读些壮年必读书。比方在中国书里，我最欢喜《国
风》、《庄子》、《楚辞》、《史记》、《古诗源》、《文

选》中的书笺、《世说新语》、《陶渊明集》、《李太白集》、《花间集》、张惠言《词选》、《红楼梦》等等。在外国书里，我最欢喜济慈（Keats）、雪莱（Shelly）、柯尔律治（Coleridge）、布朗宁（Browning）诸人的诗集，索福克勒斯（Sophocles）的七悲剧，莎士比亚的《哈姆雷特》（Shakespeare：*Hamlet*）、《李尔王》（*King Lear*）和《奥瑟罗》（*Othello*），歌德的《浮士德》（Goethe：*Faust*），易卜生（Ibsen）的戏剧集，屠格涅夫（Turgenef）的《处女地》（*Virgin Soil*）和《父与子》（*Fathers and Children*），陀思妥耶夫斯基的《罪与罚》（Dostoyevsky：*Crime and Punishment*），福楼拜的《包法利夫人》（Flaubert：*Madame Bovary*），莫泊桑（Maupassant）的小说集，小泉八云（Lafcadio Hearn）关于日本的著作，等等。如果我应北平京报副刊的征求，也许把这些古董洋货捧上，凑成“青年必读书十种”。但是我知道这是荒谬绝伦。所以我现在不敢答复你应读何书的问题。你如果要知道，你应该去请教你所知的专门学者，请他们各就自己所学范围以内指定三两种青年可读的书。你如果请一个人替你面面俱到的设想，比方他是学文学的人，他也许明知青年必读书应含有社会问题、科学常识等等，而自己又没甚把握，姑且就他所知的一两种拉来凑数，你就像问道于盲了。同时，你要知道读书好比探险，也不能全靠别人指导，你自己也须得费些工夫去搜求。我从来没有听见有人按照别人替他定的"青年必读书十种"或"世界名著百种"读下去，便成就一个学者。别人只能介绍，抉择还要靠你自己。

关于读书方法。我不能多说，只有两点须在此约略提起。第一，凡值得读的书至少须读两遍。第一遍须快读，着眼在醒豁全篇大旨与特色。第二遍须慢读，须以批评态度衡量书的内容。第二，读过一本书，须笔记纲要和精彩的地方和你自己的意见。记笔记不特可以帮助你记忆，而且可以逼得你仔细，刺激你思考。记着这两点，其他琐细方法便用不着说。各人天资习惯不同，你用哪种方法收效较大，我用哪种方法收效较大，不是一概论的。你自己终久会找出你自己的方法，别人绝不能给你一个方单，使你可以"依法炮制"。

你嫌这封信太冗长了吧？下次谈别的问题，我当力求简短。再会！

你的朋友　光潜

二

十几年前我曾经写过一篇短文谈读书，这问题实在是谈不尽，而且这些年来我的见解也有些变迁，现在再就这问题谈一回，趁便把上次谈学问有未尽的话略加补充。

学问不只是读书，而读书究竟是学问的一个重要途径。因为学问不仅是个人的事，而且是全人类的事，每科学问到了现在的阶段，是全人类分途努力、日积月累所得到的成就，而这成就还没有淹没，就全靠有书籍记载流传下来。书籍是过去人类的精神遗产的宝库，也可以说是人类文化学术前进轨迹上的记程碑。我们就现阶段的文化学术求前进，必定根据过去人类已得的成就做出发点。如果抹杀过去人类已得的成就，我们说不定要把出发点移回到几百年前甚至几千年前，纵然能前进，也还是开倒车落伍。读书是要清算过去人类成就的总账，把几千年的人类思想经验在短促的几十年内重温一遍，把过去无数亿万人辛苦获来的知识教训集中到读者一个人身上去受用。有了这种准备，一个人总能在学问途程上作万里长征，去发现新的世界。

历史愈前进，人类的精神遗产愈丰富，书籍愈浩繁，而读书也就愈不易。书籍固然可贵，却也是一种累赘，可以变成研究学问的障碍。它至少有两大流弊。首先，书多易使读者不专精。我国古代学者因书籍难得，皓首穷年才能治一经，书虽读得少，读一部却就是一部，口诵心惟，咀嚼得烂熟，透入身心，变成一种精神的原动力，一生受用不尽。现在书籍易得，一个青年学者就可夸口曾过目万卷，"过目"的虽多，"留心"的却少，譬如饮食，不消化的东西积得愈多，愈易酿成肠胃病，许多浮浅虚骄的习气都由耳食肤受所养成。其次，书多易使读者迷方向。任何一种学问的书籍现在都可装满一图书馆，其中真正绝对不可不读的基本著作往往不过数十部甚至于数部。许多初学者贪多而不务得，在无足轻重的书籍上浪费时间与精力，就不免把基本要籍耽搁了。比如，学哲学者尽管看过无数种的哲学史和哲学概论，却没有看过一种柏拉图的《对话集》；学经济学者尽管读过无数种的教科书，却没有看过亚当·斯密的《原富》。做学问如作战，须攻坚挫锐，占住要塞。目标太多了，掩埋了坚锐所在，只东打一拳，西踏一脚，就成了"消耗战"。

读书并不在多，最重要的是选得精，读得彻底。与其读十部无关轻重的书，不如以读十部书的时间和精力去读一部真正值得读的书；与其十部书都只能泛览一遍，不如取一部书精读十遍。"好书不厌百回读，熟读深思子自知"，这两句诗值得每个读书人悬为座右铭。读书原为自己受用，多读不能算是荣誉，少读也不能算是羞耻。少读如果彻底，必能养成深思熟虑的习惯，涵泳优游，以至于变化气质；多读而不求甚解，则如驰骋十里洋场，虽珍奇满目，徒惹得心花意乱，空手而归。世间许多人读书只为装点门面，如暴发户炫耀家私，以多为贵。这在治学方面是自欺欺人，在做人方面是趣味低劣。

读的书当分种类，一种是为获得现世界公民所必需的常识，一种是为做专门学问。为获常识起见，目前一般中学和大学初年级的课程，如果认真学习，也就很够用。所谓认真学习，熟读讲义课本并不济事，每科必须精选要籍三五种来仔细玩索一番。常识课程总共不过十数种，每种选读要籍三五种，总计应读的书也不过五十部左右。这不能算是过奢的要求。一般读书人所读过的书大半不止此数，他们不能得实益，是因为他们没有选择，而阅读时又只潦草滑过。

常识不但是现世界公民所必需，就是专门学者也不能缺少它。近代科学分野严密，治一科学问者多故步自封，以专门为借口，对其他相关学问毫不过问。这对于分工研究或许是必要，而对于淹通深造却是牺牲。宇宙本为有机体，其中事理彼此息息相关，牵其一即动其余，所以研究事理的种种学问在表面上虽可分别，在实际上却不能割开。世间绝没有一科孤立绝缘的学问。比如政治学须牵涉到历史、经济、法律、哲学、心理学以至于外交、军事等等，如果一个人对于这些相关学问未曾问津，入手就要专门习政治学，愈前进必愈感困难，如老鼠钻牛角，愈钻愈窄，寻不着出路。其他学问也大抵如此，不能通就不能专，不能博就不能约。先博学而后守约，这是治任何学问所必守的程序。我们只看学术史，凡是在某一科学问上有大成就的人，都必定于许多他科学问有深广的基础。目前我国一般青年学子动辄喜言专门，以至于许多专门学者对于极基本的学科毫无常识，这种风气也许是在国外大学做博士论文的先生们所酿成的。它影响到我们的大学课程，许多学系所设的科目"专"到不近情理，在外国大学研究院里也不一定有。这好像逼吃奶的小孩去嚼肉骨，岂不是误人子弟？

有些人读书，全凭自己的兴趣。今天遇到一部有趣的书就把预拟做的事丢开，用全副精力去读它；明天遇到另一部有趣的书，仍是如此办，虽然这两书在性质上毫不相关。一年之中可以时而习天文，时而研究蜜蜂，时而读莎士比亚，在旁人认为重要而自己不感兴趣的书都一概置之不理。这种读法有如打游击，亦如蜜蜂采蜜。它的好处在使读书成为乐事，对于一时兴到的著作可以深入，久而久之，可以养成一种不平凡的思路与胸襟。它的坏处在使读者泛滥而无所归宿，缺乏专门研究所必需的"经院式"的系统训练，产生畸形的发展，对于某一方面知识过于重视，对于另一方面知识可以很蒙昧。我的朋友中有专门读冷僻书籍，对于正经正史从未过问的，他在文学上虽有造就，但不能算是专门学者。如果一个人有时间与精力允许他过享乐主义的生活，不把读书当作工作而只当作消遣，这种蜜蜂采蜜式的读书法原亦未尝不可采用。但是一个人如果抱有成就一种学问的志愿，他就不能不有预定计划与系统。对于他，读书不仅是追求兴趣，尤其是一种训练，一种准备。有些有趣的书他须得牺牲，也有些初看很干燥的书他必须咬定牙关去硬啃，啃久了他自然还可以啃出滋味来。

读书必须有一个中心去维持兴趣，或是科目，或是问题。以科目为中心时，就要精选那一科要籍，一部一部的从头读到尾，以求对于该科得到一个概括的了解，做进一步高深研究的准备。读文学作品以作家为中心，读史学作品以时代为中心，也属于这一类。以问题为中心时，心中先须有一个待研究的问题，然后采关于这问题的书籍去读，用意在搜集材料和诸家对于这问题的意见，以供自己权衡去取，推求结论。重要的书仍须全看，其余的这里看一章，那里看一节，得到所要搜集的材料就可以丢手。这是一般做研究工作者所常用的方法，对于初学不相宜。不过初学者以科目为中心时，仍可约略采取以问题为中心的微意。一书作几遍看，每一遍只着重某一方面。苏东坡与王郎书曾谈到这个方法：

少年为学者，每一书皆作数次读之。当如入海百货皆有，人之精力不能并收尽取，但得其所欲求者耳。故愿学者每一次作一意求之，如欲求古今兴亡治乱圣贤作用，且只作此意求之，勿生余念；又别作一次求事迹文物之类，亦如之。他皆仿此。若学成，八面受敌，与涉猎者不可同日而语。

朱子尝劝他的门人采用这个方法。它是精读的一个要诀，可以养成仔细分析的习惯。举看小说为例，第一次但求故事结构，第二次但注意人物描写，第三次但求人物与故事的穿插，以至于对话、辞藻、社会背景、人生态度等等都可如此逐次研求。

读书要有中心，有中心才易有系统组织。比如看史书，假定注意的中心是教育与政治的关系，则全书中所有关于这问题的史实都被这中心联系起来，自成一个系统，以后读其他书籍如经子专集之类，自然也常遇着关于政教关系的事实与理论，它们也自然归到从前看史书时所形成的那个系统了。一个人心里可以同时有许多系统中心，如一部字典有许多"部首"，每得一条新知识，就会依物以类聚的原则，汇归到它的性质相近的系统里去，就如拈新字贴进字典里去，是人旁的字都归到人部，是水旁的字都归到水部。大凡零星片段的知识，不但易忘，而且无用。每次所得的新知识必须与旧有的知识联络贯串，这就是说，必须围绕一个中心归聚到一个系统里去，才会生根，才会开花结果。

记忆力有它的限度，要把读过的书所形成的知识系统，原本枝叶都放在脑里储藏起，在事实上往往不可能。如果不能储藏，过目即忘，则读亦等于不读。我们必须于脑以外另辟储藏室，把脑所储藏不尽的都移到那里去。这种储藏室在从前是笔记，在现代是卡片。记笔记和做卡片有如植物学家采集标本，须分门别类订成目录，采得一件就归入某一门某一类，时间过久了，采集的东西虽极多，却各有班位，条理井然。这是一个极合乎科学的办法，它不但可以节省脑力，储有用的材料，供将来的需要，还可以增强思想的条理化与系统化。预备做研究工作的人对于记笔记、做卡片的训练，宜于早下功夫。

流行文学三弊

　　文学的条件本很简单，首先是有话值得说，其次是把话说得恰到好处。有话值得说，内容才充实，说得恰到好处，形式才完美。像其他艺术一样，文学必须寓亲切情趣于具体意象。情趣与意象欣合无间，自成一新境界，就是值得说的话。没有亲切情趣，自己未曾受感动，绝不能感动人；有亲切情趣而没有具体意象来表现它，喜只发泄于一笑，悲只发泄于一哭，境迁情逝，便了无余蕴。情趣化为意象，作者才可作沉静的回味，读者才可由境见情。情趣意象的融合是艺术的胚胎，在心中化育，也可在心中含蓄。在心中含蓄时，他对于作者自己仍不失其艺术的价值。但是，人是社会的动物，每个人都有把个体生命扩充为社会生命的希冀，有话总得要说给人听，守秘是最苦的事。心里有话必须说出，而把心里的话说得恰到好处，结果就是艺术作品。有作品，艺术才可以由作者传达到读者。这里所谓"恰到好处"颇不是一件易事。一则语言不常能跟着思想感情走，每个人都经验过有话说不出的苦楚，或是所说的和所想的究竟还差一点。语言这个工具于写作者的手里，如同刀锯在匠人的手里一样，要经过若干艰苦的训练，才能运用自如。其次，所谓"恰到好处"，以作者为准与以读者为准亦不尽同。在作者看，词或已达意；在读者看，仍未必能完全了解。性分、修养、经验人各不同，这种了解上的差别是于理应有的。调和折中或是最稳妥的办法。"修辞立其诚""言之无文，行之不远"，"立诚"和"行远"在第一流作品里是并行不悖的。

这番道理本极浅近平凡，但极浅近平凡的也往往极不容易做到。目前流行的文学作品，从印行的诗文、小说、戏剧以至壁报和课堂习作，都似乎没有达到这种极浅近平凡的标准。许多写作者似根本不明白文学是怎么回事，拿文学做招牌来做种种可笑的勾当，在文坛上酝酿一种极不健康的风气。没有出息的始终没有出息，在文坛上鬼混若干年以后，逃不了他们应受的遗忘与消灭。最可怜的是一班有志于文学的青年，只有那一个不健康的风气做榜样，盲目地跟着旁人走，到后来只是一蟹不如一蟹，糟蹋了许多有为的青年，也糟蹋了才露头角的新文学。这篇随感录并不敢为作家说法，只是站在读者的地位来诉一点苦。章实斋作过《古文十弊》，现在不勉强凑足成数，只就一时所认为最重要的指出三点。

一、陈腐——人常为惰性所累，欢喜朝抵抗力最低的路线走，抵抗力最低的路线是人践踏到熟烂的路线。在个人为习惯，在社会为风俗，为传统。习惯和风俗的潜势力比什么都大，人常不知不觉地被它们拖着走。对于和它们不相容的总是加以仇视与抗拒。在每个时代，伦理、政治、学术以及全体文化的进展所感到的最大的阻碍力就是习惯风俗，就是心理学家所说的"呆板反应"（stock-responses）。在文艺方面，习惯和风俗的阻碍力尤其险毒。一种已成作风的僵硬化，一种新兴作风的流产或夭折，都是习惯和风俗所伴的惰性在作祟。中国几千年来文艺笃守传统，到现在，大学国文系还让一班似通不通的学究把持着，禁止学生谈语体文，教他们专作那些似通不通的策论、诗赋。这就正是中了惰性的毒。不过，新文学家也得自己反省：他们在精神上是否真与顽腐学究有什么不同？现在文坛上弥漫着的是模仿抄袭的空气。白话文运动初期，多数人在传染浪漫派的无聊的感伤，后来又贩卖写实主义、象征主义、大众化，种种空洞的名词，很少有人脚踏实地埋头努力开辟一条自己的路径，创造出思想、体裁、内容都超越流俗，值得一读的作品。最重要的原因是写作者根本没有文艺的资禀与修养，只是拿文艺作商业上和政治上的敲门砖。书店老板或政党走狗今天想出一个花样，他们如法炮制，明天想出另一个花样，他们依然如法炮制。文艺变成游街队的叫卖，小喽啰的呐喊，还有什么风格生命可言！倒霉的是我们花钱买书的读者，读来读去，老是那么一套，读了第一篇便不想读第二篇，勉强看下去越觉得烦腻，把一点文学味抹杀得一干二净。从前有些慈善家（其中也不乏伪君子），要劝人行善消恶，便造出许多故事，如某甲放了若干乌龟的生，后来享了长寿；某乙犯了奸淫，后来自己的妻女显了报应。这类故事已成为一般"善书"《感应篇》《阴骘文》内容的共通性。谈现在流行文学作品——尤其是所谓"宣传"品——我们常嗅到"善书""感应篇"之类的气息。著"善书"，说"圣谕"，以及写八股文的精神和方法，在任何时代都是要不得的，而现在还在那里滋长蔓延。这是我们最为新文学危惧的。尽管传统派批评家呐喊着要永恒性与普遍性，每个艺术作品的境界必定是独到的，新鲜的。没有创造，就没有艺术。所谓"创造"，并不是根据一个号，敷衍成一篇文字，贴上"诗""小说"或"戏剧"的标签，而是用适当的语言表现出一个具体的境界和亲切的情趣。这是资禀和修养的结晶，不是支票或头衔所能买到的。

二、虚伪——文艺不是一种门面装饰，而是丰富精神的充溢。文艺的创造多迫于不得已，有话总得要说。如果心里本来无话可说，最好就不说话。没有话可说而勉强要说，所说的话就变成内心生活贫乏的掩饰，文艺上的虚伪多由此起。虚伪的病根在中国文学史上本来种得很深。从前文人以文字为应酬工具，作寿序、墓志铭乃至于专门著述，照例都有一套门面语，都要摆一个空心架子，内容尽管很空洞，表面却须显得富丽堂皇。这是古文的通病，也是八股文和试帖诗的秘诀。它在新文学中不但没有铲除，而且因为受到不健康的外来影响还变本加厉。近代西方文学颇着重细腻的描写，一间房子、一个人，或一条狗，往往要费几千言来烘托渲染，节目上堆节目，形容词上堆形容词。有些人以为如此才显得精细富丽，其实这种写法本来不尽可为法。要把事物表现得活跃，着墨太多往往反成障碍。把辞藻当装饰来掩盖内容的空洞，在任何文字中都是大病。而且中西方语句构造习惯不同，西文所能承得起的繁词丽藻中文常承不起。现在许多作家——尤其对外国文仅有一知半解而对本国文则毫无素养者——不明白这个道理，以为作文章秘诀在搬弄漂亮词句，往往写上满篇陈腐而僵硬的形容词句，不能叫读者见出一个活跃的境界来。这是穷人摆富贵架子，戳穿了一文不值。这种虚伪是偏在形式方面，以浮华掩空洞。此外另有一种虚伪起于内容方面。近十年来，法国象征派诗和现代英美诗也一鳞一爪地传到了中国来，它们的特征是竭力撇开寻常蹊径，用深微的意象、音节，表现新鲜的情调，作得好就幽深微妙，作得不好就僻窄艰晦。这种作品在西方也只是少数知识分子的玩意儿，聊备一格固未尝不可，绝不能认为是文学的正宗走道。近来，我们的新兴作家中，也有人正在模仿这种作风，成就较好的，固然可以启示学者一种新观点去感觉事物，对于粗疏陈腐是一剂良药。但是，也有好些人在冒招牌，本来没有象征诗和现代英美诗的那种情调（文化背景和社会经验不同，我们本来很不容易做起那种情调），而偏要做起来像有的样子，披上一层不易看穿的道袍，叫你猜想其中有如何神秘，等你费许多力量看穿了，原来还是一个空心大老倌，叫你懊悔得不偿失。这种勾当有些像走江湖的医生、相士的"法术"，从前人所谓"以艰深文浅陋"，也是目前很流行的一个毛病。

三、油滑——文艺和游戏在起源上本很接近，它们都是富裕的生命流露于自由活动，都是要在现实世界之上另造一个意象的世界来应情感的需要。文学家看世界，多少有如看戏，站在超然的地位，把人生世相中的形形色色当作惊心动魄的图画去欣赏，对于丑陋、乖讹、灾祸时而觉得可笑，时而觉得可悲。这种悲笑是获得启示后的感动，是对于人生世相较深刻的认识和较隽永的回味，不至于人走到佯狂或颓废的路上去。所以文艺是最高度的幽默与最高度的严肃超过冲突而达到调和。一个人如果一味严肃而没有幽默意识，对于文学就终身是门外汉，但是，因为同样理由，如果一味幽默而见不到幽默的严肃境界，也绝不会产生伟大的文学作品。一味严肃的人对于文学倒没有多大危险，因为他们钻进清教徒或道学家的圈子里去，就不会闯进文学的区域来。一味幽默的人倒往往把文学当成一种玩世的工具，使文学流为游戏。西方有一句谚语说："这世界对于好用思想的人是一部喜剧，对于好动情感的人是一部悲剧。"大概第一流的文学作品必能调和思想与感情的冲突而同时见出世界的喜剧与悲剧的两方面。有时思想感情乖离，幽默与严肃脱节，文学就容易偏向喜剧的调侃，以及在讥刺方面发达。这种变动发生大半在"理智时代"。古希腊的哲学鼎盛时代和近代欧洲18世纪都是最显著的例子。大多数文人在这种时代对于人生社会的态度是讽刺的，心里不满意于现状，谴责过于悲悯，理智的抗拒多于情感的激动，无可奈何，出之以讥刺，聊博一笑。讽刺文学的发达表示心地的僻窄、情感的压抑或萎靡，以及整个精神生活的不健康。所以，讽刺文学最发达的时代，也往往是文学水准最低落的时代。我们的这个时代是否偏于理智的，我们不敢武断，但是，情感的压抑与萎靡却是不可讳言的事实。我们大多数人对于人生、社会的态度——如果不只是叫嚣鬼混而确实有一个态度的话——是偏向于讽刺的。从鲁迅一直到老舍都是如此，讽刺者大半与滑稽玩世者有别，他们还是太认真，出发点还是一副救世心肠。但是，讽刺的骨子是天生的，讽刺的面孔是可以假扮的。没有讽刺的骨子而学得讽刺的面孔，结果就会成了专会谑浪调笑的小丑。近年来所谓"幽默文学"颇有这种倾向。提倡"幽默小品"的人也许有他们的见地，不过，学他们的人往往一味憨皮臭脸，油腔滑调。坏风气传染得特别快，现在，不但学生壁报和报纸副刊在学《论语》的调子，就是许多认真的作家往往在无意之中也露出点油腔滑调。这也是文坛上一个很严重的病相。

以上所说的三种弊病当然不是流行文学所特有，它们在中国文学史上老早就种了祸根，不过，现在特别显得显著。白话文运动起来以后，许多人过于兴奋，以为这是中国文学的空前的革命。从外表说，这种看法或者不无片面真理。但是，我们放冷静一点去衡量，就会觉得以往传统精神最坏的方面是在"流毒"。真正的文学革命不只是换一个语言躯壳就可以了事。用文言可以说谎和摆空架子，用白话还是可以说谎和摆空架子。这番话并非对白话文表示恶意，文学必须用活语言，这道理只有愚顽者才会否认。不过，语言究竟只是一种表现工具，表现工具改善了不一定就能保障运用它的人成为文学家，就如刀锯改善了不一定就能保障运用它的人成好匠人是一个道理。而且语言跟着思想走，思想未脱混沌无杂的状态，语言也绝不会精妙。真正的文学革命必定从充实内心生活做起。目前大患，不在表现内心生活的工具不够，而在内心生活本身的贫乏。关于发展内心生活这一点，我们希望作家自己有觉悟，肯努力，同时也希望政府和社会少给一点诱惑与钳制。

理想的文艺刊物

这是一种新刊物。照例，一种新刊物在与读者初次见面时，常有一篇宣言，表示它的态度和希望。宣言最易流为官样文章，所以有些聪明的编辑者索性免去这个俗套，让读者自己去揣摩刊物的性格，不加一句介绍语。

这种缄默固然有它的方便，有时却也不免是老于世故者的骑墙伎俩。在易惹是非的时代，最聪明的处世法是始终维持一种暧昧游离的态度，替自己留一个在利害关头可以转变或闪避的余地。不过在思想方面和在行为方面一样，心里那样想而口里不那样说。或是心里想着而口里不说出它所应该说的话，都不免是违背良心。语言是思想的外现，淆乱语言或禁锢语言的结果必至于淆乱思想与禁锢思想。口里乱说，心里也就乱想；口里不说，心里也就不想。一个不诚实的无勇气的人无论是在思想或在文艺方面都绝不会有成就。"怕惹是非"是我们中国人的智慧。大家既不肯惹是非，世间就不复有是非了。思想界的混浊与沉闷全是"怕惹是非"的怯懦心理所酿成的。

　　我们所呈献给诸位读者的是一种文艺刊物，开头就提到思想问题，诸位或许不以为它是题外话。在现代中国，我们一提到文艺，就要追问到思想，这是不可避免的。在任何时代，文艺多少都要反映作者对于人生的态度和他的特殊时代的影响。各时代的文艺成就大小，也往往以它从文化思想背景所吸收的滋养的多寡深浅为准。整部的文学史，无论是东方的或西方的，都是这条原则的例证。19世纪所盛行的"为文艺而文艺"的主张是一种不健全的文艺观，在今日已为多数人所公认。并且，无论它是否健全，它究竟有一个思想上的出发点。每种文艺观都必同时是一种人生观，所以"为文艺而文艺"的信条自身就隐含着一种矛盾。

　　着重文艺与文化思想的密切关联，并不一定走到"文以载道"的窄路。从文化思想背景吸收滋养，使文艺植根于人生沃壤，是一回事；取教训的态度，拿文艺做工具去宣传某一种道德的、宗教的或政治的信条，另是一回事。这个分别似微妙而实明显。从历史的教训看，文艺上的伟大收获都有丰富的文化思想做根源，强文艺就范于某一种窄狭信条的尝试大半是失败。有许多人没有认清这里所着重的分别，因而推演到两种相反而都错误的结论。一派人抓住文艺与人生的密切关联，以为文艺既是人生的表现，也就应该是人生的改善工具。换句话说，它的功用应该在宣传，一种文艺不宣传什么，对于人生就失去它的价值。另一派人看到"文以载道"说的浅陋，以为文艺是想象的、创造的，功用只在表现而不在宣传，所以一个文艺工作者可以自封在象牙之塔里面，对于他的时代可以是超然的，漠不关怀的，用不着理会什么文化思想。

这两派看法恐怕都是老鼠钻牛角，死路一条。在现时的中国文艺界，我们无论是右是左，似乎都已不期而遇地走上这条死路。一方面，中国所旧有的"文以载道"的传统观念很奇怪地在一般自命为"前进"作家的手里，换些新奇的花样而安然复活着。文艺据说是"为大众""为革命""为阶级意识"。另一方面，一般被斥为"落伍"的作家感到时代潮流的压迫，苦于左右做人难，于是对于时代起疑惧与厌恶，抱"与人无争"的态度而"超然"起来。结果是我们看得见的。搬弄名词、呐喊口号，没有产生文学；不搬弄名词、呐喊口号，也没有产生文学。失败的原因是异途而同归的。大家都缺乏丰富的文化思想方面的修养。对于现代文化思想的努力，"落伍"者固然"落伍"，"前进"者亦未必真正"前进"。一个作家的精神产业往往只限于几部翻译的小说集，实际人生的经验只限于都会中小知识阶级的来往，他的光阴大半要费在写稿谋生活。这样贫瘠的土壤如何能希望丰富的收获呢？

许多人对于我们的时代颇感到骄傲，以为这是中国文化思想上的一个大转机，一种"文艺复兴"，一种新思想与新人生观的勃起。他们希冀这伟大的时代理应产生一种伟大的文学。同时，他们看到目前所流行的文艺作品，又不免颓然失望。

"设法知道你自己"，希腊人很谨慎地警告我们"人岂不自知"？我们很自负地夸耀自己的洞察力。站在这个时代里面，想看清它的成就或失败以及它所应走的路向，和"自知"有同样的困难，同样地容易发生幻觉。我们缺乏精确审视所必需的冷静与透视距离。唯一的可以纠正过于放大或缩小的看法的根据是历史上的类似事实，而这种根据又有它的限度，因为严格说来，历史是从不复演的。不过有一点我们似乎可以看得清楚，就是中国新文化运动至多才不过有四五十年的历史，而这四五十年的期限在一个文化进展的途程上，所含的意义尽管极重大，所占的阶段实在非常渺小。在四五十年中，一个极大的政治变动可以由发生而完成，一个极大的文化运动则至多可以稍见端倪。我们试想想，四五十年的光阴在欧洲文艺复兴的初期算得什么？在中国佛教流布的初期又算得什么？我们要承认文化运动现在还在它的幼稚期。

我们着重这一点人人皆知的事实，用意并不在替我们的平凡成就辩护，而在指出我们今后努力所应取的态度。是幼稚期就应该把它当作幼稚期看待。"欲速则不达""揠苗助长"，叫年轻人勉强学老年人，无论是对于个人教育，或是对于整个的文化运动，都是危险的。

从历史的教训看，文化思想的进展大半可略分为两期——生发期与凝固期。在生发期中，一种剧烈的社会变动或是一种崭新的外来影响给思想家以精神上的刺激与启发，扩大他们的视野，使他们对于事物取新颖的看法，对于旧有文化制度取怀疑、攻击，或重新估价的态度。这种从传统习惯解放过来的思想常无所拘泥地向各方面探险，伴着高度的兴奋、热诚与活力。唯其不拘一轨，所以分歧、摩擦、冲突、斗争都是常有的事。唯其含有强壮的活力，所以在分歧冲突之中，各派思想仍能保持独立自由的尊严，自己努力前进而同时也激动敌派思想努力前进。这种生发期愈延长，则思想所达到的方面愈众多，所吸收的营养愈丰富，所经过的摩擦锻炼愈彻底，所树立的基础也就愈坚实稳固。一种文化思想除非是到了没落死灭，它总不能完全脱离它的生发期。不过少壮时代"狂飙突进"式的生发则往往达到某一种限度就底止。由同趋异，由单一趋杂多，是一种新文化刚生发的现象。由异趋同，由杂多趋单一，是那种文化已成熟的现象。人类心灵常需要综合，把繁复的事态加以简单化，所以每种文化思想在生发初期所有的分歧和矛盾到后来常逐渐融化在一个兼容并包的新系统里面。黑格尔的辩证公式似可应用到这里。由辩证式中的正反对峙的阶段到它的融合阶段，那种文化思想就已由生发期转入凝固期了。在凝固期中，新传统已成立，前一期的兴奋、热诚与活力已锐减，一般学者都乐业守成，对于前人的造就加以发挥光大，对于已树立起的基础加以补苴罅漏，纵然偶有新的开发，也是遵照已成的传统所指定的路向。新传统成为一种统一的中心势力。在这种势力蔓延之下，新的相反的思想动向不容易起来；纵然起来，也会被认为异端邪说而受摧残扑灭。传统的势力愈稳定，分歧冲突愈少，活力愈降低，则生发亦愈不易。所以一种文化思想的凝固期同时也就预兆它的衰落期。

这是文化思想进展的公例。如果举例证，纪元前6世纪至前4世纪是希腊文化思想的生发期，亚历山大时代与罗马时代是它的凝固期。纪元后1世纪至5世纪为耶教文化思想在欧洲的生发期（圣奥古斯丁是一个分水线），6世纪至13世纪为它的凝固期。14至15世纪为文艺复兴所代表的文化思想的生发期，17至18世纪为它的凝固期。18至19世纪为近代科学及工商业文化的生发期，现世纪似已转入它的凝固期。在中国方面，因为社会稳定长久而外来的影响小，文化思想起伏的波折比较单调。殷周时代无疑地是它的生发期。从汉一直到清，粗略地说，都可以说是儒家文化思想的凝固期。虽然在汉朝有一个道家思想勃兴的时期，在六朝有一个佛教文化思想流布的时期，它们都只能算是伏流，它们的存在和蔓延多少都借着与儒家思想主潮合流而同汇到叫作"中国文化思想"的大海。现在我们新受西方文化思想的洗礼，几千年来儒家文化思想的传统突遭动摇，几千年来根深蒂固的社会制度也在剧烈地转变，这种一发千钧的时会应该是中国新文化思想生发期的启端。

这一点历史变迁大势的认识能给我们一种什么教训呢？它教我们在努力之中应有相当的忍耐，把眼光放远，把脚步放稳。我们所处的是新文化思想的生发期而不是它的凝固期。它还是一个胎儿，且让它多吸收营养，生发滋长，不必施行不自然的堕胎手术，使它因流产而夭折。我们应该尽量地延长生发期，不让我们努力孕育殷勤期待的新文化思想老早就"沟渠化"，就走上一条窄狭的路，就纳入一个固定的模型，就截断四方八面的灌溉。

我们刚从旧传统的桎梏中解放过来，现在又似在作茧自缚，制造新传统的桎梏套在身上，这未免太愚笨。新传统将来自然会成立的，我们不必催生堕胎。在任何方面，我们的思想成就都还很幼稚。如果把这幼稚的成就加以凝固化，它就到了止关。我们现在所急需的不是统一而是繁富，是深入，是尽量地吸收融化，是树立广大深厚的基础。

健全的人生观与文化观都应容许多方面的调和的自由发展。中世纪的苦行主义和清教主义不是健全的人生理想，就因为它要尽量地压抑摧残人性中某一部分而去伸张另一部分。封建制度的原形和变相不是健全的社会理想，就因为它尽量地剥削某一阶级而予另一阶级以过分的享受。英美所代表的工商业文化不是健全的文化理想，就因为它因尽量地希图物质上的富裕而失去精神方面的价值意识，它们是畸形的发展。就被发展的一方面说，那是臃肿；就被忽略的一方面说，那是残废。

前车之覆，后车之鉴。这是新文化思想的生发期，它不应该堕入畸形的发展。我们不妨让许多不同的学派思想同时在酝酿、骚动、生展，甚至于冲突斗争。我们用不着喊"铲除"或是"打倒"，没有根的学说不打终会自倒。有根的学说，你就唤"打倒"也是徒然。我们也用不着空谈什么"联合战线"，冲突斗争是思想生发所必需的刺激剂。不过你如果爱自由，就得尊重旁人的自由。在冲突斗争之中，我们还应维持"公平交易"与"君子风度"。造谣、谩骂、断章摘句做罪案，狂叫乱嚷不让旁人说话，以及用低下手腕或凭仗暴力钳制旁人思想言论的自由——这些都不是"公平交易"，对于旁人是损害，对于你自己也有伤"君子风度"。我们应养成对于这些恶劣伎俩的羞恶。

这是我们对于文化思想运动的基本态度，用八个字概括起来，就是"自由生发，自由讨论"。我们相信文化思想方面的深广坚实的基础是新文艺发展所必需的条件。在目前中国，这种条件尚不充分。第一件急务是英国学者阿诺德所说的广义的批评，就是"自由运用心智于各科学问"，"无所为而为地研究和传播世间最好的知识与思想"，"造成新鲜自由的思想潮流，以洗清我们的成见积习"。

对于文艺本身，我们所抱的态度与对于文化思想的相同。中国的新文艺也还是在幼稚的生发期，也应该有多方面的调和的自由发展。我们主张多探险，多尝试，不希望某一种特殊趣味或风格成为"正统"。这是我们的新文艺试验时期。在试验时期，我们免不着要牺牲一点，要走些曲路甚至于错路，不能马上就希望有如何惊人的成就。不过多播下一些种子，将来会有较丰富的收获。在不同的趣味与风格并行不悖时，我们可以互相观摩，互相启发，互相匡正。在文艺方面，无论是对于旁人或是对于自己，冷静严正的批评都是维持健康的良药。有作用的谩骂和有作用的标榜都是"艺术良心"薄弱的表现。没有"艺术良心"，绝不会有真正的艺术上的成就。别人的趣味和风格尽管和我们的背道而驰，只要他们的态度诚恳严肃，我们仍应表示相当的敬意。我们努力的方向尽管不同，但是"条条大路通罗马"，只要真正努力前进，大家终于可以殊途同归地替中国新文艺开发出一个泱泱大国。

根据这个信念，一种宽大自由而严肃的文艺刊物对于现代中国新文艺运动应该负有什么样的使命呢？它应该认清时代的弊病和需要，尽一部分纠正和向导的责任，它应该集合全国作家作分途探险的工作，使人人在自由发展个性之中，仍意识到彼此都望着开发新文艺一个共同目标，它应该时常回顾到已占有的领域，给以冷静严正的估价，看成功何在，失败何在，作前进努力的借鉴。同时，它应该是新风气的传播者，在读者群众中养成爱好纯正文艺的趣味与热诚。它不仅是一种选本，不仅是回顾的，而同时是向前望的，应该维持长久生命，与时代同生展，它也不仅是一种"文艺情报"，应该在陈腐枯燥的经院习气与油滑肤浅的新闻习气之中，辟一清新而严肃的境界，替经院派与新闻派作一种康健的调剂。

读书破万卷，下笔如有神

——天才与灵感

知道格律和模仿对于创造的关系，我们就可以知道天才和人力的关系了。

生来死去的人何止恒河沙数？真正的大诗人和大艺术家是在一口气里就可以数得完的。何以同是人，有的能创造，有的不能创造呢？在一般人看，这全是由于天才的厚薄。他们以为艺术全是天才的表现，于是天才成为懒人的借口。聪明人说，我有天才，有天才何事不可为？用不着去下功夫。迟钝人说，我没有艺术的天才，就是下功夫也无益。于是艺术方面就无学问可谈了。

"天才"究竟是怎么一回事呢？

它自然有一部分得诸遗传。有许多学者常欢喜替大创造家和大发明家理家谱，说莫扎特有几代祖宗会音乐，达尔文的祖父也是生物学家，曹操一家出了几个诗人。这种证据固然有相当的价值，但是它绝不能完全解释天才。同父母的兄弟贤愚往往相差很远。曹操的祖宗有什么大成就呢？曹操的后裔又有什么大成就呢？

天才自然也有一部分成于环境。假令莫扎特生在音阶简单、乐器拙陋的蒙昧民族中，也绝不能作出许多复音的交响曲。"社会的遗产"是不可蔑视的。文艺批评家常欢喜说，伟大的人物都是他们的时代的骄子，艺术是时代和环境的产品。这话也有不尽然。同是一个时代而成就却往往不同。英国在产生莎士比亚的时代和西班牙是一般隆盛，而当时西班牙并没有产生伟大的作者。伟大的时代不一定能产生伟大的艺术。美国的独立、法国的大革命在近代都是极重大的事件，而当时艺术却卑卑不足高论。伟大的艺术也不必有伟大的时代做背景，席勒和歌德的时代，德国还是一个没有统一的纷乱的国家。

我承认遗传和环境的影响非常重大，但是我相信它们都不能完全解释天才。在固定的遗传和环境之下，个人还有努力的余地。遗传和环境对于人只是一个机会，一种本钱，至于能否利用这个机会，能否拿这笔本钱去做出生意来，则所谓"神而明之，存乎其人"。有些人天资颇高而成就则平凡，他们好比有大本钱而没有做出大生意；也有些人天资并不特异而成就则斐然可观，他们好比拿小本钱而做出大生意。这中间的差别就在努力与不努力了。牛顿可以说是科学家中一个天才了，他常常说："天才只是长久的耐苦。"这话虽似稍嫌过火，却含有很深的真理。只有死功夫固然不尽能发明或创造，但是能发明创造者却大半是下过死功夫来的。哲学中的康德、科学中的牛顿、雕刻图画中的米开朗琪罗、音乐中的贝多芬、书法中的王羲之、诗中的杜工部，这些实例已经够证明人力的重要，又何必多举呢？

最容易显出天才的地方是灵感。我们只需就灵感研究一番，就可以见出天才的完成不可无人力了。

杜工部尝自道经验说："读书破万卷，下笔如有神。"所谓"灵感"就是杜工部所说的"神"，"读书破万卷"是功夫，"下笔如有神"是灵感。据杜工部的经验看，灵感是从功夫出来的。如果我们借心理学的帮助来分析灵感，也可以得到同样的结论。

灵感有三个特征：

一、它是突如其来的，出于作者自己意料之外的。根据灵感的作品大半来得极快。从表面看，我们寻不出预备的痕迹。作者丝毫不费心血，意象涌上心头时，他只要信笔疾书。有时作品已经创造成功了，他自己才知道无意中又成了一件作品。歌德著《少年维特之烦恼》的经过，便是如此。据他自己说，他有一天听到一位少年失恋自杀的消息，突然间仿佛见到一道光在眼前闪过，立刻就想出全书的框架。他费两个星期的工夫一口气把它写成。在复看原稿时，他自己很惊讶，没有费力就写成一本书，告诉人说："这部小册子好像是一个患睡行症者在梦中作成的。"

二、它是不由自主的，有时苦心搜索而不能得的偶然在无意之中涌上心头。希望它来时它偏不来，不希望它来时它却蓦然出现。法国音乐家柏辽兹有一次替一首诗作乐谱，全诗都谱成了，只有收尾一句（"可怜的兵士，我终于要再见法兰西！"）无法可谱。他再三思索，不能想出一段乐调来传达这句诗的情思，终于把它搁起。两年之后，他到罗马去玩，失足落水，爬起来时口里所唱的乐调，恰是两年前所再三思索而不能得的。

三、它也是突如其去的，练习作诗文的人大半都知道"败兴"的味道。"兴"也就是灵感。诗文和一切艺术一样都宜于乘兴会来时下手。兴会一来，思致自然滔滔不绝。没有兴会时写一句极平常的话倒比写什么还难。兴会来时最忌外扰。本来文思正在源源而来，外面狗叫一声，或是墨水猛然打倒了，便会把思路打断。断了之后就想尽方法也接不上来。谢无逸问潘大临近来作诗没有，潘大临回答说："秋来日日是诗思。昨日捉笔得'满城风雨近重阳'之句，忽催租人至，令人意败。辄以此一句奉寄。"这是"败兴"的最好的例子。

灵感既然是突如其来，突然而去，不由自主，那不就无法可以用人力来解释吗？从前人大半以为灵感非人力，以为它是神灵的感动和启示。在灵感之中，仿佛有神灵凭附作者的躯体，暗中驱遣他的手腕，他只是坐享其成。但是从近代心理学发现潜意识活动之后，这种神秘的解释就不能成立了。

什么叫作"潜意识"呢？我们的心理活动不尽是自己所能觉到的。自己的意识所不能察觉到的心理活动就属于潜意识。意识既不能察觉到，我们何以知道它存在呢？变态心理中有许多事实可以为凭。比如说催眠，受催眠者可以谈话、做事、写文章、做数学题，但是醒过来后对于催眠状态中所说的话和所做的事往往完全不知道。此外还有许多精神病人现出"两重人格"。例如一个人乘火车在半途跌下，把原来的经验完全忘记，换过姓名在附近镇市上做了几个月的买卖。有一天他忽然醒过来，发现身边事物都是不认识的，才自疑何以走到这么一个地方。旁人告诉他说他在那里开过几个月的店，他绝对不肯相信。心理学家根据许多类似事实，断定人于意识之外又有潜意识，在潜意识中也可以运用意志、思想，受催眠者和精神病人便是如此。在通常健全心理中，意识压倒潜意识，只让它在暗中活动。在变态心理中，意识和潜意识交替来去。它们完全分裂开来，意识活动时潜意识便沉下去，潜意识涌现时，便把意识淹没。

灵感就是在潜意识中酝酿成的情思猛然涌现于意识，它好比伏兵，在未开火之前，只是鸦雀无声地准备，号令一发，它乘其不备地发动总攻击，一鼓而下敌。在没有侦探清楚的敌人（意识）看，它好比周亚夫将兵从天而至一样。这个道理我们可以拿一件浅近的事实来说明。我们在初练习写字时，天天觉得自己在进步，过几个月之后，进步就猛然停顿起来，觉得字越写越坏。但是再过些时候，自己又猛然觉得进步。进步之后又停顿，停顿之后又进步，如此辗转几次，字才写得好。学别的技艺也是如此。据心理学家的实验，在进步停顿时，你如果索性不练习，把它丢开去做旁的事，过些时候再起手来写，字仍然比停顿以前较进步。这是什么道理呢？就因为在意识中思索的东西应该让它在潜意识中酝酿一些时候才会成熟。功夫没有错用的，你自己以为劳而不获，但是你在潜意识中实在仍然于无形中收效果。所以心理学家有"夏天学溜冰，冬天学泅水"的说法。溜冰本来是在前一个冬天练习的，今年夏天你虽然是在做旁的事，没有想到溜冰，但是溜冰的筋肉技巧却恰在这个不溜冰的时节暗里培养成功。一切脑的工作也是如此。

灵感是潜意识中的工作在意识中的收获。它虽是突如其来，却不是毫无准备。法国大数学家彭加勒常说他的关于数学的发明大半是在街头闲逛时无意中得来的。但是我们从来没有听过有一个人向来没有在数学上用功夫，猛然在街头闲逛时发明数学上的重要原则。在罗马落水的如果不是素习音乐的柏辽兹，跳出水时也绝不会随口唱出一曲乐调。他的乐调是费过两年的潜意识酝酿的。

从此我们可以知道"读书破万卷，下笔如有神"两句诗是至理名言了。不过灵感的培养正不必限于读书。人只要留心，处处都是学问。艺术家往往在他的艺术范围之外下功夫，在别种艺术之中玩索得一种意象，让它沉在潜意识里去酝酿一番，然后再用他的本行艺术的媒介把它翻译出来。吴道子生平得意的作品为洛阳天宫寺的神鬼，他在下笔之前，先请斐旻舞剑一回给他看，在剑法中得着笔意。张旭是唐朝的草书大家，他尝自道经验说："始吾见公主与担夫争路，而得笔法之意；后见公孙氏舞剑器，而得其神。"王羲之的书法相传是从看鹅掌拨水得来的。法国大雕刻家罗丹也说道："你问我在什么地方学来的雕刻？在深林里看树，在路上看云，在雕刻室里研究模型学来的。我在到处学，只是不在学校里。"

从这些实例看，我们可知各门艺术的意象都可触类旁通。书画家可以从剑的飞舞或鹅掌的拨动之中得到一种特殊的筋肉感觉来助笔力，可以得到一种特殊的胸襟来增进书画的神韵和气势。推广一点说，凡是艺术家都不宜只在本行小范围之内用功夫，须处处留心玩索，才有深厚的修养。鱼跃鸢飞，风起水涌，以至于一尘之微，当其接触感官时我们虽常不自觉其在心灵中可生若何影响，但是到挥毫运斤时，它们都会涌到手腕上来，在无形中驱遣它，左右它。在作品的外表上我们虽不必看出这些意象的痕迹，但是一笔一画之中都潜寓它们的神韵和气魄。这样意象的蕴蓄便是灵感的培养。它们在潜意识中好比桑叶到了蚕腹，经过一番咀嚼组织而成丝，丝虽然已不是桑叶而却是从桑叶变来的。

第五讲

谈诗

怎样学习中国古典诗词

中国青年社约我和另外几位同志写一些介绍中国古典诗词的文章，计划是选择一些有代表性的作品，作必要的简明的注释，详加分析，把好处指点出来，帮助青年朋友们培养阅读古典诗词的兴趣和能力。我欣然接受下了这个任务，因为这是一种有益的而且我也爱做的工作。青年朋友们现在都渴望把生活弄得丰富些，并且从祖国文艺传统里吸收些经验教训，来丰富自己的创作。青年朋友们要欣赏古典诗歌的希望是很深切而普遍的，只是古典诗歌对于他们多少还是一片待开垦的处女地，他们还没有摸到门径，不知道从何下手，或是怎样下手。因此，在介绍作品之前，对怎样学习古典诗词作一点一般性的入门的介绍，是必要的。

中国有文字记载的诗歌，从《诗经》起，已经有两千多年的历史了。这两千多年的传统是不断发展的，是一线相承而又随着时代变化的。它可以粗略地分为三个大阶段：

一、周秦时代，即《诗经》《楚辞》时代，这时代的诗歌大半来自民间，原来是与音乐、舞蹈合在一起的。因为来自民间，所以它在创作和流传上都具有很大的集体性，因为与乐舞相伴，所以它大半可歌，有一定的音律。在这时期，四言体（即四字一句）占主导的地位，但变化比较多，到了楚辞，句子就比较长些了。

二、汉魏六朝时代，这时代诗歌经过了一个大转变，一方面乐府民歌仍然保持原始诗歌的集体性与可歌性，另一方面诗成为文人的一种专业，文人也吸收了民歌的影响，但不免渐向雕琢方面走，技巧上逐渐成熟，民歌质朴的风味便渐渐减少，诗与乐舞也就渐渐分离了。在这时期，占主导地位的音律是五言体，但是七言也渐渐起来了。

三、唐宋时代，这时期是文人诗的鼎盛时代，除了五古七古（即五言和七言不讲音义对偶的像汉魏时代那样的诗）达到了高度的成熟之外，承继六朝的影响，五律七律（即在声音和意义上要求成一联的两句互相对仗）两种体裁也由兴起而渐趋成熟了。原来汉魏以前，诗大半伴乐，诗的音乐主要地要从乐调上见出；魏晋以后，诗既渐与乐分开，诗的音乐就要从诗的文字本身上见出了。这是六朝以后诗讲四声（即平上去入，上去入合为仄声）的主要原因。词也在这个时期由兴起到鼎盛。词本出于教坊（职业歌唱者训练的地方），原来都有一定的乐谱，可以歌唱，后来落到文人手里，也就只是依谱填词，不一定能歌唱了。从诗的发展看，词可以说是从律诗变化来的。后来的曲子又是词的变化。唐宋以后的诗词只能算是唐宋的余波，新的发展很少。

这三大阶段中的作品是浩如烟海的。初学者最好先从选本入手。过去的选本也很多，但是选的人观点不同，大半不很适合现时代的需要。我们希望不久有较好的新的选本陆续出来（例如余冠英的《乐府诗选》）。在适合需要的选本出齐以前，读者不妨暂用过去几种流行较广的选本。我想到有三种卷帙不多的选本可以介绍给读者。第一种是沈德潜选的《古诗源》，选的尽是唐以前的诗；第二种是蘅塘退士选的《唐诗三百首》，选的尽是唐代各体诗；第三种是张惠言的《词选》，是唐五代宋词的最严格的一个选本（或用唐圭璋的《唐宋词选》亦可）。这几种选本选得都相当精，分量很少。我自己去看，不用一个月就可以全看完。初学者看，时间当然要多费些。不必嫌它太少。学习一门东西有如绘画，先须打一个大轮廓，对全局发展变化有一个总的概略的认识，然后逐渐画细节，施彩色，画出一个有血有肉的生动的人物来。读了这几本选本以后，读者就可以看出哪些诗人是自己特别喜爱的，再找他们的专集去读。

古典诗词大半是用文言写的。读者初来难免遇到一些语言的障碍。这种障碍也并不像一般人所想象的那么大，因为第一流的诗词作者所用的语言尽管精妙，总是很简洁的。有许多名著在过去都有些注本，读者遇到困难时不妨查注本，翻字典，或是请教师友。万一没有这种方便，也不要畏难而退。先找自己基本上能懂得的诗（这是很多的）去读，读多了，自然会找出一些文言的诀窍，了解的能力就会逐渐增加。凡是好的诗词都不是一霎时就能懂透的。我从小就背诵过许多诗词，这些诗词我这几十年来往往读而又读，可是是否我个个字都懂了呢？绝对不是这样，有许多字义我至今还没有弄清楚，有许多诗的背景我至今还是茫然。但是这个缺陷并不妨碍我对于那些诗词在基本上能了解，能欣赏，而且能得到教益。学习的过程就是变不懂为懂，这当然需要一些时间和努力。

我们对于古典诗词不可能马上就都彻底了解，但是必须要求彻底了解。凡是诗词都是用有音乐性的语言，刻画出一个完整的具体的形象或境界（可能是景，可能是事，也可能是景与事融合在一起），传达出一种情致。读一首诗词就要抓住它的具体形象和情致。要做到这一点，单像读散文故事那样一眼看过去，还不济事。诗词往往是"言有尽而意无穷"的，须加以反复回味，设身处境地体验，才可以逐渐浸润到它的深微地方，领略到它的情感。诗词的情致是和它的有音乐性的语言分不开的，要抓住情致，必须抓住语言的音乐性（例如节奏的高低长短快慢，音色的明暗，等等）。语言的音乐性在默读中见不出来，必须朗读，而且反复地朗读，有时低声吟哦，有时高声歌唱。比如读一首歌（例如《歌唱我们的祖国》），只像作报告式地读是不行的，必须拖着嗓子唱出它的调子来，才能领会到它里面的情感。诗词和我们唱的歌只有一点不同：歌有一定的调子，而多数诗词或是本有一定的调子而现在已经失传，或是根本没有一定的调子。读者只能凭自己体会到的情感，在反复吟诵中把它摸索出来，这也并不是很难的事，时时注意到吟诵的节奏和色调要符合诗的情调就行了。在这过程中读者会发现他原来所体会的那点情感还是浮面的，反复吟诵会使他逐渐进入深微的地方。中国诗词大半都不很长，择自己所爱好的诗词背诵一些，也是一种很有益的训练。

诗的意象与情趣

诗是心感于物的结果。有见于物为意象，有感于心为情趣。非此意象不能生此情趣，有此意象就能生此情趣。诗的境界是一个情景交融的境界。这交融并不是偶然的，天生自在的，它必须经过思想或心灵的综合。在希腊文中"诗"的字义为"制作"，诗都要"作"，而这"作"是思想的运用。

人类思想大约可分为两个类型：一是艺术型的思想，运用具体的意象；一是科学型的思想，运用抽象的概念。意象是个别事物在心中所印下的图影，概念是同类许多事物在理解中所见出的共同性。比如说"树"字可以令人想到某一棵特别的树的形象，那就是树的意象，也可以令人想到一般叫作"树"的植物，泛指而非特指，这就是树的意义或概念。人类思想演进的程序是先意象而后概念。原始民族和婴儿运用思想多着重实事实物的图影，开化民族和成人运用思想才着重凡事凡物的关系条理。我们想到"重"，原始民族想到山石；我们想到"慈爱"，原始民族想到"鸟哺雏"。这恰巧也就是情与理的分别。意象容易引生情感，概念容易引生理解。诗与科学的不同也就在此。科学推求普遍的真理，以概念为基础；诗创造个别的意境，以意象为基础。科学是推理，是理解的事；诗是想象，是情感的事。

意象容易引生情感，却也不一定就能引生情感。举头向外一望，我看见房屋、树木、道路、人马等等，在我心中都印下意象，可是，我对它们漠然无动于衷，它们没有感动我，对我可有可无，我不加留恋，它们就没有成为诗的境界。但是，这些寻常事物的意象也可能触动我的某一种心情，使我觉到在其他境界不能觉到的喜悦或惆怅，使我不得不在它上面流连玩索。如果我把那依稀隐隐约约的情与景的配合加以意匠经营，使它具体化、明朗化，并且凝定于语言，那就成为诗了。杂乱的、空洞的意象的起伏只是"幻想"（fancy），完整的意象与完整的情趣融贯成为一体那才是"诗的想象"（poetic imagination）。诗是一个完整的生命，其中，血不能离肉，形不能离体，为了了解的方便，我们加以分析，才显见出意象、情趣和语文三个不可分割而却可分别的要素。我们姑且随意举一首短诗为例来说明，比如李白的《玉阶怨》："玉阶生白露，夜久侵罗袜，却下水晶帘，玲珑望秋月。"在这首诗里，我们一眼就看到的是语文——四句五言。这二十字有音有义。就音说，它有一种整齐的格律，声与韵组成一种和谐的音乐，念起来顺口，听起来悦耳。如果细加玩索，这音乐也很适合于诗所要表现的情调。就义说，它写出一些具体事物的意象，如"玉阶""白露"之类。这些意象可以个别的用感官知觉去领会，温度感在这首诗中最显著，多数意象都令人觉得"清冷"。其次是视觉，"玉阶""白露""水晶帘""秋月"等都有看得见的形状色彩。"生""侵""下""望"四个动词可以起筋肉运动感觉。"生白露"与"下水晶帘"还可能有听得见的声音。不过乱杂拼凑的意象不能成诗。这里的许多意象是都朝着一个总效果生发，它们融成一体，形成一个完整的境界，可以看成一幅画或一幕戏。这戏里分明有一个主角，一个孤单的女子；一幕颇豪华的背景，铺着玉阶挂着水晶帘的房屋；一种很冷清的气氛，白露、深夜、水晶、秋月；一段很生动的剧情，一个孤单女子怀人不寐，在玉帘上徘徊到深夜，等到白露湿了罗袜，寒冷难禁，才放下水晶帘，进房了仍不肯睡，一个人在望那玲珑的秋月。如果我们朝她那内心一看，那里的剧情还更紧张热闹。幕后显然还有一位未出台的男子，她和他在过去还有一段耐人猜想的姻缘，于今情形改变了，反正他已去了，留下她一个人在那里重温旧日的记忆，感伤今日的凄凉，怅望来日的离合，而白露、秋月又那么清寒得可爱。这一切形成一个生动的境界，一个完整的意象。我们如果不能把情景看得一目了然，就无法了解这首诗，可是如果只把它看得一目了然而无动于衷，有它不足喜，无它不足惜，那也就还没有了解这首诗的深微。诗人本要借这完整的意象传出他称为

"玉阶怨"的那种情感，我们必须了解这"怨"的意味，才能了解这首诗。情感不是纯然可凭理智了解的。"了解"情感势必"感受"情感。我们必须设身处地，体物入微，在霎时中丢开自我，变成诗所写的那位孤单女子，亲领身受她的心境的曲折起伏，和她过同样的内心生活。凡是诗的了解都必须是"同情的了解"（sympathetic understanding），不同情绝无从了解，起了同情的了解，诗的目的与功用才算达到。

这里，意象与情趣的关系如何呢？严格地说，它们并不是两回事，意象中就寓有情趣，情趣就表现于意象。比如这首诗题的"玉阶怨"，而全诗却不着一"怨"字，但是句句都在写怨。凡是表示（非表现）情绪的字样，如"悲""喜""爱""怨""兴奋""惆怅"之类，都很抽象而空洞。比如说"喜"，你向人说"我欢喜"，人只能用理智了解这句话的普通的意义，那还只是一个抽象的概念。喜的情境不同，喜的滋味也就不同。从前人有一首状"喜"的打油诗："久旱逢甘雨，他乡遇故知，洞房花烛夜，金榜题名时。"虽不是好诗，却可说明这个道理。你只说你喜欢，而没有说出你为何喜欢，以及如何喜欢那个具体的情境，人不知道那是"久旱逢甘雨"的喜还是"他乡遇故知"的喜，他就茫然无凭，不能起同情的了解。我说这首诗也还不是好诗。因为四句各言一境，随便拼凑，不能看成一个完整的意象，而且每句只是一个标题，"如何喜"还是没有写出来，诗中看不出写诗人的性格，所以仍是空洞的。像杜甫的《闻官军收河南河北》："剑外忽传收蓟北，初闻涕泪满衣裳。却看妻子愁何在？漫卷诗书喜欲狂。白日放歌须纵酒，青春作伴好还乡。即从巴峡穿巫峡，便下襄阳向洛阳。"写离乱时人忽闻乱定准备还乡，整个的具体情境活跃如在目前，才是表现喜的好诗，才能引起同情的了解。

诗以具体的意象表现具体的情趣。具体的意象必是一个活跃的情境，使人置身其中，便自然而然地要发生那种具体的情趣，造出一个情境来打动情趣，道理有如行为派心理学家所谓"条件造成的反射"（condition reflex），挠痒（条件），自然感觉到痒（反射）。"譬如饮水，冷暖自知"。空谈冷暖而不叫人亲自饮水，他所了解的就不是饮某水的某种特殊风味的冷暖，诗不告诉人冷暖，而只请人饮水去自知冷暖。情趣譬如冷暖，饮水譬如观照意象。

生命生生不息。希腊哲人有"抽足急流，再插足已非前水"的妙喻。每首诗所写的境界与情趣唯其是活的、具体的，所以是特殊的、"只此一遭的"（unique），世间有不少女子因为孤独而生愁怨，可是各有历史背景，各有怀抱，愁怨不能完全相同。《玉阶怨》是只有李白所写的那二十个字所能写出的那一种怨。换一个情境，换一个说法，意味就完全变过。从此可知诗不但不能翻译，而且不能用另一套语言去解释。诗本身就是它的唯一的最恰当的解释。翻译或改作，如果仍是诗，也必另是一首诗，不能代替原作。

诗是一种对于生活的体验与玩索。无情趣（这就无异于说无生活）不能有诗，有情绪者却也不一定就有诗。许多人自以为有"诗意"，只欠一副表现的本领。其实那"诗意"还是一种幻觉，至多也只是一种依稀隐约的萌芽。要它真正成为诗，必定要经过意匠经营使它明朗化。这明朗化就是具体的情趣见于具体的意象。英国诗人华兹华斯（Wordsworth）说得好，诗起于"由于沉静中回味起的情绪"（emotions recollected in tranquillity）。感受情绪是实际人生的事，回味情绪才是艺术的事。感受是能入，回味是能出。由感受到回味是由自我的地位跳到旁观者的地位，由热烈的震动变为冷静的观照。在这回味之际，情绪就已连发生情绪的境界在一起想，就多少已化为意象。就在这回忆中，那情绪与境界的浑整体经过熔化和洗练，由依稀隐约而化为明朗确定。所以这回味就是批评家所谓"创造的想象"。

如果我们把原来感受的那种生糙自然的情绪叫作第一度情绪，回味起来的情绪叫作第二度情绪，它们的分别可以这样判定：第一度情绪如洪水行潦，拖泥带水；第二度情绪如秋潭积水，澄清见底。第一度情绪有悲喜两极端中各种程度的快感与不快感，第二度情绪悲喜相反者同为欣赏的对象。第一度情绪起于具体的情境，而那具体的情境却不能反映于意识，意识全被情绪垄断住了；第二度情绪连着它所由起的具体的情境，同时很明确地反映于意识，是一个情景交融的境界。总之，第一度情绪是人生，是自然；第二度情绪是想象，是艺术。艺术凭借自然，却也超脱自然。它是根据自然而另外建立的一个意象世界（ideal world）。就有所凭借而言，它是写实的；就另有所建立而言，它是理想的，超现实的。它是人生的反映，也是人生的弥补。

一般人有情趣而无诗，原因在有自然而无艺术。有感受而无回味，能入而不能出。情绪离着意象而孤立空悬。一切诗都必须经过感受阶段，在"自我"中渗透一番。一切诗也都必须经过回味阶段，跳出"自我"的圈套，得到一个可观照的意象。所以一切诗都必同时是主观的与客观的。纯然主观的诗与纯然客观的诗于理都不能存在。物与我固然有一个分别，诗或是写亲身感受的，或是写观照于物的。一般人把前者称为主观的，后者称为客观的。其实写主观的经验必须能出，写客观的经验必须能入。一则化主为客，一则化客为主，同是相反者的同一。比如班婕妤写《怨歌行》是写自己，可是她是"痛定思痛"，把自己的身世当作一部戏去看，才看出她自己恰像秋风中的纨扇，这纨扇的意象就表现出她的情绪。李白写《玉阶怨》是写旁人，可是他也必须在想象中亲领身受那孤单女子的心情，才明白她的"怨"是起于那么一个情境，有那么一种风味。

尼采讨论希腊悲剧，说它起于阿波罗（日神，象征静观）

与狄俄尼索斯（酒神，象征生命的变动）两种精神的会合。这
两种精神完全相反，而希腊人能把它们融会于悲剧，使变动的
生命变为优美的形象，就在这形象中解脱生命的苦恼。尼采以
为这是希腊智慧的最高的成就。其实不但在悲剧，在一切诗也
是如此，情绪是动的、主观的、感受的、狄俄尼索斯的；意象
是静的、客观的、回味的、阿波罗的。这两种相反精神同一，
于是才有诗。只有狄俄尼索斯的不住的变动（生命）还不够，
这变动必须投影于阿波罗的明镜（观照），才现形相。所以诗
神毕竟是阿波罗。

诗的隐与显

——关于王静安的《人间词话》的几点意见

从前中国谈诗的人往往欢喜拈出一两个字来做出发点，比如严沧浪所说的"兴趣"，王渔洋所说的"神韵"，以及近来王静安所说的"境界"，都是显著的例。这种办法确实有许多方便，不过它的毛病在笼统。我以为诗的要素有三种：就骨子里说，它要表现一种情趣；就表面说，它有意象，有声音。我们可以说，诗以情趣为主，情趣见于声音，寓于意象。这三个要素本来息息相关，拆不开来的，但是为正名析理的方便，我们不妨把它们分开来说。诗的声音问题牵涉太广，因为篇幅的限制，我把它丢开，现在专谈情趣与意象的关系。

近二三十年来中国学者关于文学批评的著作，就我个人所读过的来说，似以王静安先生的《人间词话》为最精到。比如他所说的诗词中"隔"与"不隔"的分别是从前人所未道破的。我现在就拿这个分别做讨论"诗的情趣和意象"的出发点。

王先生说：

问隔与不隔之别。曰，陶、谢之诗不隔，延年则稍隔矣；东坡之诗不隔，山谷则稍隔矣。"池塘生春草""空梁落燕泥"等二句妙处唯在不隔。词亦如是。即以一人一词论，如欧阳公《少年游·咏春草》上半阕云："阑干十二独凭春，晴碧远连云，二月三月，千里万里，行色苦愁人。"语语都在目前，便是不隔，至云"谢家池上，江淹浦畔"，则隔矣。（《人间词话》十八至十九页）

王先生不满意于姜白石，说他"格韵虽高，然如雾里看花，终隔一层"。在这些实例中王先生只指出隔与不隔的分别，却没有详细说明他的理由，对于初学者似有不方便处。依我看来，隔与不隔的分别就从情趣和意象的关系中见出。诗和其他艺术一样，须寓新颖的情趣于具体的意象。情趣与意象恰相熨帖，使人见到意象便感到情趣，便是不隔。比如"谢家池上"是用"池塘生春草"的典，"江淹浦畔"是用《别赋》"春草碧色，春水绿波，送君南浦，伤如之何？"的典。谢诗江赋原来都不隔，何以入欧词便隔呢？因为"池塘生春草"和"春草碧色"数句都是很具体的意象，都有很新颖的情趣。欧词因春草的联想而把他们拉来硬凑成典故，"谢家池上，江淹浦畔"意象既不明了，情趣又不真切，所以"隔"。

　　王先生论隔与不隔的分别，说隔"如雾里看花"，不隔为"语语都在目前"，也嫌不很妥当，因为诗原来有"显"和"隐"的分别，王先生的话太偏重"显"了。"显"与"隐"的功用不同，我们不能要一切诗都"显"。说概括一点，写景的诗要"显"，言情的诗要"隐"。梅圣俞说诗"状难写之景如在目前，含不尽之意见于言外"，就是看到写景宜显写情宜隐的道理。写景不宜隐，隐易流于晦；写情不宜显，显易流于浅。谢朓的"余霞散成绮，澄江静如练"，杜甫的"细雨鱼儿出，微风燕子斜"以及林逋的"疏影横斜水清浅，暗香浮动月黄昏"诸诗在写景中为杰作，妙处正在能"显"，如梅圣俞所说的"状难写之景如在目前"。秦少游的《水龙吟》首二句"小楼连苑横空，下窥绣毂雕鞍骤"，苏东坡讥诮他说，"十三个字只说得一个人骑马楼前过"。它的毛病也就在不显。言情的杰作如古诗："步出城东门，遥望江南路，前日风雪中，故人从此去""河汉清且浅，相去复几许？盈盈一水间，脉脉不得语"，李白的"玉阶生白露，夜久侵罗袜，却下水晶帘，玲珑望秋月"，以及晏几道的"昨夜西风凋碧树，独上高楼，望尽天涯路"，诸诗妙处亦正在"隐"，如梅圣俞所说的，"含不尽之意见于言外"。深情都必缠绵委婉，显易流于露，露则浅而易尽。温庭筠的《忆江南》：

　　梳洗罢，独倚望江楼。过尽千帆皆不是，斜晖脉脉水悠悠。

肠断白蘋洲。

在言情诗中本为妙品，但是收语就微近于"显"，如果把"肠断白蘋洲"五字删去，意味更觉无穷。他的《瑶瑟怨》的境界与此词略同，却没有这种毛病：

冰簟银床梦不成，碧天如水夜云轻。

雁声远过潇湘去，十二楼中月自明。

我们细品味二诗的分别，便可见出"隐"的道理了。王渔洋常取司空图的"不著一字，尽得风流"和严羽的"羚羊挂角，无迹可寻"四语为"诗学三昧"。这四句话都是"隐"字的最好的注脚。

懂得诗的"显"与"隐"的分别，我们就可以懂得王静安先生所看出来的另一个分别，这就是"有我之境"与"无我之境"的分别。他说：

有有我之境，有无我之境。"泪眼问花花不语，乱红飞过秋千去""可堪孤馆闭春寒，杜鹃声里斜阳暮"，有我之境也；"采菊东篱下，悠然见南山""寒波澹澹起，白鸟悠悠下"，无我之境也。有我之境，以我观物，故物皆著我之色彩；无我之境，以物观物，故不知何者为我，何者为物。

王先生在这里所指出的分别实在是一个很精微的分别，不过从近代美学观点看，他所用的名词有些欠妥。他所谓"以我观物，故物皆著我之色彩"，就是近代美学所谓"移情作用"。"移情作用"的发生是由于我在凝神观照事物时，霎时间由物我两忘而至物我同一，于是以在我的情趣移注于物。换句话说，移情作用就是"死物的生命化"或是"无情事物的有情化"。这种现象在注意力专注到物我两忘时才发生，从此可知王先生所说的"有我之境"实在是"无我之境"。他的"无我之境"的实例为"采菊东篱下，悠然见南山""寒波澹澹起，白鸟悠悠下"，都是诗人在冷静中所回味出来的妙境，都没有经过移情作用，所以其实都是"有我之境"。我以为与其说"有我之境"和"无我之境"，不如说"超物之境"和"同物之境"。"感时花溅泪，恨别鸟惊心""徘徊枝上月，空度可怜宵""数峰清苦，商略黄昏雨"，都是同物之境。"鸢飞戾天，鱼跃于渊""微雨从东来，好风与之俱""兴阑啼鸟换，坐久落花多"都是超物之境。

王先生以为"有我之境"（其实是"无我之境"，即"同物之境"）比"无我之境"（其实是"有我之境"，即"超物之境"）品格较低，但是没有说出理由来。我以为"超物之境"所以高于"同物之境"者就由于"超物之境"隐而深，"同物之境"显而浅。在"同物之境"中物我两忘，我设身于物而分享其生命，人情和物理相渗透而我不觉其渗透。在"超物之境"中，物我对峙，人情和物理猝然相遇，默然相契，骨子里它们虽是融合，而表面上却乃是两回事。在"同物之境"中作者说出物理中所寓的人情，在"超物之境"中作者不言情而情自见。"同物之境"有人巧，"超物之境"见天机。要懂得这个道理，我们最好比较下三个实例看：

一、水似眼波横，山似眉峰聚。

二、数峰清苦，商略黄昏雨。

三、采菊东篱下，悠然见南山。山气日夕佳，飞鸟相与还。

第一例是修辞学中的一种显喻（simile），第二例是隐喻（metaphor），二者隐显不同，深浅自见。第二例又较第三例为显，前者是"同物之境"，后者便是"超物之境"，一尖新，一混厚，品格高低也很易辨出。

显与隐的分别还可以从另一个观点来说，西方人曾经说过，"艺术最大的秘诀就是隐藏艺术。"有艺术而不叫人看出艺术的痕迹来，有才气而不叫人看出才气来，这也可以说是"隐"。这种"隐"在诗极为重要。诗的最大目的在抒情不在逞才。诗以抒情为主，情寓于象，宜于恰到好处为止。情不足而济之以才，才多露一分便是情多假一分。作诗与其失之才胜于情，不如失之情胜于才。情胜于才的仍不失其为诗人之诗，才胜于情的往往流于雄辩。穆勒说过："诗和雄辩都是情感的流露而却有分别。雄辩是‘让人听到的’（heard），诗是‘无意间被人听到的’（overheard）。”我们可以说，雄辩意在“炫”，诗虽有意于“传”而却最忌“炫”。“炫”就是露才，就是不能“隐”。我们可以举一个例来说明这个分别。秦少游《踏莎行》中“郴江幸自绕郴山，为谁流下潇湘去”二语最为苏东坡所赏识，王静安在《人间词话》里却说：

> 少游词境最为凄婉，至“可堪孤馆闭春寒，杜鹃声里斜阳暮”，则变而为凄厉矣。东坡赏其后二语，犹为皮相。

专就这一首词说，王的趣味似高于苏，但是他的理由却不十分充足。“可堪孤馆闭春寒”二句胜于“郴江幸自绕郴山”二句，不仅因为它“凄厉”，而尤在它能以情御才而才不露。“郴江”二句虽亦具深情，究不免有露才之玷。“前日风雪中，故人从此去”“平畴交远风，良苗亦怀新”“但屈指西风几时来，又不道流年暗中偷换”，都是不露才之语，“树摇幽鸟梦”“桃花乱落如红雨”“大江东去，浪淘尽，千古风流人物”，都是露才之语。这种分别虽甚微而却极重要。以诗而论，李白不如杜甫，杜甫不如陶潜；以词而论，辛弃疾不如苏轼，苏轼不如李后主，分别全在露才的等差。中国诗愈到近代，味愈薄，趣愈偏，亦正由于情愈浅，才愈露。诗的极境在兼有平易和精练之胜。陶潜的诗表面虽平易而骨子里却极精练，所以最为上乘。白居易止于平易，李长吉、姜白石都止于精练，都不免较逊一筹。

诗的"隐"与"显"的分别在谐趣中尤能见出。诗人的本领在能于哀怨中见出欢娱。在哀怨中见出欢娱有两种，一是豁达，一是滑稽。豁达者彻悟人生世相，觉忧患欢乐都属无常，物不能羁縻我而我则能超然于物，这种"我"的醒觉便是欢娱所自来。滑稽者见到事物的乖讹，只一味持儿戏态度，谑浪笑傲以取乐。豁达者虽超世而却不忘情于淑世，滑稽者则由厌世而玩世。陶潜、杜甫是豁达者，东方朔、刘伶是滑稽者，阮籍、嵇康、李白则介乎二者之间。豁达者和滑稽者都能诙谐，但却有分别。豁达者的诙谐是从悲剧中看透人生世相的结果，往往沉痛深刻，直入人心深处。滑稽者的诙谐起于喜剧中的乖讹，只能取悦浮浅的理智，乍听可惊喜，玩之无余味。豁达者的诙谐之中有严肃。往往极沉痛之致，使人猝然见到，不知是笑好还是哭好，例如古诗：

何不策高足，先据要路津？无为守穷贱，轗轲长苦辛！

看来虽似作随俗浮沉的计算，而其实是愤世嫉俗之诚。表面虽似诙谐，而骨子里却极沉痛。陶潜《责子》诗末二句：

天运苟如此，且进杯中物！

和《拟挽歌辞》末二句：

但恨在世时，饮酒不得足！

都应该作如是观。滑稽者的诙谐往往表现于打油诗和其他的文学游戏，例如《论语》（杂志名）嘲笑苛捐杂税的话：

自古未闻粪有税，如今只剩屁无捐。

和王壬秋嘲笑时事的对联：

男女平权，公说公有理，婆说婆有理；
阴阳合历，你过你的年，我过我的年。

乍看来都会使你发笑，使你高兴一阵，但是绝不能打动你的情感，绝不能使你感发兴起。

诗最不易谐。如果没有至性深情，谐最易流于轻薄。古诗《焦仲卿妻》叙夫妻别离时的誓约说：

君当作磐石，妾当作蒲苇，蒲苇纫如丝，磐石无转移。

后来焦仲卿听到兰英被迫改嫁的消息，便引用这个比喻来讽刺她：

　　府吏谓新妇，贺君得高迁，磐石方且厚，可以卒千年，蒲苇一时纫，便作旦夕间。

　　这种诙谐已近于轻薄，因为生离死别不是深于情者所能用讽刺的时候，但是它没有落入轻薄，因为它骨子里是沉痛语。同是谐趣，或为诗的极境，或简直不成诗，分别就在隐与显。"隐"为谐趣之中寓有沉痛严肃，"显"者一语道破，了无余味，"打油诗"多属于此类。

　　陶潜和杜甫都是诗人中达到谐趣的胜境者。陶深于杜，他的谐趣都起于沉痛后的豁达。杜诗的谐趣有三种境界：一种为《茅屋为西风所破歌》和《示从孙济》所代表的境界，豁达近于陶而沉痛不及；一种为《北征》（"平生所娇儿"段）和《羌村》所代表的境界，是欣慰时的诙谐；一种为《饮中八仙歌》所代表的境界，颇类似滑稽者的诙谐。唐人除杜甫以外，韩愈也颇以谐趣著闻。但是他的谐趣中滑稽者的成分居多。滑稽者的诙谐常见于文字的游戏。韩愈作诗好用拗字险韵怪句，和他作《送穷文》《进学解》《毛颖传》一样，多少要以文字为游戏，多少要在文字上逞才气，例如他的《赠刘师服》。

　　羡君齿牙牢且洁，大肉硬饼如刀截。我今呀豁落者多，所

存十余皆瓦甂。匙抄烂饭稳送之，合口软嚼如牛呞。妻儿恐我
生怅望，盘中不饤栗与梨。

宋人的谐趣大半学韩愈和《饮中八仙歌》所代表的杜甫。
他们缺乏至性深情，所以沉痛的诙谐最少见，而常见的诙谐大
半是文字的游戏。苏轼是宋人最好的代表。他作诗好和韵，作
词好用回文体，仍是带有韩愈用拗字险韵的癖性。他的赞美黄
州猪肉的诗也可以和韩愈的"大肉硬饼如刀截"先后媲美。我
们姑且选一首比较著名的诗来看看宋人的谐趣。

东坡先生无一钱，十年家火烧凡铅。黄金可成河可塞，只
有霜鬓无由玄。龙丘居士亦可怜，谈空说有夜不眠。忽闻河东
狮子吼，拄杖落手心茫然。

——苏轼《寄吴德仁兼简陈季常诗》首八句

这首诗的神貌都极似《饮中八仙歌》，其中谐趣出于滑稽
者多，它没有落到打油诗的轻薄，全赖有几分豁达的风味来补
救。它在诗中究非上乘，比较《何不策高足》《责子》《拟挽
歌辞》以及《北征》诸诗就不免缺乏严肃沉痛之致了。

注

此文发表后，曾于《文学与生命》中见吴君一文对鄙见略

有指责，我仔细衡量过，觉得他的话不甚中肯，所以没有答复他。读者最好取吴君文与拙文细看一遍，自己去下判断，拙著《文艺心理学》论"移情作用"章亦可参考。

诗的主观与客观

　　诗是情趣的流露，但是情趣不必尽能流露于诗。一般人都时或感到很强烈的乃至于很微妙的情趣，以为这就是"诗意"，所以往往有自己是诗人的幻觉。他们常抱怨自己没有文学训练，以至于叫胸中许多"诗意"都埋没去了。意大利美学家克罗齐曾替他们取过"哑口诗人"的诨号。其实诗人没有哑口的，没有到开口时，就还不成为诗人。诗和"诗意"是两回事，诗一定要有作品，一定要把"诗意"外射于具体的形相，让旁人看得见。

　　有情趣何以往往不能流露于诗呢？诗的情趣并不是生糙自然的情趣，它必定经过一番冷静的观照和融化洗练的功夫。一般人和诗人同样感受情趣，但是有一个重要的分别。一般人感受情趣时便为情趣所羁縻，当其忧喜，若不自胜，忧喜既过，便不复在想象中留一种余波返照。诗人感受情趣尽管较一般人更热烈，却能跳开所感受的情趣，站在旁边来很冷静地把它当作意象来观赏玩索。英国诗人华兹华斯（Wordsworth）尝自道经验说："诗起于沉静中所回味得来的情绪。"这是一句至理名言。感受情趣而能在沉静中回味，就是诗人的特殊本领。一般人的情绪好比雨后行潦，夹杂污泥朽木奔泻，来势浩荡，去无踪影。诗人的情绪好比冬潭积水，渣滓沉淀净尽，清莹澄澈，天光云影，灿然耀目。这种水是渗沥过来的，"沉静中的回味"便是它的渗沥手续，灵心妙悟便是渗沥器。

在感受时，悲欢怨爱，两两相反；在回味时，欢爱固然可欣，悲怨亦复有趣。从感受到回味，是由实际世界跳到意象世界，从实用态度变为美感态度。在实用世界中处处都是牵绊冲突，可喜者引起营求，可悲者引起畏避；在意象世界中尘忧俗虑都洗溜净尽，可喜者我无须营求，可悲者我亦无须畏避，所以相冲突者可以各得其所，相安无碍。情趣尽管有千差万别，它们对于诗人却同是欣赏的对象。懂得这个道理，我们可以明白孔子称赞《关雎》何以特重其"乐而不淫，哀而不伤"。懂得这个道理，我们也可以明白古希腊人何以把和平静穆看成诗的极境，把诗神阿波罗摆在山巅，俯瞰众生扰攘，而眉宇间却常如作甜蜜梦，不露一丝被扰动的神色（至少希腊雕刻中所表现的阿波罗是如此）。

诗的情趣都从沉静中回味得来。感受情趣是能入，回味情趣是能出。诗人对于情趣都要能入能出。单就能入说，他是主观的；单就能出说，他是客观的。能入而不能出，或能出而不能入，都不能成为大诗人，所以"主观的"和"客观的"是一个村俗的分别。班婕妤的《怨歌行》，蔡琰的《悲愤诗》，李后主的《相见欢》，杜甫的《奉先咏怀》和《北征》，都是痛定思痛，入而能出，是主观的也是客观的。陶渊明的《闲情赋》，李白的《长干行》，杜甫的《石壕吏》和《无家别》，韦庄的《秦妇吟》，都是体物入微，出而能入，是客观的也是主观的。

19世纪中法国诗坛上曾经发生过一次很大的争执，就是"帕尔纳斯"派对于浪漫主义的反动。在浪漫派看，诗本是抒情的，而情感全是切己的，诗人就要把自己的悲欢怨爱赤裸裸地写出来，就算尽了职责。"帕尔纳斯"派诗人嫌这种主观的描写太偏于唯我主义，不免使诗变成个人怪癖的表现。他们要换过花样来，采取所谓"不动情感主义"，专站在客观的地位描写恬静幽美的意象，使诗变成和雕刻一样冷静明晰（在散文方面这个反动就是写实主义）。从这种争执发生之后，德国哲学家们所铸造的"主观的"和"客观的"一个分别便被浅人硬拉到文学上面来，一般人于是以为文学原有"主观的"和"客观的"两种。"主观的"信任自己情感，描写自己的经验；"客观的"则把"我"丢开，持冷静的科学态度去观察人情世相。中国近来也有人常拿这些名词摆在口头。其实"主观的"和"客观的"虽各有所偏向，在实际上并不冲突。诗的情趣都须从沉静中回味得来，所以主观的作品都必同时是客观的。诗也可以描写旁人的情趣，但诗人要了解旁人的情趣，必先设身处地，才能体物入微，所以客观的亦必同时是主观的。老子说："故常无欲以观其妙，常有欲以观其徼。"无欲以观其妙，便是所谓"客观的""不动情感主义"；有欲以观其徼，便是所谓"主观的"。真正大诗人都要同时具有这两种本领。

从生理学观点谈诗的"气势"与"神韵"

现代英国诗人豪斯曼（A.E.Housman）在剑桥大学讲"诗的意义与性质"，说诗对于人的影响大半是生理的。我从前初读到这句话时，不免起几分反感，因为我想诗是一种玄妙神秘境界，拿这样散文化的"唯物观"去看它，实在是大煞风景。这种偏见似乎是很普遍的，一般人对于用科学方法分析诗，似乎都有些嫌恶。但是这究竟是一种偏见。这一年来我费了一些工夫用散文化的"唯物观"去看诗，觉得这种看法还是行得通，现在姑以"气势""神韵"为例来说明这种看法。

诗和其他艺术一样，是情趣的意象化。情趣最直接的表现是循环、呼吸、消化、运动诸器官的生理变化，这些变化在心理学实验室中可以用种种器具很精确地测量出来。我们作诗或读诗时，虽不必很明显地意识到生理的变化，但是他们影响到全部心境，是无可疑的。就形式方面说，诗的命脉是节奏，节奏就是情感所伴的生理变化的痕迹。人体中呼吸、循环种种生理机能都是起伏循环，顺着一种自然节奏。以耳目诸感官接触外物时，如果所需要的心力，起伏张弛都合乎生理的自然节奏，我们就觉得愉快。通常艺术家所说的"和谐""匀称"诸美点其实都起于生理的自然需要。比如两种高低相差很远的音，彼此的关系本来只可以用数量比例概括出，无所谓和谐不和谐，它们不和谐，只是因为和听觉的自然需要不适合，使我们听了不爽快。音乐和诗歌的节奏原来都是生理构造的自然需要。比如我们听京剧或鼓书，如果唱者的艺术完善，我们便觉得每字音的长短高低疾徐都恰到好处，不能多一分也不能少一分。如果某句落去一板，或是某板高一点或低一点，我们全身筋肉就猛然受到一种不愉快的震撼。我们听音乐歌唱时常用手脚"打板"，其实全身筋肉都在"打板"。听见的音调与筋肉所打的板眼不合，我们便立刻觉得那个声音是"拗"的。诗的谐与拗也是如此辨别出来的。比如李白的"弃我去者昨日之日不可留，乱我心者今日之日多烦忧"两句诗，如果把后句改为"今日之日多忧"或"今日之日多烦恼"，意义虽无甚更动，却立觉"不顺口"。所谓"不顺口"就是"拗"，就是不适合生理的自然需要。

　　我们读诗时，在受诗的情趣浸润之先，往往已直接地受音调节奏的影响。音调节奏便是传染情趣的媒介。例如李白的《蜀道难》首句"噫吁嚱！危乎高哉！蜀道之难，难于上青天！"和杜甫的"即从巴峡穿巫峡，便下襄阳向洛阳"两句相比，一个沉重，一个轻快，在音词节奏上已暗示两种不同的心境。这个异点直接地影响到呼吸、循环及发音器官，间接地影响到全体筋肉。大约情感有悲喜两极端，悲时生理变化倾向抑郁，喜时生理变化倾向发扬。这两极端之中纯杂深浅的程度自然有许多差别。诗人作诗时由情感而起生理变化，我们读诗时则由节奏音调所暗示的生理变化而受情感的浸润。

情感虽变化无方，它的生理反应和筋肉的张弛，呼吸、循环的急缓却有一些固定的模样（patterns），同时，语言的音调也有一定的限制。因为这两种缘故，节奏虽本来是自然的，不免也形成一些有限制的固定的模样或形式，如中国旧诗的音律即其一例。这种形式既用成习惯之后，我们一见到某种形式，心中就存一种预期（expectation）。比如见到第一联用五言平韵，心中就预期以后还是如此。如果以后音调恰如预期，就发生一种快感，否则就不免失望。这自然只就常例而言，并非说诗的音律不能有变化。我们在上文说听音乐歌唱时用全体筋肉去"打板"，打板就是筋肉的预期。

以上只说节奏与生理变化的关系。诗文所生的生理变化并不限于节奏，模仿运动也是一种重要的生理变化。就模仿运动说，诗文所写情境可粗分"戏剧的"和"图画的"两类。戏剧的情境是动的，易起模仿运动；图画的情境是静的，不易起模仿运动。我们姑举两段散文例来说明：

轲既取图奏之，秦王发图，图穷而匕首见，因左手把秦王之袖，而右手持匕首揕之。未至身，秦王惊，自引而起，袖绝。
拔剑，剑长，操其室。时惶急，剑坚，故不可立拔。荆轲逐秦王，
秦王环柱而走。群君皆愕，卒起不意，尽失其度。

——《史记·刺客列传》

林尽水源，便得一山。山有小口，仿佛若有光。便舍船，
从口入。初极狭，才通人。复行数十步，豁然开朗，土地平旷，
屋舍俨然，有良田美池桑竹之属。阡陌交通，鸡犬相闻。其中
往来种作，男女衣着，悉如外人。黄发垂髫，并怡然自乐。

——《桃花源记》

　　看第一例文如看戏，情节生动，不仅唤起很明显的视觉意
象，还激动许多筋肉运动感觉。例如读到"左手把秦王之袖，
而右手持匕首揕之"，仿佛自己也要做"把""持""揕"
等等动作，全身动作便不由自主地紧张起来。读第二例文如看
画，眼前只是一幅新鲜幽美的景致，我们几乎可以完全用眼睛
去领略，它不着重动作，所以不易引起筋肉运动感觉。

　　就大概说，诗文的叙述体偏重动作，易起运动意象，描写
体偏重状态，易引起视觉意象。欣赏动作的叙述必须用筋肉，
欣赏状态的描写可以只用眼睛。不过最好的描写体诗文往往
化静为动。例如"塔势如涌出，孤高耸天宫""鬓云欲度香腮
雪""千树压西湖寒碧""两山排闼送青来"诸句本都是状

物，却变成叙事。据德国诗人莱辛（Lessing）说，描写静态宜用图画，叙述动作宜用诗文，因为形态在空间上相联结，图画以形色为媒介，本是在空间上相联结的；动作在时间上相承续，诗文以文字声音为媒介，本是在时间上相承续的。图画不宜叙述，以图画叙述时必化动为静；诗文不易描写，以诗文描写时亦化静为动。我们在这里举一个中文诗实例，说明化静为动的描写较胜于静态的描写，《诗经·卫风》里有这样一章描写美人的诗：

手如柔荑，肤如凝脂，领如蝤蛴，齿如瓠犀，螓首蛾眉，巧笑倩兮，美目盼兮。

这章诗前五句好像开流水账，呆板平凡已极。它费了许多功夫，却没有把美人的美渲染出来。但是到了六七两句，它便生动起来。"巧笑倩兮，美目盼兮"寥寥八字把一个美人的姿态神韵一齐托出。这种分别就在前五句只描写静态，后二句则化静为动，以叙述代描写。凡是欣赏化静为动的描写体诗文，我们也不免起筋肉运动。比如要尽量地欣赏上例诗后二句，我们多少要用筋肉去领略"笑"和"盼"的滋味。据心理学的实验，人本来有运动类（motor type）和知觉类（sensorial type）两种。知觉类的人欣赏艺术大半用耳目两种器官，运动类的人才着重筋肉。所以读诗文是否起模仿运动感觉，也不可一概论。不过纯粹的知觉类的人们对于韩愈的"攀跻分寸不可上，失势一落千丈强"和纳兰性德的"星影摇摇欲坠"之类的诗恐怕有些隔膜。

运动有时为模仿，有时为适应。适应运动如仰视侧听之类，目的在以身体迁就所知觉物，使知觉愈加明了，不必与意象所表现的动作相同。以感官接触外物时都要起适应动作，所以外物虽无动作可模仿时，我们欣赏它，仍须起种种生理变化。例如李白的"西风残照，汉家陵阙"，贺铸的"一川烟草，满城风絮，梅子黄时雨"，和林逋的"疏影横斜水清浅，暗香浮动月黄昏"诸句，除"暗香浮动"外都没有表示任何动作，都只托出几个静止的意象，但是它们所生的生理影响却彼此不同。这种不同固然有一半因为情趣的分别，也有一半因为所引起的适应动作不同。读"西风残照，汉家陵阙"，我们觉得气象伟大，似乎要抬起头，耸起肩膀，张开胸膛，暂时停止呼吸去领略它。读"一川烟草，满城风絮，梅子黄时雨"，我们觉得情景凄迷，似乎要眯着眼睛用手撑着下腮，打一点寒战去领略它。读"疏影横斜水清浅，暗香浮动月黄昏"，我们觉得神韵清幽，似乎要轻步徘徊，仰视俯瞩，处处都觉得很闲适。这都是适应动作的分别。这几例诗句读法也不能一致。读第一例李白句须有豪士气概，须放高长而沉着的声音去朗诵，微吟不得。读第二例贺铸句须有名士风流的情致，须用不高不低的声音去慢吟。读第三例诗须有隐逸闺秀的风度，须若有意若无意地用似听得见似听不见的声音去微吟，高歌不得，这些不同的声调和语气也影响到生理变化。

统观以上，诗所引起的生理变化不外三种，一属于节奏，二属于模仿运动，三属于适应运动。从前人喜用"气势""神韵"之类字样批评诗文，明清两代李梦阳和王渔洋两派诗人以"格调"和"神韵"两说争短长。所谓"格调"仍是偏重"气势"（此非本文所能详，以李梦阳、何景明诸人的诗比较王渔洋的诗，便易明白）。究竟"气势""神韵"是什么一回事呢？概括地说，这种分别就是动与静，康德所说的雄伟与秀美，尼采所说的狄俄尼索斯艺术与阿波罗艺术，莱辛所说的"戏剧的"与"图画的"，以及姚姬传所说的阳刚与阴柔的分别。从科学观点说，这种分别即起于上文所说的三种生理变化。生理变化愈显著，愈多愈速，我们愈觉得紧张亢奋激昂；生理变化愈不显著，愈少愈缓，我们愈觉得松懈静穆闲适。前者易生"气势"感觉，后者易生"神韵"感觉。"气势"两字较适用于"西风残照，汉家陵阙"、"荡胸生层云，决眦入归鸟"、《刺客传》之类的作品。"神韵"二字较适用于"落花人独立，微雨燕双飞"、"一川烟草，满城风絮，梅子黄时雨"、"疏影横斜水清浅，暗香浮动月黄昏"、《桃花源记》之类的作品。我们细玩这些实例，便可明白这种分类大半起于生理变化。

第六讲　品画

谈在卢浮宫所得的一个感想

朋友：

去夏访巴黎卢浮宫，得摩赏《蒙娜丽莎》肖像的原迹，这是我生平一件最快意的事。凡是第一流美术作品都能使人在微尘中见出大千，在刹那中见出终古。雷阿那多·达·芬奇（Leonardo da Vinci）的这幅半身美人肖像纵横都不过十几寸，可是她的意蕴多么深广！佩特（Walter Pater）在《文艺复兴论》里说希腊、罗马和中世纪的特殊精神都在这一幅画里表现无遗。我虽然不知道佩特所谓希腊的生气、罗马的淫欲和中世纪的神秘是什么一回事，可是从那轻盈笑靥里我仿佛窥透人世的欢爱和人世的罪孽。虽则见欢爱而无留恋，虽则见罪孽而无畏惧。一切希冀和畏避的念头在霎时间都涣然冰释，只游心于和谐静穆的意境。这种境界我在贝多芬乐曲里，在《米罗爱神》雕像里，在《浮士德》诗剧里，也常隐约领略过，可是都不如《蒙娜丽莎》所表现的深刻明显。

我穆然深思，我悠然遐想，我想象到中世纪人们的热情，想象到达·芬奇作此画时费四个寒暑的精心结构，想象到丽莎夫人临画时听到四周的缓歌曼舞，如何发出那神秘的微笑。

正想得发呆时，这中世纪的甜梦忽然被现世纪的足音惊醒，一个法国向导领着一群四五十个男的女的美国人蜂拥而来了。向导操很拙劣的英语指着说："这就是著名的《蒙娜丽莎》。"那班肥颈项胖乳房的人们照例露出几种惊奇的面孔，说出几个处处用得着的赞美的形容词，不到三分钟又蜂拥而去了。一年四季，人们尽管川流不息的这样蜂拥而来蜂拥而去，丽莎夫人却时时刻刻在那儿露出你不知道是怀善意还是怀恶意的微笑。

从观赏《蒙娜丽莎》的群众回想到《蒙娜丽莎》的作者，我登时发生一种不调和的感触，从中世纪到现世纪，这中间有多么深多么广的一条鸿沟！中世纪的旅行家一天走上二百里已算飞快，现在坐飞艇不用几十分钟就可走几百里了。中世纪的著作家要发行书籍须得请僧侣或抄胥用手抄写，一个人朝于斯夕于斯的，一年还不定能抄完一部书，现在大书坊每日可出书万卷，任何人都可以出文集诗集了。中世纪许多书籍是新奇的，连在近代，以培根、笛卡尔那样渊博，都没有机会窥亚里士多德的全豹，近如包慎伯到三四十岁时才有一次机会借阅《十三经注疏》。现在图书馆林立，贩夫走卒也能博通上下古今了。中世纪画《蒙娜丽莎》的人须自己制画具自己配颜料，作一幅画往往需三年五载才可成功，现在美术家每日可以成几幅乃至于十几幅"创作"了。中世纪人想看《蒙娜丽莎》须和作者或他的弟子有交谊，真能欣赏他，才能侥幸一饱眼福，现在卢浮宫好比十字街，任人来任人去了。

这是多么深多么广的一条鸿沟！据历史家说，我们已跨过了这鸿沟，所以我们现代文化比中世纪进步得多了。话虽如此说，而我对着《蒙娜丽莎》和观赏《蒙娜丽莎》的群众，终不免有所怀疑，有所惊措。

在这个现世纪忙碌的生活中，哪里还能找出三年不窥园、十年成一赋的人？哪里还能找出深通哲学的磨镜匠，或者行乞读书的苦学生？现代科学和道德信条都比从前进步了，哪里还能迷信宗教崇尚侠义？我们固然没有从前人的呆气，可是我们也没有从前人的苦心与热情了。别的不说，就是看《蒙娜丽莎》也只像看破烂朝报了。

科学愈进步，人类征服环境的能力也愈大。征服环境的能力愈大，的确是人生一大幸福。但是它同时也易生流弊。困难日益少，而人类也愈把事情看得太容易，做一件事不免愈轻浮粗率，而坚苦卓绝的成就也便日益稀罕。比方从纽约到巴黎还像从前乘帆船时要经许多时日，冒许多危险，美国人穿过卢浮宫绝不会像他们穿过巴黎香榭里雪街一样匆促。我很坚决的相信，如果美国人所谓"效率"（efficiency）以外，还有其他标准可估定人生价值，现代文化至少含有若干危机的。

"效率"以外究竟还有其他估定人生价值的标准吗？

要回答这个问题，我们最好拿法国理姆（Reims）、亚眠（Amiens）各处几个中世纪的大教寺和纽约一座世界最高的钢铁房屋相比较。或者拿一幅湘绣和杭州织锦相比较，便易明白。如只论"效率"，杭州织锦和美国钢铁房屋都是一样机械的作品，较之湘绣和理姆大教寺，费力少而效率差不多总算没有可指摘之点。但是刺湘绣的闺女和建筑中世纪大教寺的工程师在工作时，刺一针线或叠一块砖，都要费若干心血，都有若干热情在后面驱遣，他们的心眼都钉在他们的作品上，这是近代只讲"效率"的工匠们所诧为呆拙的。织锦和钢铁房屋用意只在适用，而湘绣和中世纪建筑于适用以外还要能慰情，还要能为作者力量气魄的结晶，还要能表现理想与希望。假如这几点在人生和文化上自有意义与价值，"效率"绝不是唯一的估定价值的标准，尤其不是最高品的估定价值的标准。最高品估定价值的标准一定要着重人的成分（human element），遇见一种工作不仅估量它的成功如何，还有问它是否由努力得来的，是否为高尚理想与伟大人格之表现。如果它是经过努力而能表现理想与人格的工作，虽然结果失败了，我们也得承认它是有价值的。这个道理布朗宁（Browning）在 *Rabbi Ben Ezva* 那篇诗里说得最精透，我不会翻译，只择几段出来让你自己去玩味：

Not on the vulgar mass

Called "work", must Sentence pass,

Things done, that took the eye and had the price;

O, er which, from level stand,

The low world laid its hand,

Found straight way to its mind, could value in trice:

But all, the world's coarse thumb

And finger failed to plumb,

So passed in making up the main account;

All instincts immature,

All purposes unsure,

That weighed not as his work, yet swelled the man's amount:

Thoughts hardly to be packed

Into a narrow act,

Fancies that broke through thoughts and escaped:

All I could never be,

All, men ignored in me,

This I was worth to God, whose wheel the pitcher shaped.

  这几段诗在我生平所给的益处最大。我记得这几句话，所以能惊赞热烈的失败，能欣赏一般人所嗤笑的呆气和空想，能景仰不计成败的坚苦卓绝的努力。

假如我的十二封信对于现代青年能发生毫末的影响，我尤其虔心默祝这封信所宣传的超"效率"的估定价值的标准能印入个个读者的心孔里去，因为我所知道的学生们、学者们和革命家们都太贪容易，太浮浅粗疏，太不能深入，太不能耐苦，太类似美国旅行家看《蒙娜丽莎》了。

你的朋友　光潜

歌德评《最后的晚餐》

[德]歌德 朱光潜译

译者说明

《最后的晚餐》是意大利画家雷阿那多·达·芬奇（Leonardo da Vinci）的杰作。他作这幅画时画稿构思的情形可以从当时小说家班戴洛（Bandello）的一段记载里看得出。他说："我常看他清早就来，瞟着他爬上画梯，从日出到日落，废饮忘食，却不着一笔，日落后乃一气挥扫，不稍停留。他有时两天三天或四天都不着一笔，但是每天都要花一两点钟在这画稿前默想，拿画中人物翻来覆去的斟酌比较，有时我见他在酷热的夏午，偶然高兴起来，立刻就离开他在雕骑士像的旧宫匆忙跑到圣马利亚寺，爬上画梯，提起笔来在那些人物上面画一笔或两笔，然后又回转头来跑开。"

据华莎里（Vasari）说，当时圣马利亚寺长老见他常整天站在画前呆想不着一笔，嫌他贪懒，跑去陈诉他的荐主米兰侯。米兰侯转告他，他大怒，向米兰侯说："大画家作画都要先经许久的意匠经营，到动手时一切就已车成马就了。我还差两个头：一个是耶稣的，在人间很难寻得模型；一个是叛徒犹大的，我想不出一个合适的面孔表示他的奸险。如果长老嫌我费工夫，我就借用他的面孔做犹大的模型了。"长老不愿他那副尊容负着叛逆的名声传到后世，以后再不敢催促雷阿那多了。

大家都知道，耶稣有十二个门徒，其中有一个名叫犹大，后来卖了他，勾通犹太长官捕捉他，把他钉上十字架死了。在被捕之前，耶稣和十二门徒在一块晚餐，从容地向他们说："你们中间有一个人将来要卖我。"这是《最后的晚餐》的由来。

雷阿那多的《最后的晚餐》是用油彩画的。那时油彩才初兴，难免有许多手续上的欠缺，而圣马利亚寺又落在米兰城的洼下地方，湿气甚重。原画逐渐蚀落，后来又经许多庸手增改，现在我们已不能再窥原迹了。我们现在研究《最后的晚餐》，只有两种材料可根据，一是诸家临本，一是雷阿那多自己的稿本。临本甚多，歌德所据的是 Bossi 的手笔（1807）。稿本现存于英国温德所宫者有《犹大》和《腓力》两像，经鉴别家认为真迹。

这篇评论是从 Noehden 英译本重译出来的。Noehden 在德国居住颇久，和歌德是朋友，译文经歌德自己看过的，译本1821年出版，现已绝版。原文较长，大部分述本画剥蚀的经过及诸家临本的历史。兹只译批评一段。歌德是一位绝大的艺术天才，这段批评 W.Pater 在《文艺复兴》中推为诸家评论中最精彩的。从这寥寥千余字中，我们一方面可以了解雷阿那多的杰作的神髓，一方面又能见出一位大文学家的批评方法。

歌德的评语

《最后的晚餐》是在米兰圣马利亚寺壁上画的。读者如果把 Morghen 的印本摆在面前，就可以明白下文关于此画全体及各部的评语。

画所在的地方应先注意，因为作者的灵心妙运在这里最易见出。那间屋原来是僧众的食堂，所以最适宜的画题莫过于百世之下令人追念起敬的《最后的晚餐》。

几年前我游意大利时，看见那间食堂还未毁坏。长老的席沿着后壁朝进口门摆着，左右两旁摆的是僧众的席。这些席座都比平地高一级。游人进门之后，转过头来可以看见第四面墙壁进口门之上画着一张第四席，席上坐着耶稣和他的门徒，好像在陪着寺内僧众一块进膳。在进膳时，长老仿佛与耶稣对席，而僧众则侍坐两旁，这种景致是很能引起遐思的。因此，作者就用寺僧的席做模型，也是意中之事，席布和它的褶痕、条纹、所绣的人物以及两隅的结扣也是借僧院的席布为蓝本，连杯盘器皿也都是模仿僧院所固有的。

因此，他无须取材于荒古渺茫的习俗。在这种地方，这班圣洁的座客不宜坐在褥上，应该和在座僧众一致。耶稣是要在黑衣派僧众中间庆贺他的最后晚餐。

这幅画还另有几点动人的地方。画中十三人离地面十尺许，每人都有原身一半大，总共占了横二十八尺的地位。只有坐在桌子两头的两个人见出全身，其余都是半身。只要画半身实是一种便宜，通常可表现性格的部分只是上身，足部往往成为赘疣。作者在这里画了十一个半身像，腿膝被席布遮住，脚在隐影中也分辨不出来。

你设身处地，想象这寺院食堂是怎样幽雅，你就会惊赞作者的本领。他能使他的作品中现出强烈的情感和活泼的生气，既妙肖自然而同时又和实在环境相反称。他借以感动那班安静的座客们的是救世主的"你们中间有一个人要卖我"一句话。这句话一说出，座客立表惊恐。他低头俯视，他的全身姿态，手和臂的动作，一切都似乎在复述那句预言，座客的静默仿佛也暗认他说中了："真的，真的，你们中间有一个人要卖我！"

我们来分析作者灌输生气到作品的方法，秘诀在手的动作。这个秘诀懂得最清楚的要推意大利人。在意大利国里，浑身都是活动，心一有所感触，有所思考，枝枝节节都把它表现出来了。只把手略微移动一下，意大利人就表现出这些意思："我不管！""来！""这是一个流氓！""小心防着他！""哼，叫他到阴司去！""这话对呀！""请听我说！"

雷阿那多对于一切特征、观感都异样灵敏，这个特殊的国俗自然也逃不开他的慧眼。在这幅画中尤其容易见出这一点，我们须用心鉴赏。画中姿态和动作都配得极匀称，各部分彼此相谐和，而同时又各有特点，不落单调。

在耶稣左右的人物可以分成三人一组，每组自成一整体，而间时却与全局相呼应。

耶稣右手是约翰、犹大和彼得。彼得最远，听到耶稣的话，慌忙站起来，他本是一个性急的人。犹大坐在他前面，吓倒了，伏在桌上抬起头望着，右手紧握钱袋，左手发出不由自主的颤动，好像说："什么？有什么事？"彼得用左手抓住约翰的右肩，约翰转过身来向他，他指着耶稣，好像请这位特被宠爱的门徒（约翰）问耶稣究竟谁是叛徒。他右手捉着切肉的刀，无意中把刀柄砸了犹大，犹大像受惊吓，腰向前一倾，把盐盒撞倒了。这个姿势画得惟妙惟肖。这一组在全画中最先构成，最为完善。

耶稣右手诸门徒所表现的情节似乎含有马上就要惩报的意味，左手诸门徒表现出一种对于奸险的恐怖和憎恶。大雅各吓得把身体向后一倾，张开两肘，低头呆视，好像一个人听到一件可怕的事体就觉得亲眼看到一般的神气。多马站在他的背后，走到耶稣面前，把右手的食指举起与额相平。这组中第三人腓力尤其有趣。他站起来，身体微向耶稣前倾，用双手指着心，好像用清脆声音说："救世主，不是我，你知道的，你看透我的纯洁的心，不是我！"

这一边最后三个人又给一种新材料让我们玩味。他们正在谈刚才听到的恶消息。马太很性急似的转头向左边两位同座，同时很快地伸双手向耶稣一指。这个姿势就把左边两组贯串成一气了。达太又惊讶，又猜疑，把左手背摆在桌面，平起右掌做击左掌的姿势。这个姿势在日常生活中是常见的，例如一个人遇到不期然而然的事时，心里要说："我不是向你说过吗？我老早就有些疑心！"西门很严肃地坐在桌子左端，全身都现出来。他在门徒中年纪最大，所以穿着长袍。他的面貌和姿势表现他心里虽然也很着急，却没有怎样惊恐。

如果我们转眼向桌子右端，就看见巴多罗买站在右脚上，左脚交在后面，身体向前倾，双手支在桌上。他好像在静听耶稣如何回答约翰，请约翰发问是从这边起的。小雅各靠近他的后面，把左手摆在彼得的肩上，如同彼得自己的手摆在约翰的肩上。但是小雅各的面色很和婉，好像只要解决这一种疑问，而彼得却带有惩报的神气，彼得的手伸在犹大的背后，小雅各的手也伸在安得烈的背后。安得烈是圈中一个最惹注目的人物，两肘平举，两掌张开，表现惊惧的神气。惊惧的神气在这幅画中只见过这一次，而在天才和思考力较薄弱的作品中就不免重复而又重复了。

注：

《最后的晚餐》中人物的位置：（自左至右）

1. 巴多罗买（Bartholomew）

2. 小雅各（James the Younger）

3. 安得烈（Andrew）

4. 彼得（Peter）

5. 犹大（Judas）

6. 约翰（John）

7. 耶稣（Jesus）

8. 大雅各（James the Elder）

9. 多马（Thomas）

10. 腓力（Philip）

11. 马太（Matthew）

12. 达太（Thaddaeus）

13. 西门（Simon）

我在《春天》里所见到的

——鲍蒂切利杰作《春天》之欣赏

　　这幅画通常叫作《春天》，伯冉生（Berenson）在《佛罗伦萨画家论》里引作《爱神的国度》，似乎比较恰当些，画的趣味中心很显然地在爱神，从构图看，她不但站在中心，而且站的水平线也比旁人都高一层，旁人背后都是橘树，只有她背后是一座杂树丛生的土丘，土丘四围有一半圆形的空隙，好像是一道光圈围着她的头。因此，她的头部在全部光线的焦点；同时，因为土丘阴影的反衬，她的面部越显得光亮。在她头上飞着的库比德也容易把视线引到她的方向去。其次，就情感方面说，她是图中最严肃的一位。只有她一个人衣冠最整齐，最规矩；只有她一个人有孑然独立、不即不离的神情。她低着头，伸起右手，眼睛向着她自己的心里看，仿佛猛然听到一种玄奥的启示，举手表示惊奇，同时，告诫人肃静无哗，细心体会一下启示的意蕴。

　　就全图说，它表现一个游舞队，运动的方向她是由右而左。开路先锋是水星神，左手支腰，右手高举，指着空中一个让我们猜测的什么东西，视线很沉着地望着所指的方向。这一点不可捉摸的意蕴令我们想象到此外还有一个更高远的世界。意大利画家向来是斩钉截铁的明显，像这幅画的神秘色彩是不多见的。水星神之后接着就是"三美神"。就意象说，就画法说，她们都是很古典的。像她们的衣裳，她们整个地是透明的、轻盈的、悠闲的。手牵着手，面对着面，她们在爱神面前，像举行宗教仪式似的缓步舞蹈。爱神的箭就向她们瞄准。她们的心被射穿了没有呢？看她们的目光，看她们的面容，爱固然在那里，镇定悠闲固然在那里，但是闲愁幽怨似乎也在那里。女性美和爱的心情原来是富于矛盾性的，谁能够彻底地窥透此中消息呢？

从爱神前面移到爱神后面，我们仿佛从古典世界搬家到浪漫世界。在前面我们觉到仙境的超脱，在后面我们又回到人间的执着了。穿花衣的和几乎裸体的女子究竟谁象征春神，谁象征花神，学者的意见不一致。最后的男孩象征西风则几成定论。把穿花衣的看作春神似乎比较合理。花神被冷酷的西风两手揪住，一方面回头向残暴者瞪着惊慌的眼求饶，一方面用双手揪住春神求卫护。这是一场剧烈的挣扎。线条的运动、颜面的表情、服装的颜色都表现出一种狂放不可节制的生气在那里动荡。不说别的，连这右角的树干也是弯曲的，不像左边的树那样鸦风鹊静地挺立着。这里我们觉到很浓厚的浪漫风味，和右边的静穆的古典风味成一个很鲜明的反衬。

这幅画向来被看作"寓言"。它的寓意究竟是什么呢？老实说，我想来想去，不能把全图的九个似相关似不相关的人物联串成一个整体。我有两个疑点：第一，我不明了爱神前面的水星神和三美神在图中有何意义；第二，我怀疑春神和花神近于重复。我看到这幅画就联想到画在 Campo Santo 壁上的另一幅意大利画。那幅画是《死的胜利》，这幅画不可以叫作《生的胜利》吗？天神的信使——水星神——领导生命的最珍贵的美、春、爱向无终的大路上迈步前进，虽然生命的仇敌——西风——在后面追捕，他们仍旧是勇往直前。这是不是这幅画的寓意呢？

把寓意丢开，专从画本身说，一切都是很容易了解的。爱神是中心，左右人物各形成一组。如果春神组是主体，三美神组在构图上是必有的陪衬，春神和花神在意义上或近于重复，在构图上却似缺一不可，一则浓妆与半裸成反衬，一则右边多一形体，和左边相对称，不至嫌轻重悬殊。依我想，鲍蒂切利不是一个文人画家，构图的匀称和谐，在他的心中也许比各部意义的贯串还更为重要。我们看这幅画似乎也应着重它在第一眼所显现出来的运动的节奏和构造的和谐。意义固然也很重要，但是要放在第二层。我所见到的偏重意义和情调方面，因为我既然要忠实地写自己的感想，就不应该勉强把我素来以看诗法去看画的心习丢开。我对于这幅画所特别爱好的是那一幅内热而外冷、内狂放而外收敛的风味。在生气蓬勃的春天，在欢欣鼓舞地随着生命的狂澜动荡中，仍能保持几分沉思默玩的冷静，在人生，在艺术，这都是一个极大的成就。

丰子恺先生的人品与画品

在当代画家中，我认识丰子恺先生最早，也最清楚。说起来已是二十年前的事了。那时候他和我都在上虞白马湖春晖中学教书。他在湖边盖了一座极简单而亦极整洁的平屋。同事夏丏尊、朱佩弦、刘薰宇诸人和我都和子恺是吃酒谈天的朋友，常在一块聚会。酒后见真情，诸人各有胜概，我最喜欢子恺那一副面红耳热、雍容恬静、一团和气的风度。后来我们都离开白马湖，在上海同办立达学园。大家挤住在一条僻窄而又不大干净的小巷里。学校初办，我们奔走筹备，都显得很忙碌，子恺仍是那副雍容恬静的样子，而事情却不比旁人做得少。虽然由山林搬到城市，生活比较紧张而窘迫，我们还保持着嚼豆腐干花生米吃酒的习惯。我们大半都爱好文艺，可是很少拿它来在嘴上谈。酒后有时子恺高兴起来了，就拈一张纸作几笔漫画，画后自己木刻，画和刻都在片时中完成，我们传看，心中各自欢喜，也不多加评语，在文艺中领取乐趣。

当时的朋友中浙江人居多，那一批浙江朋友都有一股清气，即日常生活也别有一般趣味，却不像普通文人风雅相高。
子恺于"清"字之外又加一个"和"字。他的儿女环坐一室，
时有憨态，他见着居然微笑，他自己画成一幅画，刻成一块木
刻，拿着看看，欣然微笑，在人生世相中他偶然遇见一件有趣
的事，他也还是欣然微笑。他老是那样浑然本色，无忧无嗔，
无世故气，亦无矜持气。黄山谷尝称周茂叔"胸中洒落如光风
霁月"，我的朋友中只有子恺庶几有这种气象。

当时一般朋友中有一个不常现身而人人都感到他的影响
的——弘一法师。他是子恺的先生。在许多地方，子恺得益于
这位老师的都很大。他的音乐、图画、文学、书法的趣味，他
的品格风采，都颇近于弘一。在我初认识他时，他就已随弘一
信持佛法。不过他始终没有出家，他不忍离开他的家庭。他通
常吃素，不过做客时怕给人家麻烦，也随人吃肉边菜。他的言
动举止都自然圆融，毫无拘束勉强。我认为他是一个真正能了
解佛家精神的人。他的性情向来深挚，待人无论尊卑大小，一
律蔼然可亲，也偶露侠义风味。弘一法师近来圆寂，他不远千
里，亲自到嘉定来，请马蠲叟先生替他老师作传。即此一端，
可以见他对于师友情谊的深厚。

我对于子恺的人品说这么多的话，因为要了解他的画品，
必先了解他的人品。一个人须先是一个艺术家，才能创造真正
的艺术。子恺从顶至踵是一个艺术家，他的胸襟，他的言动笑
貌，全都是艺术的。他的作品有一点与时下一般画家不同的，

就在他有至性深情的流露。子恺本来习过西画，在中国他最早作木刻，这两点对于他的作风都有显著的影响。但是这些只是浮面的形象，他的基本精神还是中国的，或者说东方的。我知道他尝玩味前人诗词，但是我不尝看见他临摹中国旧画。他的底本大半是实际人生一片段，他看得准，察觉其中情趣，立时铺纸挥毫，一挥而就。他的题材变化极多，可是每一幅都有一点令人永久不忘的东西。我二十年前看过他的一些画稿——例如"指冷玉笙寒""月上柳梢头""花生米不满足""病车"之类，到于今脑里还有很清晰的印象，而我素来是一个健忘的人。他的画里有诗意，有谐趣，有悲天悯人的意味；它有时使你悠然物外，有时使你置身市尘，也有时使你啼笑皆非，肃然起敬。他的人物装饰都是现代的，没有模拟古画仅得其形似的呆板气，可是他的境界与粗劣的现实始终维持着适当的距离。他的画极家常，造境着笔都不求奇特古怪，却于平实中寓深水之致。他的画就像他的人。

书画在中国本有同源之说。子恺在书法上曾经下过很久的功夫。他近来告诉我，他在习章草，每遇在画方面长进停滞时，他便写字，写了一些时候之后，再丢开来作画，发见画就有长进。讲书法的人都知道笔力须经过一番艰苦的训练才能沉着稳重，墨才能入纸，字挂起来看时才显得生动而坚实，虽像是龙飞凤舞，却仍能站得稳。画也是如此。时下一般画家的毛病就在墨不入纸，画挂起来看时，好像是飘浮在纸上，没有生根；他们自以为超逸空灵，其实是画家所谓"败笔"，像患虚症的人的浮脉，是生命力微弱的征候。我们常感觉近代画的意味太薄，这也是一个原因。子恺的画却没有这种毛病。他用笔尽管疾如飘风，而笔笔稳重沉着，像箭头钉入坚石似的。在这方面，我想他得力于他的性格，他的木刻训练和他在书法上所下的功夫。

论自然画与人物画

——凌叔华作《小哥儿俩》序

我认识《小哥儿俩》的作者已经十余年了。已往虽然零星地读过她的几篇作品，可是直到今天才有福分把《小哥儿俩》从头到尾仔细看了一遍。想到梅特林和他的姐姐在一块住了三十多年，一直到他母亲临死的那一刻，才认识她向未呈现的一种面目那一个故事，我心里感到一种喜悦，如同一个人在他也久住的家乡突然发现某一角落的新鲜境界一样。

作者自言生平用功夫较多的艺术是画，她的画稿大半我都看过。在这里面我所认识的是一个继承元明诸大家的文人画师，在向往古典的规模法度之中，流露她所特有的清逸风怀和细致的敏感。她的取材大半是数千年来诗人心灵中荡漾涵泳的自然。一条轻浮天际的流水衬着几座微云半掩的青峰，一片疏林映着几座茅亭水阁，几块苔藓盖着的卵石中露出一丛深绿的芭蕉，或是一湾谧静清莹的湖水的旁边，几株水仙在晚风中回舞。这都自成一个世外的世界，令人悠然意远。看她的画和过去许多人的画一样，我们在静穆中领略生气的活跃，在本色的大自然中找回本来清净的自我。这种怡情山水的生活，在古代叫作"隐逸"，在近代有人说是"逃避"，它带着几分"出世相"的气息是毫无疑问的；但是另一方面看，这也是一种"解放"。人为什么一定要困在现实生活所画的牢狱中呢？我们企图做一点对于无限的寻求，在现实世界之上创造一些易与现实世界成明暗对比的意象的世界，不是更能印证人类精神价值的崇高吗？

但是这里有一个问题：这种意象世界是否只在远离人境的自然中才找得出？我想起二十年前的电车里和我的英国教师所说的一番话。他带我去看国家画像馆里的陈列，回来在电车上问我的印象，我坦白地告诉他："我们一向只看山水画，也只爱看山水画，人物画像倒没有看惯，不大能引起深心契合的乐趣。我不懂你们西方人为什么专爱画人物画。"他反问我："人物画何以一定就不如山水画呢？"我当时想不出什么话回答。那一片刻中的羞愧引起我后来对于这个问题不断的注意。我看到希腊造型艺术大半着眼在人物，就是我们汉唐以前的画艺的重要的母题也还是人物；我又读到黑格尔称赞人体达到理想美的一番美学理论，不免怀疑我们一向着重山水看轻人物是一种偏见，而我们的画艺多少根据这种偏见形成一种畸形的发展。在这里我特别注意到作者所说的倪云林画山水不肯着人物的故事，这可以说是艺术家的"洁癖"，一涉到人便免不掉人的肮脏恶浊。这种"洁癖"是感到人的尊严而对于人的不尊严的一面所引起的强烈的反抗，"掩鼻而过之"，于是皈依于远离人境的自然。这倾向自然不是中国艺术家所特有的，可是在中国艺术家的心目中特别显著。我们于此也不必妄作解人，轻加指摘。不过我们不能不明白这些皈依自然在已往叫作"山林隐逸"的艺术家有一种心理的冲突——理想与现实的冲突，或者说，自然与人的冲突——而他们只走到这冲突两端中的一端，没有能达到黑格尔的较高的调和。为什么不能在现实人物中发现庄严幽美的意象世界呢？我们很难放下这一个问题。放下但丁、莎士比亚和曹雪芹一班人所创造的有血有肉的人物不说，单提武梁祠和巴惕楞（Parthenon）的浮雕，或是普拉克什特理斯（Praxiteles）的雕像和吴道子的白描，它们所达到的境界是否真比不上关马董王诸人所给我们的呢？我们在山林隐逸的气氛中胎息生长已很久了，对于自然和文人画已养成一种先天的在心里生着根的爱好，这爱好本是自然而且正常的，但是放开眼睛一看，这些幽美的林泉花鸟究竟只是大世界中的一角落，此外可欣喜的对象还多着咧。我们自己——人——的言动笑貌也并不是例外。身份比较高的艺术家，不肯拿他们的笔墨在这一方面点染，不能不算是一种缺陷。

我在谈《小哥儿俩》，这番讨论自然画与人物画的话似乎不很切题，其实我的感想也有一种自然的线索，作者是文学家，也是画家，不仅她的绘画的眼光和手腕影响她的文学的作风，而且我们在文人画中所感到的缺陷在文学作品中得到应有的弥补。

从叔华的画稿转到她的《小哥儿俩》，正如庄子所说的"逃虚空者……闻人足音，跫然而喜"。在这里我们看到人，典型的人，典型的小孩子像大乖、二乖、珍儿、凤儿、枝儿、小英，典型的太太姨太太像三姑的祖母和婆婆，凤儿家的三娘以至于六娘，典型的用人像张妈，典型的丫鬟像秋菊，跄跄来往，组成典型的旧式的贵族家庭，这一切人物都是用画家笔墨描绘出来的，有的现全身，有的现半面，有的站得近，有的站得远，没有一个不是活灵活现的。小说家的使命不仅在说故事，尤其在写人物，一部作品里如果留下几个叫人一见永不能忘的性格，像《红楼梦》里的王凤姐和刘姥姥，《儒林外史》里的马二先生和严贡生，那就注定了它的成功，如果这个目标不错，我相信《小哥儿俩》在现代中国小说中是不可多得的成就。像题目所示的《小哥儿俩》所描写的主要的是儿童，这一群小仙子圈在一个大院落里自成一个独立自足的世界，有他们的忧喜，他们的恩仇，他们的尝试与失败，他们的诙谐和严肃，但是在任何场合，都表现他们特有的身份证：烂漫天真。大乖和二乖整夜睡不好觉，立下坚决的誓愿要向吃了八哥的野猫报仇，第二天大清早起架起天大的势子到后花园去把那野猫打死，可是发现它在喂一窝小猫的奶，那些小猫太可爱了，太好玩了，于是满腔仇恨烟消云散，抚玩这些小猫。作者把写《小哥儿俩》的笔墨移用到画艺里面去，替中国画艺别开一个生面。我始终不相信莱辛（Lessing）的文艺只宜叙述动作、造型艺术只宜描绘静态那一套理论。

作者写小说像她写画一样，轻描淡写，着墨不多，而传出来的意味很隽永。在这几篇写小孩子的文章里面，我们隐隐约约地望见旧家庭里面大人们的忧喜恩怨。他们的世故反映着孩子们的天真，可是就在这些天真的孩子身上，我们已开始见到大人们的影响，他们已经在模仿爸爸妈妈哥哥姐姐们玩心眼。我们不禁联想到华兹华斯的名句：

你的心灵不久也快有她的尘世的累赘了。习俗躺在你身上带着一种重压，像霜那么沉重，几乎像生命那么深永！

像每一个真正的艺术家，作者是不肯以某一种单纯的固定的风格自封的。我特别爱好《写信》和《无聊》那两篇，它们显示作者的另一作风。《写信》全篇是独语，不但说了一个故事，描写了一个性格，还把那主人翁——张太太——的心窍都披露出来。这是布朗宁（Browning）和艾略特（T.S.Eliot）在诗中所用的技巧，用在小说方面还不多见。我相信这种写法将来还有较大的前途。《无聊》是写一种 mood，同时也写了一种 atmosphere，写法有时令人联想到曼斯菲尔德（Mansfield），很细腻很真实。"终日驰车走，不见所问津"，古人推为名句。这篇小说很有那两句诗的风味。我总得再说一遍，这部《小哥儿俩》对于我是一个新发现，给了我很大的喜悦。我相信许多读者会和我有同感。

第七讲　谈美学

什么叫作美

艺术的美丑既不是自然的美丑，它们究竟是什么呢？

有人问圣·奥古斯丁："时间究竟是什么？"他回答说："你不问我，我本来很清楚地知道它是什么；你问我，我倒觉得茫然了。"世间许多习见周知的东西都是如此，最显著的就是"美"。我们天天都应用这个字，本来不觉得它有什么难解，但是哲学家们和艺术家们摸索了两三千年，到现在还没有寻到一个定论。听他们的争辩，我们不免越弄越糊涂。我们现在研究这个似乎易懂的字何以实在那么难懂。

我们说花红、胭脂红、人面红、血红、火红、衣服红、珊瑚红等等，红是这些东西所共有的性质。这个共同性可以用光学分析出来，说它是光波的一定长度和速度刺激视官所生的色觉。同样地，我们说花美、人美、风景美、声音美、颜色美、图画美、文章美等等，美也应该是所形容的东西所共有的属性。这个共同性究竟是什么呢？美学却没有像光学分析红色那样，把它很清楚地分析出来。

美学何以没有做到光学所做的呢？美和红有一个重要的分别。红可以说是物的属性，而美很难说完全是物的属性。比如一朵花本来是红的，除开色盲，人人都觉得它是红的。至如说这朵花美，各人的意见就难得一致。尤其是比较新比较难的艺术作品不容易得一致的赞美。假如你说它美，我说它不美，你用什么精确的客观的标准可以说服我呢？美与红不同，红是一种客观的事实，或者说，一种自然的现象，美却不是自然的，多少是人凭着主观所定的价值。"主观"是最分歧、最渺茫的标准，所以向来对于美的审别，和对于美的本质的讨论，都非常分歧。如果人们对于美的见解完全是分歧的，美的审别完全是主观的、个别的，我们也就不把美的性质当作一个科学上的问题。因为科学目的在于杂多现象中寻求普遍原理，普遍原理都有几分客观性，美既然完全是主观的，没有普遍原理可以统辖它，它自然不能成为科学研究的对象了。但是事实又并不如此。关于美感，分歧之中又有几分一致，一个东西如果是美的，虽然不能使一切人都觉得美，却能使多数人觉得美。所以美的审别究竟还有几分客观性。

研究任何问题，都须先明白它的难点所在，忽略难点或是回避难点，总难得到中肯的答案。美的问题难点就在它一方面是主观的价值，一方面也有几分是客观的事实。历来讨论这个问题的学者大半只顾到某一方面而忽略另一方面，所以寻来寻去，终于寻不出美的真面目。

大多数人以为美纯粹是物的一种属性，正犹如红是物的另一种属性。换句话说，美是物所固有的，犹如红是物所固有的，无论有人观赏或没有人观赏，它永远存在那里。凡美都是自然美。从这个观点研究美学者往往从物的本身寻求产生美感的条件。比如就简单的线形说，柏拉图以为最美的线形是圆和直线，画家霍加斯（Hogarth）以为它是波动的曲线，据德国美学家斐西洛（Fechner）的实验，它是一般画家所说的"黄金分割"（golden section）即宽与长成1∶1.618之比的长方形。希腊哲学家毕达哥拉斯（Pythagoras）以为美的线形和一切其他美的形象都必显得"对称"（symmetry），至于对称则起于数学的关系，所以美是一种数学的特质。近代数学家莱布尼兹（Leibniz）也是这样想，比如我们在听音乐时都在潜意识中比较音调的数量的关系，和谐与不和谐的分别即起于数量的配合匀称与不匀称。画家达·芬奇（Leonardo da Vinci）以为最美的人颜面与身材的长度应成一与十之比。每种艺术都有无数的传统的秘诀和信条，我们只略翻阅讨论各种艺术技巧的书籍，就可以看出在物的本身寻求美的条件的实例多至不胜枚举。

这些条件也有为某种艺术所特有的，如上述线形美诸例；也有为一切艺术所共有的，如"寓整齐于变化"（unity

in variety）、"全体一贯"（organic unity）、"入情入理"
（verisimilitude）诸原则。一般人都以为一件事物如果使人觉
得美时，它本身一定具有上述种种美的条件。

美的条件未尝与美无关，但是它本身不就是美，犹如空气
含水分是雨的条件，但空气中的水分却不就是雨。其次，就上
述线形美实验看，美的条件也言人人殊；就论各种艺术技巧的
书籍看，美的条件是数不清的。把美的本质问题改为美的条件
问题，不但是离开本题，而且愈难从纷乱的议论中寻出一个合
理的结论。具有美的条件的事物仍然不能使一切人都觉得美。
知道了什么是美的条件，创作家不就因而能使他的作品美，欣
赏家也不就因而能领略一切作品的美。从此可知美不能完全当
作一种客观的事实，主观的价值也是美的一个重要的成因。这
就是说，艺术美不就是自然美，研究美不能像研究红色一样，
专门在物本身着眼，同时还要着重观赏者在所观赏物中所见到
的价值。我们只问"物本身如何才是美"还不够，另外还要问
"物如何才能使人觉到美"或是"人在何种情形之下才估定一
件事物为美"。

二

以上所说的在物本身寻求美的条件，是把艺术美和自然美
混为一事，把美看成一种纯粹的客观的事实。此外有些哲学家

专从价值着眼。所谓"价值"都是由于物对于人的关系所发生出来的。比如说"善"（good）是人从伦理学、经济学种种实用观点所定的价值，"真"（truth）是人从科学和哲学观点所定的价值。"美"本来是人从艺术观点所定的价值，但是美学家们往往因为不能寻出美的特殊价值所在，便把它和"善"或"真"混为一事。

"善"的最浅近的意义是"用"（useful）。凡是善，不是对于事物自身有实用，就是对于人生社会有实用。就广义说，美的嗜好是一种自然需要的满足，也还算是有用，也还是一种善。不过就狭义说，美并非实用生活所必需，与从实用观点所见到的"善"是两种不同的价值。许多人却把美看作一种从实用观点所见到的善。我们在《美感经验的分析（二）》里所说的海边农夫以为门前海景不如屋后一园菜美，是以有用为美的最好的实例。在色诺芬（Xenophon）的《席上谈》里有一段关于苏格拉底的趣事。有一次希腊举行美男子竞赛，当大家设筵庆贺胜利者时，苏格拉底站起来说最美的男子应该是他自己，因为他的眼睛像金鱼一样突出，最便于视；他的鼻孔阔大朝天，最便于嗅；他的嘴宽大，最便于饮食和接吻。这段故事对于美学有两重意义：第一，它显示一般人心中所以为美的大半是指有用的；第二，它也证明以实用标准定事物的美丑，实在不是一种精确的办法，苏格拉底所自夸的突眼、朝天鼻孔和大嘴虽然有用，仍然不能使他在美男子竞赛中得头等奖。

　　我们在讨论文艺与道德时，也提到许多人想把"美的"和"道德的"混为一事，我们的结论是这两种属性虽有时相关而却不容相混。现在我们无须复述旧话，只作一句总结说："美"和"有用的""道德的"各种"善"都有分别。

　　有一派哲学家把"美"和"真"混为一事。艺术作品本来脱离不去"真"，所谓"全体一贯""入情入理"诸原则都是"真"的别名。但是艺术的真理或"诗的真理"（poetic truth）和科学的真理究竟是两回事。比如但丁的《神曲》或曹雪芹的《红楼梦》所表现的世界都全是想象的、虚构的，从科学观点看，都是不真实的。但是在这虚构的世界中，一切人物情境仍是入情入理，使人看到不觉其为虚构，这就是"诗的真理"。凡是艺术作品大半是虚构（fiction），但同时也都是名学家所说的假然判断（hypothetical judgment）。例如"泰山为人"本不真实，但是"若泰山为人，则泰山有死"则有真实。艺术的虚构大半也是如此，都可以归纳成"若甲为乙，则甲为丙"的形式，我们不应该从科学观点讨论甲是否实为乙，只应问在"甲为乙"的假定之下，甲是否有为丙的可能。柏拉图和亚里士多德的争执即起于此种分别。柏拉图见到"甲为乙"是虚构，便说诗无真理；亚里士多德见到"若甲为乙，则甲为丙"在名学上仍可成立，所以主张诗自有"诗的真理"。我们承认一切艺术都有"诗的真理"，因为假然判断仍有必然性与普遍性；但是否认"诗的真理"就是科学的真理，因为假然判断的根据是虚构的。

我们所说的不分美与真的哲学家们所指的"真"，并非"诗的真理"，而是科学或哲学的真理。多数唯心派哲学家都犯了这个毛病，尤其是黑格尔。据他说，"概念（idea）从感官所接触的事物中照耀出来，于是有美"，换句话说，美就是个别事物所现出的"永恒的理性"。美的特质为"无限"（infinitude）和"自由"（freedom）。自然是有限的，受必然律支配的，所以在美的等差中位置最低。同是自然事物所表现的"无限"和"自由"也有程度的差别，无生物不如生物，生物之中植物不如动物，而一般动物又不如人，美也随这个等差逐渐增高。最无限、最自由的莫如心灵，所以最高的美都是心灵的表现。模仿自然，绝不能产生最高的美，只有艺术里面有最高的美，因为艺术纯是心灵的表现。艺术与自然相反，它的目的就在超脱自然的限制而表现心灵的自由。它的位置高低就看它是否完全达到这个目的。诗纯是心灵的表现，受自然的限制最少，所以在艺术中位置最高；建筑受自然的限制最多，所以位置最低。

英国学者司特斯（Stace）在他的《美的意义》里附和黑格尔的学说而加以发挥。在他看，美也是概念的具体化。概念有三种。一种是"先经验的"（priori concepts），即康德所说的"范畴"，如时间、空间、因果、偏全、肯否等等，为一切知觉的基础，有它们才能有经验。一种是"后经验的知觉

的概念"（empirical perceptual concepts），如人、马、黑、长
等等。想到这种概念时，心里都要同时想到它们所代表的事
物，所以不能脱离知觉。它们是知觉个别事物的基础，例如
知觉马必用"马"的概念。另一种是"后经验的非知觉的概
念"（empirical nonperceptual concepts），例如"自由""进
化""文明""秩序""仁爱""和平"等等。我们想到这些
概念时，心中不必同时想到它们所代表的事物，所以是"非知
觉的"，游离不着实际的。这种"后经验的非知觉的概念"表
现于可知觉的个别事物时，于是有美。无论是自然或是艺术，
在可以拿"美"字来形容时，后面都写有一种理想。不过这种
理想须与它的符号（即个别事物）融化成天衣无缝，不像在寓
言中符号和意义可以分立。

哲学家讨论问题，往往离开事实，架空立论，使人如堕五
里雾中。我们常人虽无方法辩驳他们，心里却很知道自己的实
际经验，并不像他们所说的那么一回事。美感经验是最直接
的，不假思索的。看罗丹的《思想者》雕像，听贝多芬的交响
曲，或是读莎士比亚的悲剧，谁先想到"自由""无限"种种
概念和理想，然后才觉得它美呢？"概念""理想"之类抽象
的名词都是哲学家们的玩意儿，艺术家们并不在这些上面劳心
焦思。

三

统观以上种种关于美的见解，可以粗略地分为两类。一类是信任常识者所坚持的，着重客观的事实，以为美全是物的一种属性，艺术美也还是一种自然美，物自身本来就有美，人不过是被动的鉴赏者。一类是唯心派哲学家所主张的，着重主观的价值，以为美是一种概念或理想，物表现这种概念或理想，才能算是美，像休谟在他的《论文集》第二十二篇中所说的："美并非事物本身的属性，它只存在观赏者的心里。"我们已经说过，这两说都很难成立。如果美全在物，则物之美者人人应觉其为美，艺术上的趣味不应有很大的分歧；如果美全在心，则美成为一种抽象的概念，它何必附丽于物，固是问题，而且在实际上，我们审美并不想到任何抽象的概念。

我们介绍唯心派哲学家对于美的见解时，没有谈到康德，康德是同时顾到美的客观性与主观性两方面的，他的学说可以用两条原则概括起来：

一、美感判断与名理判断不同，名理判断以普泛的概念为基础，美感判断以个人的目前感觉为基础，所以前者是客观的，后者是主观的。

二、一般主观的感觉完全是个别的，随人随时而异。美感判断虽然是主观的，同时却像名理判断有普遍性和必然性。这种普遍性和必然性纯赖感官，不借助于概念。物使我觉其美时，我的心理机能（如想象、知解等）和谐地活动，所以发生不沾实用的快感。一人觉得美的，大家都觉得美（即所谓美感判断的必然性和普遍性），因为人类心理机能大半相同。

康德超出一般美学家，因为他抓住问题的难点，知道美感是主观的，凭借感觉而不假概念的，同时却又不完全是主观的，仍有普遍性和必然性。依他看，美必须借心才能感觉到，但物亦必须具有适合心理机能一个条件，才能使心感觉到美。不过康德对于美感经验中的心与物的关系似仍不甚了解。据他的解释，一个形象适合心理机能，与一种颜色适合生理机能，并无分别。心对美的形象，和视官对美的颜色一样，只处于感受的地位。这种感受是直接的，所以康德走到极端的形式主义，以为只有音乐与无意义的图案画之类，纯以形式直接地打动感官的东西才能有"纯粹的美"，至于带有实用联想的自然物和模仿自然的艺术都只能具有"依赖的美"。因为它们不是纯粹由感官直接感受而要借助于概念的。这种学说把诗、图画、雕刻、建筑一切含有意义或实用联想的艺术以及大部分自然都摈诸"纯粹的美"范围之外，显然不甚圆满。他所以走到极端的形式主义者，由于把美感经验中的心看作被动的感受者。

美不仅在物，亦不仅在心，它在心与物的关系上面。但这种关系并不如康德和一般人所想象的，在物为刺激，在心为感受，它是心借物的形象来表现情趣。世间并没有天生自在、俯拾即是的美，凡是美都要经过心灵的创造。我们在第一章[1]已详细分析过，在美感经验中，我们须见到一个意象或形象，这种"见"就是直觉或创造，所见到的意象须恰好传出一种特殊的情趣，这种"传"就是表现或象征。见出意象恰好表现情趣，就是审美或欣赏。创造是表现情趣于意象，可以说是情趣的意象化，欣赏是因意象而见情趣，可以说是意象的情趣化。美就是情趣意象化或意象情趣化时心中所觉到的"恰好"的快感。"美"是一个形容词，它所形容的对象不是生来就是名词的"心"或"物"，而是由动词变成名词的"表现"或"创造"，这番话较笼统，现在我们把它的含义抽绎出来。

第一，我们这样地解释美的本质，不但可以打消美本在物及美全在心两个大误解，而且可以解决内容与形式的纠纷。从前学者有人主张美与内容有关，有人以为美全在形式，这问题闹得天昏地暗，到现在还是莫衷一是。"内容""形式"两词的意义根本就很混沌，如果它们在艺术上有任何精确的意义，内容应该是情趣，形式应该是意象：前者为"被表现者"，后者为"表现媒介"。"未表现的"情趣和"无所表现的"意象都不是艺术，都不能算是美，所以"美在内容亦在形式"根本不成为问题。美既不在内容，也不在形式，而在它们的关系——表现——上面。

1　指朱光潜《文艺心理学》第一章《美感经验的分析（一）：形象的直觉》。

第二，我们这种见解看重美是创造出来的，它是艺术的特质，自然中无所谓美（"自然美"一词另有意义）。在觉自然为美时，自然就已变成表现情趣的意象，就已经是艺术品。比如欣赏一棵古松，古松在成为欣赏对象时，绝不是一堆无所表现的物质，它一定变成一种表现特殊情趣的意象或形象。这种形象并不是一件天生自在、一成不变的东西。如果它是这样，则无数欣赏者所见到的形象必定相同。但在实际上甲与乙同在欣赏古松，所见到的形象却甲是甲乙是乙，所以如果两个人同时把它画出，结果是两幅不同的图画。从此可知各人所欣赏到的古松的形象其实是各人所创造的艺术品。它有艺术品所常具的个性，因为它是各人临时临境的性格和情趣的表现。古松好比一部词典，各人在这部词典里选择一部分词出来，表现他所特有的情思，于是有诗，这诗就是各人所见的古松的形象。你和我都觉得这棵古松美，但是它何以美？你和我所见到的却各不相同。一切自然风景都可以作如是观。陶潜在"悠然见南山"时，杜甫在见到"造化钟神秀，阴阳割昏晓"时，李白在觉得"相看两不厌，唯有敬亭山"时，辛弃疾在想到"我见青山多妩媚，青山见我应如是"时，都觉得山美，但是山在他们心中所引起的意象和所表现的情趣都是特殊的。阿米（Amiel）说："一片自然风景就是一种心境。"唯其如此，它也就是一件艺术品。

第三，离开传达问题而专言美感经验，我们的学说否认创造和欣赏有根本上的差异。创造之中都寓有欣赏，欣赏之中也都寓有创造。比如陶潜在写"采菊东篱下，悠然见南山"那首诗时，先在环境中领略到一种特殊情趣，心里所感的情趣与眼中所见的意象猝然相遇，默然相契。这种契合就是直觉、表现或创造。他觉得这种契合有趣，就是欣赏。唯其觉得有趣，所以他借文字为符号把它留下印痕来，传达给别人看。这首诗印在纸上时只是一些符号。我如果不认识这些符号，它对于我就不是诗，我就不能觉得它美。印在纸上的或是听到耳里的诗还是生糙的自然，我如果要觉得它美，一定要认识这些符号，从符号中见出意象和情趣，换句话说，我要回到陶潜当初写这首诗时的地位，把这首诗重新在心中"再造"出来，才能够说欣赏。陶潜由情趣而意象而符号，我由符号而意象而情趣，这种进行次第先后固有不同，但是情趣意象先后之分究竟不甚重要，因为它们在分立时艺术都还没有成就，艺术的成就在情趣意象契合融化为一整体时。无论是创造者或是欣赏者都必须见到情趣意象混化的整体（创造），同时也都必觉得它混化得恰好（欣赏）。

最后，我们的学说肯定美是艺术的特点。这是一般常识所赞助的结论，我们所以特别提出者，因为从托尔斯泰以后，有一派学者以为艺术与美毫无关系。托尔斯泰把艺术看成一种语言，是传达情感的媒介。这种见解与现代克罗齐、理查兹诸人的学说颇有不谋而合处。就"什么叫作艺术"这个问题的答案说，托尔斯泰实在具有特见。他的错误在没有懂得"什么叫作美"，他归纳许多19世纪哲学家所下的美的定义说："美是一种特殊的快感。"他接受了这个错误的美的定义，看见它与"艺术是传达情感的媒介"这个定义不相容，便说艺术的目的不在美。近来美国学者杜卡斯（Ducasse）在他的《艺术哲学》里附和托尔斯泰，也陷于同样的错误。托尔斯泰和杜卡斯等人忘记情感是主观的，必客观化为意象，才可以传达出去。情趣和意象相契合混化，便是未传达以前的艺术，契合混化得恰当便是美。察觉到美寻常都伴着不沾实用的快感，但是这种快感是美的后效，并非美的本质。艺术的目的直接地在美，间接地在美所伴的快感。

四

如果"美"的性质不易明白，"丑"的定义更难下得精确。"美"字的相反字是"不美"，"不美"却不一定就是"丑"。许多事物不能引起我们的好恶，我们对于它们只是漠不关心，它们对于我们也只是不美不丑。所以在美学中，"丑"不完全是消极的，应该有一种积极的意义。它的积极的意义是什么呢？

一般人所说的丑大半不外指"自然丑"的两种意义。它或是使人生不快感，如无规律的线形和嘈杂的声音；或是事物的变态，如人的残缺和树的臃肿。我们已经见过，这两种意义的"丑"与"艺术丑"之"丑"应该有分别。因为这些自然丑都可以化为艺术美。

此外"丑"对于一般人也许还另有一个意义，就是难了解欣赏的美。一位英国老太婆看见埃及的金字塔，很失望地说："我向来没有见过比它更丑拙的东西！"一般人的艺术趣味大半是传统的、因袭的，他们对于艺术作品的反应，通常都沿着习惯养成的抵抗力最小的途径走。如果有一种艺术作品和他们的传统观念和习惯反应格格不入，那对于他们就是丑的。凡是新兴的艺术风格在初出世时都不免使人觉得丑，假古典派对于"哥特式"（gothic）艺术的厌恶，以及许多其他史例，都是明证。但是这种意义的"丑"起于观赏者的弱点，并非艺术本身的"丑"。

我们所要明白的就是艺术本身的"丑"究竟是怎么一回事。这个问题为许多近代美学家所争辩过。据克罗齐说，美是"成功的表现"（successful expression），丑是"不成功的表现"（unsuccessful expression）。这两句结论中第一句是我们所承认的，但是第二句关于"丑"的话却有一个大难点。把"丑"和"美"都摆在美学范围里并论时，就是承认"丑"和"美"同样是一种美感的价值。但是"不成功的表现"就不算是艺术，就是美感经验以外的东西，那么，"丑"（美感经验以外的价值）就不能和"美"（美感经验以内的价值）并列在同一个范围里面了。换句话说，是艺术就必定是美的，艺术范围之内不能有所谓"丑"。"艺术丑"这个名词就不能成立。如果我们全部接受克罗齐的美学，势必走到这种困境，因为克罗齐把美看成绝对的价值，不容有程度上的比较。

英国美学家鲍申葵在他的《美学三讲》里把这个困难说得最清楚：

情感表现于形象，于是有美。一件事物与美相冲突，或产生一种影响与美的影响恰相反者——这就是我们所谓的丑——它自身不是有表现性的形象，就是没有表现性的形象。如果它是没有表现性的形象，那么，就美感说，它就没有什么意义。如果它是有表现性的形象，那么，它就寓有一种情感，就落到美的范围以内了。

依鲍申葵说，丑的形象须同时似有表现性而实无表现性。它好像是表现一种情感，但是实在没有把它表现出来。它把想象引到一个方向去，同时又把想象的去路打断，好比闪烁很快的光，刚引起视觉活动，马上就强迫它停住，所以引起失望与不快感。有心要露出有表现性的样子，而实在空洞无所表现，于是有丑，所以丑只可以在虚伪的矫揉造作、貌似神非的艺术里发现。自然中不能有这种意义的丑，因为自然不能像人一样，有意地作表现的尝试。

依我们看，鲍申葵虽然明白"丑"的问题难点，他的答案却仍不甚圆满，因为他没有见到似有表现性而实无表现性的东西究竟还不是"表现"或艺术。既不是表现或艺术，它就要落到以讨论表现或艺术为职务的美学范围以外了。这种困难根本是从价值问题来的。如果承认美的价值是绝对的，那么，一个形象或有表现性，或无表现性。有表现性就是美，否则就只是"不美"，"丑"字在美学中便无地位。如果承认美的价值是有比较的，则表现在"恰到好处"这个理想之下可以有种种程度上的等差。愈离"恰到好处"的标准点愈远就愈近于丑。依这一说，"丑""美"一样是美感范围以内的价值，它们的不同只是程度的而不是绝对的。我们相信这个解释是美丑问题难关的唯一出路。

从生理学观点谈美与美感

朋友们：

你们来信常追问我：美是什么？美感是什么？美与美感有什么关系？美是否纯粹是客观的或主观的？我在第二封信[1]里已强调过这样从抽象概念出发来对本质下定义的方法是形而上学的。要解决问题，就要从具体情况出发，而审美活动的具体情况是极其复杂的。前信[2]已谈到从马克思在《资本论》里关于"劳动"的分析看，就可以看出物质生产和精神生产都有审美问题，既涉及复杂的心理活动，又涉及复杂的生理活动。这两种活动本来是分不开的，为着说明的方便，姑且把它们分开来说。在第三封信《谈人》[3]里我们已约略谈了一点心理学常识，现在再就节奏感、移情作用和内模仿这三项来谈一点生理

1　指朱光潜《谈美书简》第二章《从现实生活出发还是从抽象概念出发？》。

2　指朱光潜《谈美书简》第五章《艺术是一种生产劳动》。

3　指朱光潜《谈美书简》第三章《谈人》。

学常识。

一、节奏感。节奏是音乐、舞蹈和歌唱这些最原始也最普遍的三位一体的艺术所同具的一个要素。节奏不仅见于艺术作品，也见于人的生理活动。人体中呼吸、循环、运动等器官本身的自然的有规律的起伏流转就是节奏。人用他的感觉器官和运动器官去应付审美对象时，如果对象所表现的节奏符合生理的自然节奏，人就感到和谐和愉快，否则就感到"拗"或"失调"，就不愉快。例如听京戏或鼓书，如果演奏艺术高超，像过去的杨小楼和刘宝全那样，我们便觉得每个字音和每一拍的长短高低快慢都恰到好处，有"流转如弹丸"之妙。如果某句落掉一拍，或某板偏高或偏低，我们全身筋肉就仿佛突然受到一种不愉快的震撼，这就叫作节奏感。

为着跟上节奏，我们常用手脚去"打板"，其实全身筋肉都在"打板"。这里还有心理上的"预期"作用。节奏总有一种习惯的模式。听到上一板，我们就"预期"下一板的长短高低快慢如何，如果下一板果然符合预期，美感便加强，否则美感就遭到破坏。在这种美或不美的节奏感里你能说它是纯粹主观的或纯粹客观的吗？或则说它纯粹是心理的或纯粹是生理的吗？

节奏是主观与客观的统一，也是心理和生理的统一。它是内心生活（思想和情趣）的传达媒介。艺术家把应表现的思想和情趣表现在音调和节奏里，听众就从这音调节奏中体验或感染到那种思想和情趣，从而起同情共鸣。

举具体事例来说，试比较分析一下这两段诗：

噫吁嚱？危乎高哉！蜀道之难，难于上青天！……其险也如此，嗟尔远道之人胡为乎来哉！

——李白《蜀道难》

昵昵儿女语，恩怨相尔汝。划然变轩昂，勇士赴敌场。浮云柳絮无根蒂，天地阔远随飞扬。……跻攀分寸不可上，失势一落千丈强！

——韩愈《听颖师弹琴》

李诗突兀沉雄，使人得到崇高风格中的惊惧感觉，节奏比较慢，起伏不平。韩诗变化多姿，妙肖琴音由缠绵细腻，突然转到高昂开阔，反复荡漾，接着的两句就上升的艰险和下降的突兀作了强烈的对比。音调节奏恰恰传出琴音本身的变化。正确的朗诵须使音调节奏暗示出意象和情趣的变化发展。这就必然引起呼吸、循环、发音等器官乃至全身筋肉的活动。你能离开这些复杂的生理活动而谈欣赏音调节奏的美感吗？你能离开这种具体的美感而抽象地谈美的本质吗？

节奏主要见于声音，但也不限于声音，形体长短大小粗细相错综，颜色深浅浓淡和不同调质相错综，也都可以见出规律和节奏。建筑也有它所特有的节奏，所以过去美学家们把建筑比作"冻结的或凝固的音乐"。一部文艺作品在布局上要有"起承转合"的节奏。我读姚雪垠同志的《李自成》，特别欣赏他在戎马仓皇的紧张局面之中穿插些明末宫廷生活之类安逸闲散的配搭，既见出反衬，也见出起伏的节奏，否则便会平板单调。我们有些音乐和文学方面的作品往往一味高昂紧张，就有缺乏节奏感的毛病。"一张一弛，文武之道也！"

二、移情作用：观念联想。19世纪以来，西方美学界最大的流派是以费肖尔父子为首的新黑格尔派，他们最大的成就在对于移情作用的研究和讨论。所谓"移情作用"（Einfuhlung）指人在聚精会神中观照一个对象（自然或艺术作品）时，由物我两忘达到物我同一，把人的生命和情趣"外射"或移注到对象里去，使本无生命和情趣的外物仿佛具有人的生命活动，使本来只有物理的东西也显得有人情。最明显的事例是观照自然景物以及由此产生的文艺作品。

我国诗词里咏物警句大半都显出移情作用。例如下列名句：

相看两不厌，唯有敬亭山。

——李白

感时花溅泪，恨别鸟惊心。

——杜甫

颠狂柳絮随风舞，轻薄桃花逐水流。

——杜甫

数峰清苦，商略黄昏雨。

——姜夔

可堪孤馆闭春寒，杜鹃声里斜阳暮。

——秦观

都是把物写成人，静的写成动的，无情写成有情，于是山可以看人而不厌，柳絮可以颠狂，桃花可以轻薄，山峰可以清苦，领略黄昏雨的滋味。从此可见，诗中的"比"和"兴"大半起于移情作用，上例有些是显喻，有些是隐喻，隐、显各有程度之差，较隐的是姜、秦两例，写的是景物，骨子里是诗人抒发自己的黄昏思想和孤独心情。上举各例说明移情作用和形象思维也有密切关系。

移情说的一个重要代表立普斯反对从生理学观点来解释移情现象，主张要专用心理学观点，运用英国经验主义派的"观念联想"（特别是其中的"类似联想"）来解释。他举希腊建筑中的多利克式石柱为例。这种石柱支持上面的沉重的平顶，本应使人感到它受重压而下垂，而我们实际看到的是它仿佛在耸立上腾，出力抵抗。立普斯把这种印象叫作"空间意象"，认为它起于类似联想，石柱的姿态引起人在类似情况中耸立上腾、出力抵抗的观念或意象，在聚精会神中就把这种意象移到石柱上，于是石柱就仿佛耸立上腾、奋力抵抗了。立普斯的这种看法偏重移情作用的由我及物的一方面，唯心色彩较浓。

三、移情作用：内模仿。同属移情派而与立普斯对立的是谷鲁斯。他侧重移情作用的由物及我的一方面，用的是生理学观点，认为移情作用是一种"内模仿"。在他的名著《动物的游戏》里举过看跑马的例子：

一个人在看跑马，真正的模仿当然不能实现，他不但不肯放弃座位，而且有许多理由使他不能去跟着马跑，所以只心领神会地模仿马的跑动，去享受这种内模仿所产生的快感。这就是一种最简单、最基本、最纯粹的审美的观赏了。

他认为审美活动应该只有内在的模仿而不应有货真价实的模仿。如果运动的冲动过分强烈，例如西欧一度有不少的少年因读了歌德的《少年维特之烦恼》就模仿维特自杀，那就要破坏美感了。正如中国过去传说有人看演曹操老奸巨猾的戏，就义愤填膺，提刀上台把那位演曹操的角色杀掉，也不能起美感一样。

谷鲁斯还认为内模仿带有游戏的性质。这是受到席勒和斯宾塞的"游戏说"的影响，把游戏看作艺术的起源。从文艺的创作和欣赏的角度看，内模仿确实有很多例证。上文已谈到的节奏感就是一例。中国文论中的"气势"和"神韵"，中国画论中的"气韵生动",都是凭内模仿作用体会出来的。中国书法向来自成一种艺术,康有为在《广艺舟双楫》里说字有十美,其中如"魄力雄强""气象浑穆""意态奇逸""精神飞动"之类显然都显出移情作用的内模仿。书法往往表现出人格,颜真卿的书法就像他为人一样刚正,风骨凛然;赵孟頫的书法就像他为人一样清秀妩媚,随方就圆。我们欣赏颜字那样刚劲,便不由自主地正襟危坐,模仿他的端庄刚劲;我们欣赏赵字那样秀媚,便不由自主地松散筋肉,模仿他的潇洒婀娜的姿态。

西方作家描绘移情中内模仿事例更多,现在举19世纪两位法国的著名的小说家为例。一位是女作家乔治·桑,她在《印象和回忆》里说:

我有时逃开自我,俨然变成一棵植物,我觉得自己是草,是飞马,是树顶,是云,是流水,是天地相接的那一条地平线,觉得自己是这种颜色或那种形体,瞬息万变,去来无碍,时而走,时而飞,时而潜,时而饮露,向着太阳开花,或栖在叶背安眠。天鹅飞升时我也飞升,蜥蜴跳跃时我也跳跃,萤火和星光闪耀时我也闪耀。总之,我所栖息的天地仿佛全是由我自己伸张出来的。

另一位是写实派大师福楼拜,他在通信里描绘他写《包法

利夫人》那部杰作时说:

> 写作中把自己完全忘去,创造什么人物就过着什么人物的生活,真是一件快事。今天我就同时是丈夫和妻子,情人和姘头(小说中的人物——引者注),我骑马在树林里漫游,时当秋暮,满林黄叶(小说中的情景——引者注),我觉得自己就是马,就是风,就是两人的情语,就是使他们的填满情波的眼睛眯着的那道阳光。

这两例都说明作者在创作中体物入微,达到物我同一的境界,就引起移情作用中的内模仿。凡是模仿都或多或少地涉及筋肉活动,这种筋肉活动当然要在脑里留下印象,作为审美活动中一个重要因素,过去心理学家认为人有视、听、嗅、味、触五官,其中只有视、听两种感官涉及美感。近代美学日渐重视筋肉运动,于五官之外还添上运动感官或筋肉感官(Kinetic Sense),并且倾向于把筋肉感看作美感的一个重要因素。其实中国书法家和画家早就明白这个道理了。

四、审美者和审美对象各有两种类型。审美的主体(人)和审美的对象(自然和文艺作品)都有两种不同的类型,而这两种类型又各有程度上的差别和交叉,这就导致美与美感问题的复杂化。先就人来说,心理学早就把人分成"知觉型"和"运动型"。例如看一个圆形,知觉型的人一看到圆形就直接凭知觉认识到它是圆的，运动型的人还要用眼睛沿着圆周线做一种圆形的运动，从这种眼球筋肉运动中才体会到它是圆的。近来美学家又把人分成"旁观型"和"分享型"，大略相当于知觉型和运动型。纯粹旁观型的人不易起移情作用，更不易起内模仿活动，分明意识到我是我，物是物，却仍能欣赏物的形象美。纯粹分享型的人在聚精会神中就达到物我两忘和物我同一，必然引起移情作用和内模仿。这种分别就是尼采在《悲剧的诞生》里所指出的日神精神（旁观）与酒神精神（分享）的分别。狄德罗在他的《谈演员》的名著里也强调过这个分别。他认为演员也有两种类型：一种演员演什么角色，就化成那个角色，把自己全忘了，让那个角色的思想情感支配自己的动作姿势和语调；另一种演员尽管把角色演得惟妙惟肖，却时时刻刻冷静地旁观自己的表演是否符合他早已想好的那"理想的范本"。狄德罗本人则推尊旁观型演员而贬低分享型演员，不过也有人持相反的看法。上面所介绍过的立普斯显然属于知觉型和旁观型，感觉不到筋肉活动和内模仿，谷鲁斯却属于运动型或分享型。因此，两人对于美感的看法就不能相同。

　　我还记得20世纪50年代的美学讨论中攻击的靶子之一就是我的"唯心主义的"移情作用，现在趁这次重新谈美的机会，就这个问题进行一番自我分析和检讨。我仍得坦白招认，我还是相信移情作用和内模仿的。这是事实俱在，不容　笔抹杀。我还想到在1859年左右移情派祖师费肖尔的五卷本《美学》

刚出版不久，马克思就在百忙中把它读完而且作了笔记，足见马克思并没有把它一笔抹杀，最好进一步就这方面进行一些研究再下结论。我凭个人经验的分析，认识到这问题毕竟很复杂。在审美活动中尽管我一向赞赏冷静旁观，有时还是一个分享者，例如我读《史记·刺客列传》叙述荆轲刺秦王那一段，到"图穷匕首见"时我真正为荆轲提心吊胆，接着到荆轲"左手把秦王之袖而右手持匕首揕之"时，我确实从自己的筋肉活动上体验到"持"和"揕"的紧张局面。以下一系列动作我也都不是冷静地用眼睛看到的，而是紧张地用筋肉感觉到的。我特别爱欣赏这段散文，大概这种强烈的筋肉感也起了作用，因此，我相信美感中有筋肉感这个重要因素。我还相信古代人、老年人、不大劳动的知识分子多属于冷静的旁观者，现代人、青年人、工人和战士多属于热烈的分享者。

审美的对象也有静态的和动态的两大类型。首先指出这个分别的是德国启蒙运动领袖莱辛。他在《拉奥孔》里指出诗和画的差异。画是描绘形态的，是运用线条和颜色的艺术，线条和颜色的各部分是在空间上分布平铺的，也就是处于静态的。诗是运用语言的艺术，是叙述动作情节的，情节的各部分是在时间上先后承续的，也就是处于动态的。就所涉及的感官来说，画要通过眼睛来接受，诗却要通过耳朵来接受。不过莱辛并不排除画也可化静为动，诗也可化美为媚。"媚"就是一种动态美。拿中国诗画为例来说，画一般是描绘静态的，可是中国画家一向把"气韵生动""从神似求形似""画中有诗"作为首要原则，都是要求画化静为动，诗化美为媚，就是把静止的形体美化为流动的动作美。《诗经·卫风》中有一章描绘美人的诗便是一个顶好的例：

手如柔荑，肤如凝脂，领如蝤蛴，齿如瓠犀，螓首蛾眉。巧笑倩兮，美目盼兮。

前五句罗列头上各部分，用许多不伦不类的比喻，也没有烘托出一个美人来。最后两句突然化静为动，着墨虽少，却把一个美人的姿态、神情完全描绘出来了。读前五句，我丝毫不起移情作用和内模仿，也不起美感；读后两句，我感到活跃的移情作用、内模仿和生动的美感。这就说明客观对象的性质在美感里确实会起重要的作用。同是一个故事情节写在诗里和写在散文里效果也不同。例如白居易的《长恨歌》和陈鸿的《长恨歌传》不同；同是一个故事情节写在一部小说或剧本里，和表演在舞台上或放映在电视里效果也各不相同，不同的观众也有见仁见智、见浅见深之别。

我唠叨了这半天，目的是要回答开头时所提的那几个问题。首先，美确实要有一个客观对象，要有"巧笑倩兮，美目盼兮"这样美人的客观存在。不过这种姿态可以由无数不同的美人表现出，这就使美的本质问题复杂化。其次，审美也确要有一个主体，美是价值，就离不开评价者和欣赏者。如果这种美人处在空无一人的大沙漠里，或一片漆黑的黑夜里，她的"巧笑倩兮，美目盼兮"能产生什么美感呢？凭什么能说她美呢？就是在闹市大白天里，千千万万人都看到她，都感到她同样美吗？老话不是说"情人眼底出西施"吗？不同的人不会见到不同的西施，具有不同的美感吗？

我们在前信已说明过在审美活动中主体和对象两方面的具体情况都极为复杂。我们当前的任务是先仔细调查和分析这些具体情况，还是急急忙忙先对美和美感的本质及其相互关系作出抽象的结论来下些定义呢？我不敢越俎代庖，就请诸位自己作出抉择吧！

希腊女神的雕像与血色鲜丽的英国姑娘

——美感与快感

　　我在以上三章[1]所说的话都是回答"美感是什么"这个问题。我们说过，美感起于形象的直觉。它有两个要素：

　　一、目前意象和实际人生之中有一种适当的距离。我们只观赏这种孤立绝缘的意象，一不问它和其他事物的关系如何，二不问它对于人的效用如何。思考和欲念都暂时失其作用。

　　二、在观赏这种意象时，我们处于聚精会神以至于物我两忘的境界，所以于无意之中以我的情趣移注于物，以物的姿态移注于我。这是一种极自由的（因为是不受实用目的牵绊的）活动，说它是欣赏也可，说它是创造也可，美就是这种活动的产品，不是天生现成的。

　　这是我们的立脚点。在这个立脚点上站稳，我们可以打倒

1　指朱光潜《谈美》前三章《我们对于一棵古松的三种态度——实用的、科学的、美感的》《"当局者迷，旁观者清"——艺术和实际人生的距离》《"子非鱼，安知鱼之乐？"——宇宙的人情化》。

许多关于美感的误解。在以下两三章[1]里我要说明美感不是许多人所想象的那么一回事。

我们第一步先打倒享乐主义的美学。

"美"字是不要本钱的，喝一杯滋味好的酒，你称赞它"美"；看见一朵颜色很鲜明的花，你称赞它"美"；碰见一位年轻姑娘，你称赞她"美"；读一首诗或是看一座雕像，你也还是称赞它"美"。这些经验显然不尽是一致的。究竟怎样才算"美"呢？一般人虽然不知道什么叫作"美"，但是都知道什么样就是愉快。拿一幅画给一个小孩子或是未受艺术教育的人看，征求他的意见，他总是说"很好看"。如果追问他"它何以好看了"，他不外是回答说："我欢喜看它，看了它就觉得很愉快。"通常人所谓"美"大半就是指"好看"，指"愉快"。

不仅是普通人如此，许多声名煊赫的文艺批评家也把美感和快感混为一件事。英国19世纪有一位学者叫作罗斯金，他著过几十册书谈建筑和图画，就曾经很坦白地告诉人说："我从来没有看见过一座希腊女神雕像，有一位血色鲜丽的英国姑娘的一半美。"从愉快的标准看，血色鲜丽的姑娘引诱力自然是比女神雕像的大，但是你觉得一位姑娘"美"和你觉得一座女神雕像"美"时是否相同呢？《红楼梦》里的刘姥姥想来不一

1　指朱光潜《谈美》第五章《"记得绿罗裙，处处怜芳草"——美感与联想》、第六章《"灵魂在杰作中的冒险"——考证、批评与欣赏》、第七章《"情人眼底出西施"——美与自然》等。

定有什么风韵，虽然不能得罗斯金的青眼，在艺术上却仍不失其为美。一个很漂亮的姑娘同时做许多画家的"模特儿"，可是她的画像在一百张之中不一定有一张比得上伦勃朗（荷兰人物画家）的"老太婆"。英国姑娘的"美"和希腊女神雕像的"美"显然是两件事，一个是只能引起快感的，一个是只能引起美感的。罗斯金的错误在把英国姑娘的引诱性做"美"的标准，去测量艺术作品。艺术是另一世界里的东西，对于实际人生没有引诱性，所以他以为比不上血色鲜丽的英国姑娘。

美感和快感究竟有什么分别呢？有些人见到快感不尽是美感，替它们勉强定一个分别来，却又往往不符事实。英国有一派主张"享乐主义"的美学家就是如此。他们所见到的分别彼此又不一致。有人说耳、目是"高等感官"，其余鼻、舌、皮肤、筋肉等等都是"低等感官"，只有"高等感官"可以尝到美感，而"低等感官"则只能尝到快感。有人说引起美感的东西可以同时引起许多人的美感，引起快感的东西则对于这个人引起快感，对于那个人或引起不快感。美感有普遍性，快感没有普遍性。这些学说在历史上都发生过影响，如果分析起来，都是一钱不值。拿什么标准说耳、目是"高等感官"？耳、目得来的有些是美感，有些也只是快感，我们如何去分别？"客去茶香留舌本""冰肌玉骨，自清凉无汗"等名句是否与"低等感官"不能得美感之说相容？至于普遍不普遍的话更不足为凭。口腹有同嗜，而艺术趣味却往往随人而异。陈年花雕是吃酒的人大半都称赞它美的，一般人却不能欣赏后期印象派的图画。我曾经听过一位很时髦的英国老太婆说道："我从来没有见过比金字塔再拙劣的东西。"

从我们的立脚点看，美感和快感是很容易分别的。美感与实用活动无关，而快感则起于实际要求的满足。口渴时要喝水，喝了水就得到快感；腹饥时要吃饭，吃了饭也就得到快感。喝美酒所得的快感由于味感得到所需要的刺激，和饱食暖衣的快感同为实用的，并不是起于"无所为而为"的形象的观赏。至于看血色鲜丽的姑娘，可以生美感，也可以不生美感。如果你觉得她是可爱的，给你做妻子你还不讨厌她，你所谓"美"就只是指合于满足性欲需要的条件，"美人"就只是指对于异性有引诱力的女子。如果你见了她不起性欲的冲动，只把她当作线纹匀称的形象看，那就和欣赏雕像或画像一样了。美感的态度不带意志，所以不带占有欲。在实际上性欲本能是一种最强烈的本能，看见血色鲜丽的姑娘而能"心如古井"地不动，只一味欣赏曲线美，是一般人所难能的。所以就美感说，罗斯金所称赞的血色鲜丽的英国姑娘对于实际人生距离太近，不一定比希腊女神雕像的价值高。

谈到这里，我们可以顺便地说一说弗洛伊德派心理学在文艺上的应用。大家都知道，弗洛伊德把文艺认为是性欲的表现。性欲是最原始最强烈的本能，在文明社会里，它受道德、法律种种社会的牵制，不能得到充分的满足，于是被压抑到"隐意识"里去成为"情意综"。但是这种被压抑的欲望还是要偷空子化装求满足。文艺和梦一样，都是戴着假面具逃开意识检察的欲望。举一个例来说，男子通常都特别爱母亲，女子通常都特别爱父亲。依弗洛伊德看，这就是性爱。这种性爱是反乎道德、法律的，所以被压抑下去，在男子则成"俄狄浦斯情意综"，在女子则成"厄勒克特拉情意综"。这两个奇怪的名词是怎样讲呢？俄狄浦斯原来是古希腊的一个王子，曾于无意中弑父娶母，所以他可以象征子对于母的性爱。厄勒克特拉是古希腊的一个公主，她的母亲爱了一个男子把丈夫杀了，她怂恿她的兄弟把母亲杀了，替父亲报仇，所以她可以象征女对于父的性爱。在许多民族的神话里面，伟大的人物都有母而无父，耶稣和孔子就是著例，耶稣是上帝授胎的，孔子之母祷于尼丘而生孔子。在弗洛伊德派学者看，这都是"俄狄浦斯情意综"的表现。许多文艺作品都可以用这种眼光来看，都是被压抑的性欲因化装而得满足。

依这番话看，弗洛伊德的文艺观还是要纳到享乐主义里去，他自己就常欢喜用"快感原则"这个名词。在我们看，他的毛病也在把快感和美感混淆，把艺术的需要和实际人生的需要混淆。美感经验的特点在"无所为而为"地观赏形象。在创造或欣赏的一刹那中，我们不能仍然在所表现的情感里过活，一定要站在客位把这种情感当一幅意象去观赏。如果作者写性爱小说，读者看性爱小说，都是为着满足自己的性欲，那就无异于为着饥而吃饭，为着冷而穿衣，只是实用的活动，而不是美感的活动了。文艺的内容尽管有关性欲，可是我们在创造或欣赏时却不能同时受性欲冲动的驱遣，须站在客位把它当作形象看。世间自然也有许多人欢喜看淫秽的小说去刺激性欲或是满足性欲，但是他们所得的并不是美感。弗洛伊德派的学者的错处不在主张文艺常是满足性欲的工具，而在把这种满足认为美感。

美感经验是直觉的而不是反省的。在聚精会神之中我们既忘掉自我，自然不能觉得我是否欢喜所观赏的形象，或是反省这形象所引起的是不是快感。我们对于一件艺术作品欣赏的浓度愈大，就愈不觉得自己是在欣赏它，愈不觉得所生的感觉是愉快的。如果自己觉得快感，我便是由直觉变而为反省，好比提灯寻影，灯到影灭，美感的态度便已失去了。美感所伴的快感，在当时都不觉得，到过后才回忆起来。比如读一首诗或是看一幕戏，当时我们只是心领神会，无暇他及，后来回想，才觉得这一番经验很愉快。

这个道理一经说破，本来很容易了解。但是许多人因为不明白这个很浅显的道理，遂走上迷路。近来德国和美国有许多研究"实验美学"的人就是如此。他们拿一些颜色、线形或是音调来请受验者比较，问他们欢喜哪一种，讨厌哪一种，然后作出统计来，说某种颜色是最美的，某种线形是最丑的。独立的颜色和画中的颜色本来不可相提并论。在艺术上部分之和并不等于全体，而且最易引起快感的东西也不一定就美。他们的错误是很显然的。

"记得绿罗裙，处处怜芳草"

——美感与联想

　　美感与快感之外，还有一个更易惹误解的纠纷问题，就是美感与联想。

　　什么叫作联想呢？联想就是见到甲而想到乙。甲唤起乙的联想通常不外起于两种原因：或是甲和乙在性质上相类似，例如看到春光想起少年，看到菊花想到节士；或是甲和乙在经验上曾相接近，例如看到扇子想起萤火虫，走到赤壁想起曹孟德或苏东坡。类似联想和接近联想有时混在一起，牛希济的"记得绿罗裙，处处怜芳草"两句词就是好例。词中主人何以"记得绿罗裙"呢？因为罗裙和他的欢爱者相接近；他何以"处处怜芳草"呢？因为芳草和罗裙的颜色相类似。

　　意识在活动时就是联想在进行，所以我们差不多时时刻刻都在起联想。听到声音知道说话的是谁，见到一个词知道它的意义，都是起于联想作用。联想是以旧经验诠释新经验，如果没有它，知觉、记忆和想象都不能发生，因为它们都得根据过去的经验。从此可知联想为用之广。

联想有时可用意志控制，作文构思时或追忆一时记不起的过去经验时，都是勉强把联想挤到一条路上去走。但是在大多数情境之中，联想是自由的，无意的，飘忽不定的。听课读书时本想专心，而打球、散步、吃饭、邻家的猫儿种种意象总是不由你自主地闯进脑里来，失眠时越怕胡思乱想，越禁止不住胡思乱想。这种自由联想好比水流湿，火就燥，稍有勾搭，即被牵绊，未登九天，已入黄泉。比如我现在从"火"字出发，就想到红、石榴、家里的天井、浮山、雷鲤的诗、鲤鱼、孔夫子的儿子等等，这个联想线索前后相承，虽有关系可寻，但是这些关系都是偶然的。我的"火"字的联想线索如此，换一个人或是我自己在另一时境，"火"字的联想线索却另是一样。从此可知联想的散漫飘忽。

联想的性质如此。多数人觉得一件事物美时，都是因为它能唤起甜美的联想。

在"记得绿罗裙，处处怜芳草"的人看，芳草是很美的。颜色心理学中有许多同类的事实。许多人对于颜色都有所偏好，有人偏好红色，有人偏好青色，有人偏好白色。据一派心理学家说，这都是由于联想作用。例如红是火的颜色，所以看到红色可以使人觉得温暖；青是田园草木的颜色，所以看到青色可以使人想到乡村生活的安闲。许多小孩子和乡下人看画，都只是欢喜它的花红柳绿的颜色。有些人看画，欢喜它里面的故事，乡下人欢喜把孟姜女、薛仁贵、桃园三结义的图糊在壁上做装饰，并不是因为那些木板雕刻的图好看，是因为它们可以提起许多有趣故事的联想。这种脾气并不只是乡下人才有。我每次陪朋友们到画馆里去看画，见到他们所特别注意的第一是几张有声名的画，第二是有历史性的作品如耶稣临刑图、拿破仑结婚图之类，像伦勃朗所画的老太公、老太婆，和后期印象派的山水风景之类的作品，他们却不屑一顾。此外又有些人看画（和看一切其他艺术作品一样），偏重它所含的道德教训。道学先生看到裸体雕像或画像，都不免起若干嫌恶。记得詹姆士在他的某一部书里说过，有一次见过一位老修道妇，站在一幅耶稣临刑图面前合掌仰视，悠然神往。旁边人问她那幅画何如，她回答说："美极了，你看上帝是多么仁慈，让自己的儿子去牺牲，来赎人类的罪孽！"

在音乐方面，联想的势力更大。多数人在听音乐时，除了联想到许多美丽的意象之外，便别无所得。他们欢喜这个调子，因为它使他们想起清风明月；不欢喜那个调子，因为它唤醒他们以往的悲痛的记忆。钟子期何以负知音的雅名？因他听伯牙弹琴时，惊叹说："善哉！峨峨兮若泰山，洋洋兮若江河。"李颀在胡笳声中听到什么？他听到的是"空山百鸟散还合，万里浮云阴且晴"。白乐天在琵琶声中听到什么？他听到的是"银瓶乍破水浆迸，铁骑突出刀枪鸣"。苏东坡怎样形容洞箫？他说："其声呜呜然，如怨如慕，如泣如诉。余音袅袅，不绝如缕。舞幽壑之潜蛟，泣孤舟之嫠妇。"这些数不尽的例子都可以证明多数人欣赏音乐，都是欣赏它所唤起的联想。

联想所伴的快感是不是美感呢？

历来学者对于这个问题可分两派，一派的答案是肯定的，一派的答案是否定的。这个争辩就是在文艺思潮史中闹得很凶的形式和内容的争辩。依内容派说，文艺是表现情思的，所以文艺的价值要看它的情思内容如何而决定。第一流文艺作品都必有高深的思想和真挚的情感。这句话本来是不可辩驳的，但是侧重内容的人往往从这个基本原理抽出两个其他的结论。第一个结论是题材的重要。所谓题材就是情节。他们以为有些情节能唤起美丽堂皇的联想，有些情节只能唤起丑陋凡庸的联想。比如做史诗和悲剧，只应采取英雄为主角，不应采取愚夫愚妇。第二个结论就是文艺应含有道德的教训。读者所生的联想既随作品内容为转移，则作者应设法把读者引到正经路上去，不要用淫秽卑鄙的情节摇动他的邪思。这些学说发源较早，它们的影响到现在还是很大。从前人所谓"思无邪""言之有物""文以载道"，现在人所谓"哲理诗""宗教艺术""革命文学"等等，都是侧重文艺的内容和文艺的无关美感的功效。

这种主张在近代颇受形式派的攻击，形式派的标语是"为艺术而艺术"。他们说，两个画家同用一个模特儿，所成的画价值有高低；两个文学家同用一个故事，所成的诗文意蕴有深浅。许多大学问家、大道德家都没有成为艺术家，许多艺术家并不是大学问家、大道德家。从此可知艺术之所以为艺术，不在内容而在形式。如果你不是艺术家，纵有极好的内容，也不能产生好作品出来；反之，如果你是艺术家，极平庸的东西经过灵心妙运、点铁成金之后，也可以成为极好的作品。印象派大师如莫奈、凡·高诸人不是往往在一张椅子或是几间破屋之中表现一个情深意永的世界出来吗？这一派学说到近代才逐渐占势力。在文学方面的浪漫主义，在图画方面的印象主义，尤其是后期印象主义，在音乐方面的形式主义，都是看轻内容的。单拿图画来说，一般人看画，都先问里面画的是什么，是怎样的人物或是怎样的故事。这些东西在术语上叫作"表意的成分"。近代有许多画家就根本反对画中有任何"表意的成分"。看到一幅画，他们只注意它的颜色、线纹和阴影，不问它里面有什么意义或是什么故事。假如你看到这派的作品，你起初只望见许多颜色凑合在一起，须费过一番审视和猜度，才知道所画的是房子或是崖石。这一派人是最反对杂联想于美感的。

这两派的学说都持之有故，言之成理，我们究竟何去何从呢？我们否认艺术的内容和形式可以分开来讲（这个道理以后还要谈到），不过关于美感与联想这个问题，我们赞成形式派的主张。

就广义说，联想是知觉和想象的基础，艺术不能离开知觉和想象，就不能离开联想。但是我们通常所谓联想，是指由甲而乙，由乙而丙，辗转不止的乱想。就这个普通的意义说，联想是妨碍美感的。美感起于直觉，不带思考，联想却不免带有思考。在美感经验中我们聚精会神于一个孤立绝缘的意象上面，联想则最易使精神涣散，注意力不专一，使心思由美感的意象旁迁到许多无关美感的事物上面去。在审美时我看到芳草就一心一意地领略芳草的情趣；在联想时我看到芳草就想到罗裙，又想到穿罗裙的美人，既想到穿罗裙的美人，心思就已不复在芳草了。

联想大半是偶然的。比如说，一幅画的内容是"西湖秋月"，如果观者不聚精会神于画的本身而信任联想，则甲可以联想到雷峰塔，乙可以联想到往日同游西湖的美人，这些联想纵然有时能提高观者对于这幅画的好感，画本身的美却未必因此而增加，而画所引起的美感则反因精神涣散而减少。

知道这番道理，我们就可以知道许多通常被认为美感的经验其实并非美感了。假如你是武昌人，你也许特别欢喜崔颢的《黄鹤楼》诗；假如你是陶渊明的后裔，你也许特别欢喜《陶渊明集》；假如你是道德家，你也许特别欢喜《打鼓骂曹》的戏或是韩退之的《原道》；假如你是古董贩，你也许特别欢喜河南新出土的龟甲文或是敦煌石窟里面的壁画；假如你知道达·芬奇的声名大，你也许特别欢喜他的《蒙娜丽莎》。这都是自然的倾向，但是这都不是美感，都是持实际人的态度，在艺术本身以外求它的价值。

"情人眼底出西施"

——美与自然

我们关于美感的讨论，到这里可以告一段落了，现在最好把上文所说的话回顾一番，看我们已经占住了多少领土。美感是什么呢？从积极方面说，我们已经明白美感起于形象的直觉，而这种形象是孤立自足的，和实际人生有一种距离；我们已经见出美感经验中我和物的关系，知道我的情趣和物的姿态交感共鸣，才见出美的形象。从消极方面说，我们已经明白美感一不带意志欲念，有异于实用态度；二不带抽象思考，有异于科学态度。我们已经知道一般人把寻常快感、联想以及考据与批评认为美感的经验是一种大误解。

美生于美感经验，我们既然明白美感经验的性质，就可以进一步讨论美的本身了。

什么叫作美呢？

在一般人看，美是物所固有的。有些人物生来就美，有些人物生来就丑。比如称赞一个美人，你说她像一朵鲜花、像一颗明星、像一只轻燕，你绝不说她像一个布袋、像一条犀牛或是像一只癞蛤蟆。这就分明承认鲜花、明星和轻燕一类事物原来是美的，布袋、犀牛和癞蛤蟆一类事物原来是丑的。说美人是美的，也犹如说她是高是矮是肥是瘦一样，她的高矮肥瘦是她的星宿定的，是她从娘胎带来的，她的美也是如此，和你看者无关。这种见解并不限于一般人，许多哲学家和科学家也是如此想。所以他们费许多心力去实验最美的颜色是红色还是蓝色，最美的形体是曲线还是直线，最美的音调是G调还是F调。

但是这种普遍的见解显然有很大的难点，如果美本来是物的属性，则凡是长眼睛的人们应该都可以看到，应该都承认它美，好比一个人的高矮，有尺可量，是高大家就要都说高，是矮大家就要都说矮。但是美的估定就没有一个公认的标准。假如你说一个人美，我说她不美，你用什么方法可以说服我呢？有些人欢喜辛稼轩而讨厌温飞卿，有些人欢喜温飞卿而讨厌辛稼轩，这究竟谁是谁非呢？同是一个对象，有人说美，有人说丑，从此可知美本在物之说有些不妥了。

因此，有一派哲学家说美是心的产品。美如何是心的产品，他们的说法却不一致。康德以为美感判断是主观的而却有普遍性，因为人心的构造彼此相同。黑格尔以为美是在个别事物上见出"概念"或理想。比如你觉得峨眉山美，由于它表现"庄严""厚重"的概念。你觉得《孔雀东南飞》美，由于它表现"爱"与"孝"两种理想的冲突。托尔斯泰以为美的事物都含有宗教和道德的教训。此外还有许多其他的说法。说法既不一致，就只有都是错误的可能而没有都是不错的可能，好比一个数学题生出许多不同的答数一样。大约哲学家们都犯过信理智的毛病，艺术的欣赏大半是情感的而不是理智的。在觉得一件事物美时，我们纯凭直觉，并不是在下判断，如康德所说的；也不是在从个别事物中见出普遍原理，如黑格尔、托尔斯泰一般人所说的。因为这些都是科学的或实用的活动，而美感并不是科学的或实用的活动。还不仅此。美虽不完全在物却亦非与物无关，你看到峨眉山才觉得庄严、厚重，看到一个小土墩却不能觉得庄严、厚重。从此可知物须先有使人觉得美的可能性，人不能完全凭心灵创造出美来。

依我们看，美不完全在外物，也不完全在人心，它是心物婚媾后所产生的婴儿。美感起于形象的直觉。形象属物而却不完全属于物，因为无我即无由见出形象；直觉属我却又不完全属于我，因为无物则直觉无从活动。美之中要有人情，也要有物理，二者缺一都不能见出美。再拿欣赏古松的例子来说，松的苍翠劲直是物理，松的清风亮节是人情。从"我"的方面说，古松的形象并非天生自在的，同是一棵古松，千万人所见到的形象就有千万不同，所以每个形象都是每个人凭着人情创造出来的，每个人所见到的古松的形象就是每个人所创造的艺术品，它有艺术品通常所具的个性，它能表现各个人的性分和情趣。从"物"的方面说，创造都要有创造者和所创造物，所创造物并非从无中生有，也要有若干材料，这材料也要有创造成美的可能性。松所生的意象和柳所生的意象不同，和癞蛤蟆所生的意象更不同。所以松的形象这一个艺术品的成功，一半是我的贡献，一半是松的贡献。

这里我们要进一步研究我与物如何相关了。何以有些事物使我觉得美，有些事物使我觉得丑呢？我们最好用一个浅例来说明这个道理。比如我们看下列六条垂直线，往往把它们看成三个柱子。觉得这三个柱子所围的空间（即A与B、C与D和E与F所围的空间）离我们较近，而B与C以及D与E所围的空间则看成背景，离我们较远。还不仅此。我们把这六条垂直线摆在一块看，它们仿佛自成一个谐和的整体；至于G与H两条没有规律的线则仿佛是这整体以外的东西，如果勉强把它搭上前面的六条线一块看，就觉得它不和谐。

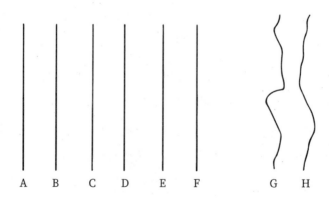

（1）A与B、C与D、E与F距离都相等。

（2）B 与 C、D 与 E 距离相等，略大于 A 与 B 的距离。

（3）F 与 G 的距离较 B 与 C 的距离大。

（4）A、B、C、D、E、F 为六条平行垂直线，G 与 H 为两条没有规律的线。

从这个有趣的事实，我们可以看出两个很重要的道理：

一、最简单的形象的直觉都带有创造性。把六条垂直线看成三个柱子，就是直觉到一种形象。它们本来同是垂直线，我们把A和B选在一块看，却不把B和C选在一块看；同是直线所围的空间，本来没有远近的分别，我们却把A、B中空间看得近，把B、C中空间看得远。从此可知在外物者原来是散漫混乱，经过知觉的综合作用，才现出形象来。形象是心灵从混乱的自然中所创造成的整体。

二、心灵把混乱的事物综合成整体的倾向却有一个限制，事物也要本来就有可综合为整体的可能性。A至F六条线可以看成一个整体，G与H两条线何以不能纳入这个整体里面去呢？这里我们很可以见出在觉美觉丑时心和物的关系。我们从左看到右时，看出C、D和A、B相似，D、E又和B、C相似。这两种相似的感觉便在心中形成一个有规律的节奏，使我们预料此后都可由此例推，右边所有的线都顺着左边诸线的节奏。视线移到E、F两线时，所预料的果然出现，E、F果然与C、D也相似。预料而中，自然发生一种快感。但是我们再向右看，看到G与H两线时，就猛觉与前不同，不但G和F的距离猛然变大，原来是像柱子的平行垂直线，现在却是两条毫无规律的线。这是预料不中，所以引起不快感。因此G与H两线不但在物理方面和其他六条线不同，在情感上也和它们不能谐和，所以就被摈于整体之外。

这里所谓"预料"自然不是有意的，好比深夜下楼一样，步步都踏着一步梯，就无意中预料以下都是如此，倘若猛然遇到较大的距离，或是踏到平地，才觉得这是出于意料。许多艺术都应用规律和节奏，而规律和节奏所生的心理影响都以这种无意的预料为基础。

懂得这两层道理，我们就可以进一步来研究美与自然的关系了。一般人常欢喜说"自然美"，好像以为自然中已有美，纵使没有人去领略它，美也还是在那里。这种见解就是我们在上文已经驳过的美本在物的说法。其实"自然美"三个字，从美学观点看，是自相矛盾的，是"美"就不"自然"，只是"自然"就还没有成为"美"。说"自然美"就好比说上文六条垂直线已有三个柱子的形象一样。如果你觉得自然美，自然就已经过艺术化，成为你的作品，不复是生糙的自然了。比如你欣赏一棵古松、一座高山，或是一湾清水，你所见到的形象已经不是松、山、水的本色，而是经过人情化的。各人的情趣不同，所以各人所得于松、山、水的也不一致。

流行语中有一句话说得极好："情人眼底出西施。"美的欣赏极似"柏拉图式的恋爱"。你在初尝恋爱的滋味时，本来也是寻常血肉做的女子却变成你的仙子。你所理想的女子的美点她都应有尽有。在这个时候，你眼中的她也不复是她自己原身而是经你理想化过的变形。你在理想中先酝酿成一个尽美尽善的女子，然后把她外射到你的爱人身上去，所以你的爱人其实不过是寄托精灵的躯壳。你只见到精灵，所以觉得无瑕可指；旁人冷眼旁观，只见到躯壳，所以往往诧异道："他爱上她，真是有些奇怪。"一言以蔽之，恋爱中的对象是已经艺术化过的自然。

美的欣赏也是如此，也是把自然加以艺术化。所谓艺术化，就是人情化和理想化。不过美的欣赏和寻常恋爱有一个重要的异点。寻常恋爱都带有很强烈的占有欲，你既恋爱一个女子，就有意无意地存有"欲得之而甘心"的态度。美感的态度则丝毫不带占有欲。一朵花无论是生在邻家的园子里或是插在你自己的瓶子里，你只要能欣赏，它都是一样美。老子所说的"生而不有，为而不恃，功成而弗居"，可以说是美感态度的定义。古董商和书画金石收藏家大半都抱有"奇货可居"的态度，很少有能真正欣赏艺术的。我在上文说过，美的欣赏极似"柏拉图式的恋爱"，所谓"柏拉图式的恋爱"对于所爱者也只是无所为而为的欣赏，不带占有欲。这种恋爱是否可能，颇有人置疑，但是历史上有多少著例，凡是到极浓度的初恋者也往往可以达到胸无纤尘的境界。

我们对于一棵古松的三种态度
——实用的、科学的、美感的

　　我刚才说，一切事物都有几种看法。你说一件事物是美的或是丑的，这也只是一种看法。换一个看法，你说它是真的或是假的；再换一种看法，你说它是善的或是恶的。同是一件事物，看法有多种，所看出来的现象也就有多种。

　　比如园里那一棵古松，无论是你是我或是任何人一看到它，都说它是古松。但是你从正面看，我从侧面看，你以幼年人的心境去看，我以中年人的心境去看，这些情境和性格的差异都能影响到所看到的古松的面目。古松虽只是一件事物，你所看到的和我所看到的古松却是两件事。假如你和我各把所得的古松的印象画成一幅画或是写成一首诗，我们俩艺术手腕尽管不分上下，你的诗和画与我的诗和画相比较，却有许多重要的异点。这是什么缘故呢？这就由于知觉不完全是客观的，各人所见到的物的形象都带有几分主观的色彩。

　　假如你是一位木商，我是一位植物学家，另外一位朋友是画家，三人同时来看这棵古松。我们三人可以说同时都"知觉"到这一棵树，可是三人所"知觉"到的却是三种不同的东西。你脱离不了你的木商的心习，你所知觉到的只是一棵做某事用值几多钱的木料。我也脱离不了我的植物学家的心习，我所知觉到的只是一棵叶为针状、果为球状、四季常青的显花植物。我们的朋友——画家——什么事都不管，只管审美，他所知觉到的只是一棵苍翠劲拔的古树。我们三人的反应态度也不一致。你心里盘算它是宜于架屋或是制器，思量怎样去买它，砍它，运它。我把它归到某类某科里去，注意它和其他松树的异点，思量它何以活得这样老。我们的朋友却不这样东想西想，他只在聚精会神地观赏它的苍翠的颜色，它的盘曲如龙蛇的线纹以及它的昂然高举、不受屈挠的气概。

从此可知这棵古松并不是一件固定的东西，它的形象随观者的性格和情趣而变化。各人所见到的古松的形象都是各人自己性格和情趣的返照。古松的形象一半是天生的，一半也是人为的。极平常的知觉都带有几分创造性；极客观的东西之中都有几分主观的成分。

美也是如此。有审美的眼睛才能见到美。这棵古松对于我们的画画的朋友是美的，因为他去看它时就抱了美感的态度。你和我如果也想见到它的美，你须得把你那种木商的实用的态度丢开，我须得把植物学家的科学的态度丢开，专持美感的态度去看它。

这三种态度有什么分别呢？

先说实用的态度。做人的第一件大事就是维持生活。既要生活，就要讲究如何利用环境。"环境"包含我自己以外的一切人和物在内，这些人和物有些对于我的生活有益，有些对于我的生活有害，有些对于我不关痛痒。我对于他们于是有爱恶的情感，有趋就或逃避的意志和活动。这就是实用的态度。实用的态度起于实用的知觉，实用的知觉起于经验。小孩子初出世，第一次遇见火就伸手去抓，被它烧痛了，以后他再遇见火，便认识它是什么东西，便明了它是烧痛手指的，火对于他于是有意义。事物本来都是很混乱的，人为便利实用起见，才像被火烧过的小孩子根据经验把四围事物分类立名，说天天吃的东西叫作"饭"，天天穿的东西叫作"衣"，某种人是朋友，某种人是仇敌，于是事物才有所谓"意义"。意义大半都起于实用。在许多人看，衣除了是穿的，饭除了是吃的，女人除了是生小孩的一类意义之外，便寻不出其他意义。所谓"知觉"，就是感官接触某种人或物时心里明了他的意义。明了他的意义起初都只是明了他的实用。明了实用之后，才可以对他起反应动作，或是爱他，或是恶他，或是求他，或是拒他。木商看古松的态度便是如此。

科学的态度则不然。它纯粹是客观的，理论的。所谓客观的态度就是把自己的成见和情感完全丢开，专以"无所为而为"的精神去探求真理。理论是和实用相对的。理论本来可以见诸实用，但是科学家的直接目的却不在于实用。科学家见到一个美人，不说我要去向她求婚，她可以替我生儿子，只说我看她这人很有趣味，我要来研究她的生理构造，分析她的心理组织。科学家见到一堆粪，不说它的气味太坏，我要掩鼻走开，只说这堆粪是一个病人排泄的，我要分析它的化学成分，看看有没有病菌在里面。科学家自然也有见到美人就求婚、见到粪就掩鼻走开的时候，但是那时候他已经由科学家还到实际人的地位了。科学的态度之中很少有情感和意志，它的最重要的心理活动是抽象的思考。科学家要在这个混乱的世界中寻出事物的关系和条理，纳个物于概念，从原理演个例，分出某者为因，某者为果，某者为特征，某者为偶然性。植物学家看古松的态度便是如此。

木商由古松而想到架屋、制器、赚钱等等，植物学家由古松而想到根茎花叶、日光水分等等，他们的意识都不能停止在古松本身上面。不过把古松当作一块踏脚石，由它跳到和它有关系的种种事物上面去。所以在实用的态度中和科学的态度中，所得到的事物的意象都不是独立的、绝缘的，观者的注意力都不是专注在所观事物本身上面的。注意力的集中，意象的孤立绝缘，便是美感的态度的最大特点。比如我们的画画的朋友看古松，他把全副精神都注在松的本身上面，古松对于他便成了一个独立自足的世界。他忘记他的妻子在家里等柴烧饭，他忘记松树在植物教科书里叫作显花植物，总而言之，古松完全占领住他的意识，古松以外的世界他都视而不见、听而不闻了。他只把古松摆在心眼面前当作一幅画去玩味。他不计较实用，所以心中没有意志和欲念；他不推求关系、条理、因果等等，所以不用抽象的思考。这种脱净了意志和抽象思考的心理活动叫作"直觉"，直觉所见到的孤立绝缘的意象叫作"形象"。美感经验就是形象的直觉，美就是事物呈现形象于直觉时的特质。

实用的态度以善为最高目的，科学的态度以真为最高目的，美感的态度以美为最高目的。在实用态度中，我们的注意力偏在事物对于人的利害，心理活动偏重意志；在科学的态度中，我们的注意力偏在事物间的互相关系，心理活动偏重抽象的思考；在美感的态度中，我们的注意力专在事物本身的形象，心理活动偏重直觉。真、善、美都是人所定的价值，不是事物所本有的特质。离开人的观点而言，事物都浑然无别，善恶、真伪、美丑就漫无意义。真、善、美都含有若干主观的成分。

就"用"字的狭义说，美是最没有用处的。科学家的目的虽只在辨别真伪，他所得的结果却可效用于人类社会。美的事物如诗文、图画、雕刻、音乐等等都是寒不可以为衣、饥不可以为食的。从实用的观点看，许多艺术家都是太不切实用的人物。然则我们又何必来讲美呢？人性本来是多方的，需要也是多方的。真、善、美三者俱备才可以算是完全的人。人性中本有饮食欲，渴而无所饮，饥而无所食，固然是一种缺乏；人性中本有求知欲而没有科学的活动，本有美的嗜好而没有美感的活动，也未始不是一种缺乏。真和美的需要也是人生中的一种饥渴——精神上的饥渴。疾病衰老的身体才没有口腹的饥渴。同理，你遇到一个没有精神上的饥渴的人或民族，你可以断定他的心灵已到了疾病衰老的状态。

人所以异于其他动物的就是于饮食男女之外还有更高尚的企求，美就是其中之一。是壶就可以贮茶，何必又求它形式、花样、颜色都要好看呢？吃饱了饭就可以睡觉，何必又呕心血去作诗、画画、奏乐呢？"生命"是与"活动"同义的，活动愈自由，生命也就愈有意义。人的实用的活动全是有所为而为，是受环境需要限制的；人的美感的活动全是无所为而为，是环境不需要他活动而他自己愿意去活动的。在有所为而为的活动中，人是环境需要的奴隶；在无所为而为的活动中，人是自己心灵的主宰。这是单就人说，就物说呢，在实用的和科学的世界中，事物都借着和其他事物发生关系而得到意义，到了孤立绝缘时就都没有意义，但是在美感世界中它却能孤立绝缘，却能在本身现出价值。照这样看，我们可以说，美是事物的最有价值的一面，美感的经验是人生中最有价值的一面。

许多轰轰烈烈的英雄和美人都过去了，许多轰轰烈烈的成功和失败也都过去了，只有艺术作品真正是不朽的。数千年前的《采采卷耳》和《孔雀东南飞》的作者还能在我们心里点燃很强烈的火焰，虽然在当时他们不过是大皇帝脚下的不知名的小百姓。秦始皇并吞六国，统一车书；曹孟德带八十万人马下江东，舳舻千里，旌旗蔽空，这些惊心动魄的成败对于你有什么意义？对于我有什么意义？但是长城和《短歌行》对于我们还是很亲切的，还可以使我们心领神会这些骸骨不存的精神气魄。这几段墙在，这几句诗在，他们永远对于人是亲切的。由此类推，在几千年或是几万年以后看现在纷纷扰扰的"帝国主义""反帝国主义""主席""代表""电影明星"之类对于人有什么意义？我们这个时代是否也有类似长城和《短歌行》的纪念坊留给后人，让他们觉得我们也还是很亲切的吗？悠悠的过去只是一片漆黑的天空，我们所以还能认识出来这漆黑的天空者，全赖思想家和艺术家所散布的几点星光。朋友，让我们珍重这几点星光！让我们也努力散布几点星光去照耀那和过去一般漆黑的未来！